费马大定理

一个困惑了世间智者 358 年的谜

Fermat's Last Theorem

Simon Singh

[英] 西蒙・辛格 著
薛 密 译

广西师范大学出版社
・桂林・

著作权合同登记号桂图登字:20－2016－259号

图书在版编目(CIP)数据

费马大定理:一个困惑了世间智者358年的谜/(英)西蒙·辛格著;薛密译.—2版.—桂林:广西师范大学出版社,2022.2(2024.5重印)

书名原文:Fermat's Last Theorem

ISBN 978－7－5598－2881－1

Ⅰ.①费…　Ⅱ.①西…②薛…　Ⅲ.①费马最后定理－普及读物　Ⅳ.①O156－49

中国版本图书馆CIP数据核字(2020)第094431号

费马大定理:一个困惑了世间智者358年的谜
FEIMA DADINGLI: YIGE KUNHUO LE SHIJIAN ZHIZHE 358NIAN DE MI

出 品 人:刘广汉
责任编辑:刘孝霞　吕解颐
装帧设计:王鸣豪

广西师范大学出版社出版发行
(广西桂林市五里店路9号　　邮政编码:541004
网址:http://www.bbtpress.com)
出版人:黄轩庄
全国新华书店经销
销售热线:021－65200318　021－31260822－898
山东临沂新华印刷物流集团有限责任公司印刷
(临沂高新技术产业开发区新华路1号　邮政编码:276017)
开本:690 mm×960 mm　1/16
印张:19.75　　字数:295千字
2022年2月第2版　　2024年5月第4次印刷
定价:49.80元

序　言

在房间的另一头，我们终于见面了。房间并不拥挤，但大得足以 ix
在盛大的庆祝活动时容下整个普林斯顿大学数学系。在那个特殊的下午，那里并没有非常多的人，不过也使我无法断定哪一位是安德鲁·怀尔斯(Andrew Wiles)。片刻之后，我看准了一位看上去有点腼腆的男士，他正在听着周围人谈话，小口地抿着茶，沉浸在世界各地的数学家们大约每天下午 4 点都举行的例行聚会中。他立刻猜到了我是谁。

这是一个不寻常的周末，我遇见了一些当代最优秀的数学家，开始深入地了解他们的世界。但是尽管我千方百计地想找到安德鲁·怀尔斯，和他谈话，想说服他参与拍摄介绍他的成就的英国广播公司(British Broadcasting Corporation，简称 BBC)的《地平线》纪录片，这却是我们的第一次会面。正是这个人最近宣布他已经找到了数学中的那只圣杯，他声称他已证明了费马大定理。在我们说话的时候，怀尔斯显得有点心烦意乱和沉默寡言。虽然他相当客气和友好，但很显然他宁愿我离他尽可能远一点。他非常坦率地解释说，他除了自己的工作外不可能再集中精力于别的事，而他的工作正处于关键时刻，不过或许以后，当眼前的压力解除后，他会乐意参与。我知道，并且他也知道我知道，他正面临着他毕生的抱负将崩溃的局面，他握着的圣杯正在被发现只不过是一只相当漂亮、贵重但普通的饮器。在他宣布过的证明中他已经发现了一个缺陷。

x 费马大定理的故事是极不寻常的。到我第一次见到安德鲁·怀尔斯的时候，我已经认识到它确实是科学或学术事业中一个最动人的故事。我看到过 1993 年夏天的头版新闻，当时这个证明将数学推上了世界各国报刊的头版。那个时候，我对费马大定理是怎么一回事只有一点模糊的记忆，但是明白它显然是非常独特的，具有《地平线》的专题影片所需的那种气息。接着的几个星期我用来和许多数学家谈话：那些与这个故事密切相关的，或者接近安德鲁的人；以及那些因直接见证了他们这个领域中的伟大时刻而激动不已的人。所有的人都慷慨地奉献出他们对数学史的真知灼见，他们将就着我仅有的那点理解力耐心地给我讲解有关的概念。很快我就搞清楚了这是一门世界上可能只有五六个人能够完全掌握的学问。有一阵子，我怀疑自己是否疯了，怎么会想去制作这样一部影片。但是从那些数学家那里，我也了解了丰富的历史知识，懂得了费马大定理对于数学以及它的实践者所具有的更深层次上的重要意义。这一点，我想正是这个真实的故事所要演绎的。

我了解到这个问题起源于古希腊时代，也了解到费马大定理可算是数论中的喜马拉雅山顶峰。我接触到了数学的艺术美，并开始欣赏把数学比喻成大自然的语言的说法。从怀尔斯的同代人那里，我领悟到他的工作所具有的把数论中最现代的技巧聚集起来应用于他的证明的非凡的力量。在他的普林斯顿的朋友们那里，我听说了怀尔斯在他孤独研究的岁月中取得的错综复杂的进展。我渐渐地勾勒出一幅怀尔斯和那驾驭着他生命的谜的不平凡的画面，但是我似乎注定见不到他本人。

xi 虽然怀尔斯的证明中涉及的数学是一些当今最艰难的数学，但是我发现费马大定理的美却是在于这样的事实，就是这个问题的本身特别简单易懂，它是一个用每个中学生都熟悉的话来表达的谜。皮埃尔·德·费马（Pierre de Fermat）是属于文艺复兴时期传统的人，他处于重新发掘古希腊知识的中心，但是他却问了一个希腊人没有想到过要问的问题，其结果是诞生了一个世界上其他人最难以解答的问题。捉弄人的是，他还给后人留下了一个注记，暗示他已有了一个解答，只不过没有写出这个解答。这场延续了三个世纪的追逐就是这样开始的。

这么长的时间跨度为这个难题的重要性奠定了基础。在任何学科中，很难想象有什么问题表达起来如此简单清晰却能够这么长时间地在先进知识的进攻面前屹立不动。想一下自 17 世纪以来对物理学、化学、生物学、医学和工程学的了解已经出现了多么大的飞跃。我们在医学上已经从“体液”进展到基因切片，我们已经识别出许多基本粒子，我们已经把人送上了月球，可是在数论中费马大定理仍然未被证明。

在我的研究过程中，有段时间我在探索：为什么费马大定理对不是数学家的人来说也是重要的，以及为什么把它做成一个电视节目是有意义的。数学有各方面的实际应用，而就数论来说，别人告诉我它最使人兴奋的用处是在晶体学、音响调节的设计以及远距离太空飞船的通信中。这些似乎没有一个会吸引观众。真正能激发人们热情的正是数学家们自己，以及他们谈到费马时表现出来的那种深情。

数学是一种最纯粹的思维形式，对局外人来说，数学家似乎是属 xii
于另一个世界的人。在我与他们的讨论中，给我深刻印象的是他们的谈话中表现出来的惊人的精确性。很少有人立刻就回答我的问题，我常常不得不等待他们在脑海中把答案的精确结构组织好；不过，此后他们就会回答你，讲得有条有理，非常仔细，超过我的期望。我曾就这一点与安德鲁的朋友彼得·萨纳克（Peter Sarnak）探讨过，他解释说：数学家就是厌恶制造假的命题。当然，他们也凭借直觉和灵感，但是正式的命题必须是绝对的。证明是数学的核心，也是它区别于别的科学之处。别的科学有各种假设，它们为实验证据所验证，直到它们被推翻，被新的假设替代。在数学中，绝对的证明是其目标，某件事一旦被证明，它就永远被证明了，不再有更改的可能。在费马大定理中，数学家们遇到了他们在证明方面最大的挑战，发现答案的人将会受到整个数学界特别的景仰。

有人提供了奖赏，竞争也十分活跃，大定理有过一段涉及死亡和欺诈的荒唐历史，它甚至刺激了数学的发展。就像哈佛大学的数学家巴里·梅休尔(Barry Mazur)曾提到过的，费马使人们对那些与早期的证明尝试有关的数学领域增加了某种“敌意”。具有讽刺意义的是，结果正是这样的一个数学领域成了怀尔斯最后的证明中的关键。

通过逐步地了解这个陌生的领域，我渐渐地把费马大定理当作数学的中心，甚至相当于数学发展的本身来理解。费马是现代数论之父，自从他的时代以来，数学已经有了很大的发展和进步，并且形成了
xiii 许多神秘的领域，在那里新的技术又孕育出新的数学领域，并成了它们自身中的一部分。随着几个世纪时光的流逝，大定理似乎越来越与数学研究的前沿无关，而越来越成为仅仅是一个使人好奇的问题。但是现在清楚了，它从未失去过在数学中的中心地位。

与数有关的问题，例如费马提出的这个问题，就像游乐场中的智力题，而数学家就像在解答智力题。对安德鲁·怀尔斯来说，这是一个非常特殊的智力题，是他一生的抱负。30 年前，当他还是个小孩，在公共图书馆的一本书上碰巧发现了费马大定理时，他就被这个问题吸引住了。他童年时代和成年时期的梦想就是解决这个问题。在 1993 年的那个夏天，他第一次宣布他的证明时，他在这个问题上长达 7 年的全身心投入，以及难以想象的高度集中的精力和坚强决心终于有了结果。他用到的许多方法在他开始探索的时候尚未被创立。他也吸取了许多优秀数学家的工作成果，把各种想法贯通起来，创立了别人不敢尝试的概念。巴里·梅休尔评论说，在某种意义上每个人都在研究费马问题，但只是零星地而没有把它作为目标，因为这个证明需要把现代数学的整个力量聚集起来才能完全解答。安德鲁所做的就是再一次把似乎是相隔很远的一些数学领域结合在一起。因而，他的工

作似乎证明了自费马问题提出以来数学所经历的多元化过程是合理的。

在安德鲁的费马大定理的证明中,核心是证明一个被称为“谷山-志村猜想”的想法,该猜想在两个非常不同的数学领域之间建立了一座新的桥梁。对许多人来说,一个统一的数学是至高无上的目标,而这正是对这样一个世界的一次探索。所以,通过证明费马大定理,怀尔斯已经将战后时期的一些最重要的数论凝聚在一起,并且为建立在 xiv
它上面的猜想金字塔奠定了基础。这不再只是解决长期存在的数学难题,而是在扩展数学王国的整个边界。这似乎就是自从费马的这个简单问题在数学的童年时期诞生以来一直等待着的时刻。

费马的故事已经以最为惊人的方式结束。对安德鲁·怀尔斯来说,这意味着事业上的孤军作战终于结束,这是一种几乎与数学研究不相容的方式。数学研究通常是一种合作性的行为,世界各地的数学研究所和大学数学系例行的下午茶会就是为交流想法提供的一段时间,在论文发表之前听取别人的意见已是一项准则。一位在这个证明中起重要作用的数学家肯·里贝特(Ken Ribet)半开玩笑地向我暗示说,正是因为数学家们感到不放心,才求助于这种同事间的支持方式。安德鲁·怀尔斯避开了这一切,对他的工作秘而不宣,一直到最后时刻。这也是对费马问题的重要性的一种度量。他真的有着一股驱使他一定要成为解决这个问题的人的激情,这种激情强烈到足以使他奉献出 7 年的光阴并且秘密地坚守着他的目标。他深知无论这个问题看上去多么无关紧要,对费马大定理证明的竞争都从未缓和过,他绝不能冒险泄露他正在进行的工作。

经过几个星期对这个领域的调查之后我到了普林斯顿。数学家们的情绪非常强烈,我收集到了有关竞争、成功、孤立、天才、胜利、嫉妒、强大的压力、失败,甚至悲剧等各方面的背景材料。关键性的“谷山-志村猜想”的深处隐藏着谷山丰(Yutaka Taniyama)在日本的悲剧性的战后生活,我有幸从他的密友志村五郎(Goro Shimura)那儿听说了他的故事。从志村那里我也懂得了数学界对“完美”的看法,在那种

境界中一切事情都很对头，因为它们是完美的。那个夏天，数学界充
xv 满了完美的感觉，在那个辉煌的时刻，所有的人都陶醉了。

在这一切都准备就绪的同时，人们对证明的可靠程度的少许怀疑像那个缺陷一样在 1993 年秋天逐渐显露出来，这一点安德鲁感觉到了。不知怎么回事，全世界都注视着他，他的同事们也要求他将证明公开，只有他知道该怎么办，他没有垮掉。他已经从隐居式地按照自己的步调研究数学突然地转向公开。安德鲁是一个非常不愿公开的人，他尽力使他的家庭免遭正围绕着他刮起的风暴的冲击。在普林斯顿的整整一周中，我打过电话，在他的办公室里，在他的门阶上，还通过他的朋友留了纸条；我甚至准备了英国茶叶和马麦脱酸制酵母作为礼物。但是他婉拒了我的主动表示，直到我要离开的那天才有个机会。我们进行了平静而紧凑的谈话，总共持续了不到一刻钟。

在那天下午分手的时候，我们之间达成了一项默契。如果他设法补救了证明，那么他会来找我讨论影片的事；我准备等待。但是在晚上当我返回伦敦时，感到似乎电视节目的事已完蛋了。300 多年来，在众多尝试过的对费马大定理的证明中还没有一个人能补救出现过的漏洞。历史充满了虚假的断言，尽管我多么希望他会是一个例外，但是很难想象安德鲁不会是那片数学墓园中的另一块墓碑。

一年以后，我接到了那个电话。历经异乎寻常的数学上的曲折、真知灼见和灵感的闪现，安德鲁最终在他的专业生涯中解决了费马大定理问题。此后又经过一年，我们找到了他能投入摄制工作的时间。这一次我邀请了西蒙·辛格（Simon Singh）和我一起制作这部影片，我
xvi 们一起和安德鲁度过了这段时光，向他本人了解那 7 年的孤立研究以及之后的艰难痛苦的一年的完整情节。当我们拍摄时，安德鲁告诉我们（他以前从未对人说过）他内心深处对他所完成的这一切的感受；30 多年来他是如何念念不忘他的童年的梦想；他曾研究过的那么多数学是怎么不知不觉地聚集起来，成了他向主宰他的数学生涯的费马大定理挑战的工具；一切又是怎么会总是不一样的。他谈到了由于这个问题不再伴随着他而引起的失落感，也谈到由于他现在得到解脱而产生

的振奋感。对这样一个其有关内容在技术上极难为外行听众理解的领域,我们的谈话中涉及情感的成分比我科学影片制作生涯中经历过的任何一次都要多。对安德鲁而言,这部影片是他生命中一个篇章的终结;而对我而言,能与它结下不解之缘则是一种荣光。

这部影片在 BBC 电视台作为《地平线:费马大定理》节目播放。西蒙·辛格现在把那些深刻的见解和私下谈心,连同详尽的丰富多彩的故事和与之相关的历史和数学一起演绎成这本书,完整和富有启迪地记录了人类思维中最伟大的故事之一。

BBC 电视台《地平线》系列节目编辑

约翰·林奇

1997 年 3 月

前 言

费马大定理的故事与数学的历史有着千丝万缕的联系,触及数论 xvii
中所有重大的课题。它对于“是什么推动着数学发展”,或许更重要的“是什么激励着数学家们”提供了一个独特的见解。大定理是一个充满勇气、欺诈、狡猾和悲惨的英雄传奇的核心,牵涉到数学王国中所有的最伟大的英雄。

在皮埃尔·德·费马以今天我们所知的形式提出这个问题之前两千年,在古希腊的数学中就可找到费马大定理的起源。因此,它联系着毕达哥拉斯(Pythagoras)所建立的数学的基础和现代数学中各种最复杂的思想。在写这本书时,我选择了主要按年代顺序的结构方式,从叙述毕达哥拉斯兄弟会的大变革时代开始,以安德鲁·怀尔斯的为寻求费马难题的解答的个人奋斗经历结束。

第一章叙述了毕达哥拉斯的故事,描述了毕达哥拉斯定理怎么会成为费马大定理的先驱。第二章讲述了从古希腊到 17 世纪法国的故事,正是在法国,费马制造了这个数学史上最深奥的谜。为了突出费马
不寻常的性格和他对数学的贡献(他的贡献远不止大定理一项),我用 xviii
了几页的篇幅描述他的生活以及他的其他一些卓越的发现。

第三章和第四章叙述了17世纪、18世纪和20世纪早期证明费马大定理的一些尝试。虽然这些努力以失败告终，但它们是通向一座座神奇的数学技巧和工具的宝库，其中的一部分已经成为证明费马大定理的最终尝试中的组成部分。除了讲述数学外，我也将这些章节中的不少篇幅献给那些对费马的遗赠执著追求的数学家们。他们的故事向人们展现了数学家是如何为寻求真理而牺牲一切的，以及几个世纪来数学是如何发展的。

本书的其余几章按年代顺序讲述了最近40年中使费马大定理的研究发生革命性变化的引人注目的重大事件。特别是第六章和第七章集中描写了安德鲁·怀尔斯的工作，他在最近10年中的突破性工作震惊了数学界。后面几章是根据与怀尔斯所做的广泛的交谈写成的，对于我来说，这是一次绝无仅有的机会，我亲耳聆听了一次最不平凡的20世纪知识之旅。我希望我能表达出怀尔斯经受近10年严峻考验所需要的那种大无畏精神和创造性。

在讲述皮埃尔·德·费马的传说和他那使人困惑的难题时，我试图不借助于方程式来描述数学概念，但是不可避免地x，y和z会不时地出现。当方程式真的在上下文中出现时，我尽量提供充分的解释使得
xix 即使不具有数学背景的读者也能理解它们的意义。对于那些懂得稍多数学知识的读者，我提供了一系列的附录来扩展书中的数学思想。此外，我还列出了供进一步阅读的书目，目的在于为非本行业的读者提供关于特定的数学领域的更详细的资料。

如果没有众人的帮助和关心，本书是不可能完成的。我特别感谢安德鲁·怀尔斯，他在受到紧张压力的期间还不怕麻烦地与我们进行长时间的详细交谈。在我作为科学记者的7年经历中，从未遇见过任何人对自己的学科比他具有更深沉的爱和投入。我永远感激怀尔斯教授愿意与我分享他的故事。

我也要感谢在写作过程中帮助过我并允许我与他们详谈的数学家们。他们中间一些人曾深入地研究过费马大定理，另一些人是最近40年中重大事件的见证人。我向他们咨询和与他们交谈的那些时光是非

常愉快的,我感谢他们的耐心和热情,向我解释了这么多美好的数学概念。我特别要感谢的是约翰·科茨(John Coates)、约翰·康韦(John Conway)、尼克·凯兹(Nick Katz)、巴里·梅休尔、肯·里贝特、彼得·萨纳克、志村五郎和理查德·泰勒(Richard Taylor)。

为使读者更好地了解费马大定理的故事中涉及的人物,我设法为本书加上了插图。许多图书馆和档案馆自愿地帮助我,我特别要感谢伦敦数学学会的苏珊·奥克斯(Susan Oakes)、皇家学会的桑德拉·卡明(Sandra Cumming)和沃里克大学的伊恩·斯图尔特(Ian Stewart)。我也要感谢杰奎琳·萨瓦尼(Jacquelyn Savani)(普林斯顿大学)、邓肯·麦克安格斯(Duncan McAngus)、杰里米·格雷(Jeremy Gray)、保罗·巴利斯特(Paul Balister)和牛顿研究所在寻找研究资料方面给我提供的帮助。我还要对帕特里克·沃尔什(Patrick Walsh)、克利斯多弗·波特 xx
(Christopher Potter)、伯纳德特·阿尔维斯(Bernadette Alves)、桑吉特·奥康奈尔(Sanjida O' Connell)和我的父母在过去一年中给予我的关心和支持表示感谢。

最后,本书中引用的许多谈话是在我制作关于费马大定理的电视纪录片时得到的,感谢英国广播公司允许我使用这些材料。特别地,我衷心感激约翰·林奇(Hohn Lynch),他和我一起制作这个纪录片并激起了我对这个题材的兴趣。

西蒙·辛格

1997 年

目 录

纪念巴哈尔·伯林·辛格

安德鲁·怀尔斯 10 岁时第一次邂逅费马大定理

第一章 “我想我就在这里结束”

即使埃斯库罗斯①被人们遗忘了,阿基米德仍会被人们记住,因为语言文字会消亡而数学概念却不会。“不朽”可能是个缺乏理智的用词,但是或许数学家最有机会享用它,无论它意味着什么。

——G. H. 哈代②

1993年6月23日,剑桥

这是20世纪最重要的一次数学讲座。200名数学家惊呆了。他们之中只 1
有四分之一的人完全懂得黑板上密密麻麻的希腊字母和代数式所表达的意思。其余的人来这儿纯粹是为了见证他们所期待的也许会成为一个真正具有历史意义的时刻。

早些日子已有传言,国际互联网上的电子邮件已经暗示人们这次讲座将会以解决费马大定理这个最有名的数学问题而达到高潮。此类闲话并不罕见。关于费马大定理的话题在茶会上常有所闻,数学家们会猜测某人可能正

① 埃斯库罗斯(Aeschylus,公元前约525—前456),古希腊三大悲剧作家之一。——译者

② 哈代(G. H. Hardy,1877—1947),英国数学家。——译者

在做某种研究。有时候，大学高年级教师的公共休息室里关于数学的议论会使这种猜测成为某种突破的谣传，但是这种突破还从未成为现实。

2 这一次的谣传则完全不同。一位剑桥研究生是如此确信它是真的，以至于他马上到赌注登记经纪人那里用10英镑①打赌费马大定理在一周内将被解决。然而，经纪人感到事情不妙，拒绝接受他的赌注。这已是那天到这个经纪人处洽谈的第五个学生了，他们都要求打同一个赌。费马大定理已经困惑了这个星球上最具才智的人们长达三个世纪以上，可是现在甚至赌注登记经纪人也开始觉得它已经到了被证明的边缘。

现在，三块黑板上已经写满了演算式，讲演者停顿了一下。第一块黑板被擦掉了，再写上去的是代数式。每一行数学式子似乎都是走向最终解答的微小的一步。但是30分钟之后，讲演者仍然没有宣布证明。教授们坐满了前排的座位，焦急地等待着结论。站在后面的学生们则向他们的老师寻求可能会有何种结论的暗示。他们是正在看费马大定理的完整的证明呢，还是讲演者仅仅在概要地叙述一个不完整的虎头蛇尾的论证？

讲演者是安德鲁·怀尔斯，一个沉默寡言的英国人。他在20世纪80年代移民到美国，在普林斯顿大学任教授。在普林斯顿，他享有很高的声誉，被认为是他这一代人中最具天才的数学家之一。然而，近几年来，他几乎从每年举行的各种数学会议和研讨会中消失了，同事们开始认为怀尔斯已经到尽头了。杰出的年轻学者过早地智衰才尽的例子并不少见，数学家艾尔弗雷德·阿德勒(Alfred Adler)曾经指出过这一点："数学家的数学生命是短暂的，25岁或30岁以后很少有更好的工作成果出现。如果到那个年龄还几乎没有什么成就，那就不再会有什么成就了。"

"年轻人应该证明定理，而老年人则应该写书。"G. H. 哈代在他的《一个数学家的自白》(*A Mathematician's Apology*)一书中说道："任何数学家都永远不
3 要忘记：数学，较之别的艺术或科学，更是年轻人的游戏。举一个简单的例子，在英国皇家学会会员中，数学家的平均当选年龄是最低的。"他自己最杰出

① 现在1英镑≈8.43元人民币。——译者

的学生斯里尼瓦萨·拉马努金(Srinivasa Ramanujan)当选为英国皇家学会会员时年仅31岁,却已在年轻时做出了一系列卓越的突破性工作。尽管在南印度的库巴康纳姆他的家乡小镇上只受过很少的正规教育,拉马努金却能够创立一些连西方数学家都被难倒的定理和解法。在数学中,随着年龄而增长的经验似乎不如年轻人的勇气和直觉来得重要。当拉马努金将他的结果邮寄给哈代时,这位剑桥的教授深为感动,并邀请他放弃在南印度的低级职员的职业来三一学院工作;在三一学院他将能与一些世界上第一流的数论专家互相切磋。令人伤心的是拉马努金忍受不了东英吉利严酷的冬天,他患上了肺结核病,在33岁时英年早逝。

另外有些数学家也同样有辉煌但短促的生涯。19世纪挪威的尼尔斯·亨里克·阿贝尔(Niels Henrik Abel)在19岁时就做出了他对数学的最伟大的贡献,但由于贫困,8年后就去世了,也是死于肺结核。查尔斯·埃尔米特(Charles Hermite)①这样评价他:"他留下的思想可供数学家们工作500年。"确实,阿贝尔的发现对今天的数论学者仍有深远的影响。与阿贝尔同样有天赋、同时代的埃瓦里斯特·伽罗瓦(Évariste Galois),也是在十几岁时做出了突破性的工作,而去世时年仅21岁。

这些例子并不是用来表明数学家会过早地、悲剧性地离开人间,而是要说明他们的最深刻的思想通常在他们年轻时就已形成,正如哈代曾经说过的: 4
"我从未听说过有哪个年过五十的人开创过数学方面的重大进展。"中年数学家常常退居二线,把他们以后的岁月用于教学或行政工作,而不是用于研究。安德鲁·怀尔斯的情形则截然相反。虽然已经到了40岁的壮年,他却将最近的7年光阴十分隐密地花在研究工作中,试图解决这独一无二的最伟大的数学问题。当别人猜想他也许已经才能枯竭时,怀尔斯却正在取得极大的进展,创造了新的方法和工具,这些正是他现在准备向世人公布的。怀尔斯决定绝对地孤军奋战是一种高风险的策略,这种策略在数学界前所未闻。

任何大学里,数学系在所有的系中都是保密程度最低的,因为那里没有属

① 埃尔米特(1822—1901),法国数学家。——译者

于专利的发明。数学界为自己能坦率和自由地交流思想而感到自豪。喝茶休息时间已经演变成一种日常程序，在这段时间里人们不仅享用饼干咖啡，更重要的是分享和探讨种种想法。其结果，由几个作者或一组数学家共同发表的论文越来越常见，荣誉也随之被平等地分享。然而，如果怀尔斯教授已真正发现了费马大定理的完整和正确的证明，那么数学中这个最为人渴望的奖赏就属于他了，并且只属于他一个人。为了保密，他必须付出的代价是在此之前不能与数学同行讨论或检验他的任何想法，因而他就有相当大的可能犯某种根本性错误。

按理想的做法，怀尔斯本希望能花更多的时间审查他的工作，以便全面地核对他最后的手稿。然而，当时有一个难得的在剑桥的牛顿研究所宣布他的发现的机会，他放松了戒心。牛顿研究所存在的唯一目的是将世界上一些最
5 优秀的学者聚集在一起，待上几个星期，举办由他们所选择的前沿性研究课题的研讨会。大楼位于大学的边缘，远离学生和其他分心的事，为了促进科学家们集中精力进行合作和献策攻关，大楼建筑设计也是特殊的。大楼里没有可以藏身的有尽头的走廊，每个办公室都朝向一个位于中央供讨论用的厅堂，数学家们可以在这个空间切磋研究，办公室的门是不允许一直关上的。在研究所内走动时的合作也受到鼓励——甚至电梯（它只上下三层楼面）中也有一块黑板。事实上，大楼的每个房间（包括浴室）都至少有一块黑板。这一次，牛顿研究所举行的研讨会的题目是“L-函数和算术”。全世界最优秀的数论家聚集在一起讨论纯粹数学中这个非常专门的领域中有关的问题，但是只有怀尔斯意识到L-函数可能握有解决费马大定理的钥匙。

虽然他被有机会向这样一群杰出的听众宣布他的工作这一点所吸引，但要在牛顿研究所宣布的主要原因还在于这个研究所位于他的家乡剑桥。这里是怀尔斯出生的地方，正是在这里他长大成人，形成了他对数的强烈爱好，也正是在剑桥他偶然碰到了那个注定会支配他以后生活的数学问题。

大问题

在1963年,当时10岁的安德鲁·怀尔斯已经着迷于数学了。他说道:“在学校里我喜欢做题目,我把它们带回家,编写成我自己的新题目。不过我 6
以前找到的最好的题目是在我们的地区图书馆发现的。”

一天,小怀尔斯从学校漫步回家时,他决定到弥尔顿路上的图书馆去。与大学里的图书馆相比,这里的图书相当匮乏,但它藏有大量的智力测验书籍,正是这些书籍常常引起安德鲁的注意。这些书中含有各种难解的科学难题和数学之谜,而每个问题的解答可能会扼要地展示在最后几页的某个地方。但是这一次安德鲁被一本书吸引住了,这本书只有一个问题且没有解答。

这本书就是埃里克·坦普尔·贝尔(Eric Temple Bell)写的《大问题》(*The Last Problem*),它叙述了一个数学问题的历史,这个问题的根子在古希腊,但是达到成熟是在17世纪。正是在那个时候,伟大的法国数学家皮埃尔·德·费马于无意之中使它成了此后岁月中的一个挑战性问题。费马遗留下来的这个难题使一个又一个大数学家望而生畏,长达300多年还没有人能解决它。数学中还有许多别的未解决的问题,但是费马问题表面上的那种简明易懂使它成为一个非常独特的问题。在与第一次读贝尔的描写相距30年之后的今天,怀尔斯告诉我他在被引向费马大定理的那个时刻的感受:“它看上去如此简单,但历史上所有的大数学家都未能解决它。这里正摆着一个我——一个10岁的孩子——能理解的问题,从那个时刻起,我知道我永远不会放弃它。我必须解决它。”

这个问题看上去如此简易,因为它立足于人人都能记住的一段数学术语——毕达哥拉斯定理[①]:

在一个直角三角形中,斜边的平方等于两直角边的平方之和。

① 中国古代的勾股定理(亦称商高定理)与之形似。——译者

7 作为这段毕氏歌谣的结果，这个定理已深深刻印在没有上亿人也有数以百万计的人的脑海中。它是每个天真无邪的学童必须要学的基本定理。但是尽管它确实能被10岁的孩子所理解，毕达哥拉斯的创造却启示了一个问题，这个问题曾经挫败了历来最伟大的数学智者们。

萨摩斯岛(Samos)的毕达哥拉斯是数学史上最具影响但又最神秘的人物之一。由于没有关于他的生活和工作的第一手资料，他被笼罩在神秘和传说之中，使得历史学家们难以分清事实与虚构。似乎可以肯定的一件事是毕达哥拉斯发展了关于数字的逻辑的思想，并且对数学发展的第一个黄金时期功不可没。由于他的天才，数不再仅仅用来记账和计算，其本身的价值受到了重视。他研究了一些特殊的数的性质、它们之间的关系以及它们的组成方式。他认识到数独立于有形世界而存在，因而他们的研究不会因感觉的差错而受影响。这意味着他能够发现独立于人们的印象或者说偏见之外的真理，这种真理比以前的任何知识更为绝对无疑。

生活在公元前6世纪，毕达哥拉斯的数学技能得益于他走遍了整个古代世界。某些传说使我们相信他的足迹曾远及印度和英国，但更为可靠的是他从埃及人和巴比伦人那里学到了许多数学技能和工具。这两个古老的民族当时已经超越了简单计数的范围而能够进行复杂的计算，这使他们能建立复杂的记账系统和建造独具匠心的建筑物。事实上，他们将数学看成仅仅是解决实际问题的一种工具；在发现几何学的某些基本规则的背后，其动机是能重建
8 田地的边界，这些边界在尼罗河每年泛滥时常被毁掉。几何学这个词本身意指“测量土地”。

毕达哥拉斯注意到，埃及人和巴比伦人按照一种无须思索就能仿效的方法进行计算。这种可能已经沿袭了许多代人的方法总能给出正确的答案，因而没有人会费神去怀疑这种方法，或者去寻求隐藏在这些式子背后的逻辑。对这些文明古国来说，重要的是计算有效——至于它为什么有效则是无关紧要的。

经历20年的周游后，毕达哥拉斯已经吸收了他所知的那个世界中所有的数学法则。他扬帆起航回到他的家乡爱琴海中的萨摩斯岛，打算建立一所学

校致力于哲学研究，特别是研究他新近获得的一些数学法则。他想要理解数字，而不是仅仅使用它们。他希望找到一大群思想无拘束的、能帮助他发展本质上全新的哲学的学生，但是在他外出期间，僭主波利克拉特斯（Polycrates）已经把曾经自由的萨摩斯岛变成了一个不容异说的保守的社会。波利克拉特斯邀请毕达哥拉斯加入他的宫廷，但是哲学家意识到这是一种策略，目的是使他保持沉默，于是拒绝了这份荣耀。相反，他离开了城市，选择了该岛边远地区的一个山洞，在那里他可以冥思苦想而不用害怕受迫害。

毕达哥拉斯并不喜欢孤独，最终他花钱使一个小男孩成为他的第一名学生。这个男孩的身份不甚清楚，但有些历史学家认为他的名字可能也叫毕达哥拉斯。这名学生后来是第一个建议运动员应该吃肉以增强自己体质的人，并因此而出名。老师毕达哥拉斯每节课要付给他的学生 3 个小银币。几个星 9
期过去后，毕达哥拉斯注意到该男孩已由最初勉强去学习转变成对知识充满热情。为了试探他的学生，毕达哥拉斯佯装他不再有能力支付学生金钱，因而只能停止上课。这时候，男孩表示宁可付钱受教育也不愿就此结束。这个学生已经成为他的信徒。遗憾的是，这是毕达哥拉斯在萨摩斯仅有的一次使人成功皈依。他的确曾经短暂地办过一所学校，称为毕达哥拉斯半圆，但是他关于社会改革的观点不受欢迎，哲学家被迫与他的母亲和他的唯一的信徒一起逃离了这块殖民地。

毕达哥拉斯动身去意大利南部（当时那里是希腊的属地），并定居于克罗敦（Croton）。在那里他幸运地得到了米洛（Milo）的理想的赞助，米洛是克罗敦最富有的人，也是历史上最强壮的人之一。虽然毕达哥拉斯作为萨摩斯的哲人已经闻名全希腊，但米洛的声望更高。米洛有着大力神赫丘利（Herculean）般的身材，曾经是奥林匹亚竞技会和皮托竞技会有 12 次记录的冠军。除了练习运动外，米洛还喜欢研究哲学和数学。他留出他家的一部分房子，供给毕达哥拉斯足够的房间来建立学校。于是，最有创造性的头脑和最有力量的身躯结成了伙伴关系。

安置好他的新家后，毕达哥拉斯建立了毕达哥拉斯兄弟会——一个有 600 名追随者的帮会，这些人不仅有能力理解他的课程，而且还能补充某些新的想

法和证明。一旦参加兄弟会后,每个成员就必须将他们尘世间的一切财产捐
献给公共基金。任何成员如果离开该会,那么他们可收到相当于他们最初捐
献的两倍的财产,并为他们竖立一块墓碑以志纪念。兄弟会是一个奉行平等
10 主义的学派,吸收了几名姐妹参加。毕达哥拉斯最喜欢的学生是米洛的女儿,
美丽的西诺(Theano)。尽管年龄相差不少,他们最终还是结婚了。

建立兄弟会后不久,毕达哥拉斯撰造了一个名词"哲学家"(philosopher),与此同时规定了他的学派的目标。在一次出席奥林匹亚竞技会时,弗利尤斯(Phlius)的利昂(Leon)王子问毕达哥拉斯他会如何描述他自己,毕达哥拉斯回答道:"我是一个哲学家。"但是利昂以前没有听说过这个词,因而请他解释。

> 利昂王子,生活正好比这些公开的竞技会。在这里聚集的一大群人中,有些人受奖励物的诱惑而来,另一些人则因对名誉和荣耀的企求和受野心的驱使而来,但他们中间也有少数人来这里是为了观察和理解这里发生的一切。
>
> 生活同样如此。有些人因爱好财富而被左右,另一些人因热衷于权力和支配而盲从,但是最优秀的一类人则献身于发现生活本身的意义和目的。他设法揭示自然的奥秘。这就是我称之为哲学家的人。虽然没有一个人在各方面都是很有智慧的,但是他能热爱知识,视其为揭开自然界奥秘的钥匙。

虽然许多人知道毕达哥拉斯的抱负,但兄弟会圈外的人都不知道他成功
的详情和程度。该学派的每个成员被迫宣誓永不向外界泄露他们的任何数学
发现。甚至在毕达哥拉斯死后,还有一个兄弟会成员因为背弃了誓言而被淹
死——他公开宣布发现了一种由 12 个正五边形构成的新的规则立体:正十二
面体。毕达哥拉斯兄弟会的高度秘密性是一些神话故事围绕着他们可能举行
11 过的奇异仪式来展开情节的部分原因;同样,这也是为什么关于他们的数学成
就的可靠记载如此之少的原因。

可以确认的是毕达哥拉斯缔造了一种社会精神，它改变了数学的进程。兄弟会实际上是一个宗教性社团组织。他们崇拜的偶像之一是数，他们相信，通过了解数与数之间的关系，他们能够揭示宇宙的神圣的秘密，使他们自己更接近神。特别是，兄弟会将注意力集中于“计数数”（1，2，3，…）和分数的研究。计数数有时也叫“整数”，它们与分数（整数之间的比）一起可称之为“有理数”。在这无穷多个数中间，兄弟会寻找那些有特殊重要意义的数，其中某些最特殊的数就是所谓的“完满”数。

按照毕达哥拉斯的说法，数的完满取决于它的因数（除其本身以外能整除原数的那些数）。例如：12 的因数是 1，2，3，4 和 6。当一个数的各因数之和大于该数本身时，该数被称为“盈”数。于是 12 是一个盈数，因为它的因数加起来等于 16。另一方面，当一个数的因数之和小于该数本身时，该数被称为“亏”数。所以 10 是一个亏数，因为它的因数（1，2 和 5）加起来只等于 8。

最有意义和最少见的数是那些其因数之和恰好等于其本身的数，这些数就是完满数。数字 6 有因数 1，2 和 3，它是一个完满数，因为 $1+2+3=6$。下一个完满数是 28，因为 $1+2+4+7+14=28$。

如同 6 和 28 的完满对兄弟会来说具有数学上的意义一样，还有从事别 12
的文化的人也确认它们的完满，有人观察到月亮每 28 天绕地球一圈，有人声称上帝用了 6 天创造世界。在《天堂》（*The City of God*）一书中，圣奥古斯丁（St. Augustine）辩说道：“虽然上帝能够在瞬间创造世界，但为了表现天地万物的完满，他还是用了 6 天。”圣奥古斯丁认为 6 并不是因为上帝选择了它才是完满的，而恰恰相反，完满是数的性质中固有的：“6 是一个数，因其本身而完满，并非因上帝在 6 天中创造了万物；倒过来说才是真实的——上帝在 6 天中创造万物是因为这个数是完满的。”

当计数数变得更大时，完满数变得难于寻找。第三个完满数是 496，第四个是 8 128，第五个是 33 550 336，而第六个则是 8 589 869 056。除了是它们的因数之和外，毕达哥拉斯还指出所有的完满数显示出另外几个美妙性质。例如，完满数总等于一系列相邻的计数数之和。我们有

$$
\begin{aligned}
6 &= 1+2+3,\\
28 &= 1+2+3+4+5+6+7,\\
496 &= 1+2+3+4+5+6+7+8+9+\cdots+30+31,\\
8\,128 &= 1+2+3+4+5+6+7+8+9+\cdots+126+127。
\end{aligned}
$$

毕达哥拉斯因完满数而欣喜，但他并不满足于只是收集这些特殊的数；相反，他想要发现它们更深层的意义。其中之一，他察觉到完满性与“倍 2 性”有密切关系。数 $4(2\times2)$、$8(2\times2\times2)$、$16(2\times2\times2\times2)$ 等称为 2 的幂，可写成 2^n，
13 这里 n 表示相乘在一起的 2 的个数。所有这些 2 的幂刚巧不能成为完满数，因为它们的因数之和总是比它们本身小 1。它们只是微亏：

$2^2 = 2\times2$	$=4$，	因数 1，2	和 $=3$，
$2^3 = 2\times2\times2$	$=8$，	因数 1，2，4	和 $=7$，
$2^4 = 2\times2\times2\times2$	$=16$，	因数 1，2，4，8	和 $=15$，
$2^5 = 2\times2\times2\times2\times2$	$=32$，	因数 1，2，4，8，16	和 $=31$。

两个世纪之后，欧几里得（Euclid）使毕达哥拉斯发现的“倍 2 性”和完满性之间的联系更臻精美。欧几里得发现完满数总是两个数的乘积，其中一个数是 2 的幂，而另一个数则是下一个 2 的幂减去 1。这就是说：

$$
\begin{aligned}
6 &= 2^1\times(2^2-1),\\
28 &= 2^2\times(2^3-1),\\
496 &= 2^4\times(2^5-1),\\
8\,128 &= 2^6\times(2^7-1)。
\end{aligned}
$$

当代的计算机继续搜索完满数，发现了像 $2^{216\,090}\times(2^{216\,091}-1)$ 这样巨大的数的例子，这是一个 130 000 位以上的数，它仍符合欧几里得法则。

毕达哥拉斯为完满数具有的丰富的模式和性质所吸引,他赞赏它们的精妙。初看之下,完满性是相当容易掌握的概念,然而古希腊人并未能探知这个问题中的某些基本要点。例如,虽然有许多数的因数之和只比该数本身小 1,即只是微亏,但似乎不存在微盈的数。令人沮丧的是,虽然他们没有发现微盈 14
的数,却不能证明这种数不存在。只知道表面上没有微盈的数是没有任何实际价值的;但尽管如此,它却是一个可能启示这种数的性质的问题,因而值得研究。这样的谜引起了毕达哥拉斯兄弟会的兴趣,但 2 500 年后的今天数学家们仍然未能证明微盈数不存在。

凡物皆数

除了研究数之间的关系之外,数与自然之间的关系也引起了毕达哥拉斯的兴趣。他认识到自然现象是由规律支配的,这些规律可以用数学方程式来描述。他首先发现的联系之一是音乐的和声与数的调和之间的基本关系。

古希腊早期的音乐中最重要的乐器是四弦琴,或者叫四弦里拉。在毕达哥拉斯之前,音乐家们就注意到当几个特定的音一起发声时会产生悦耳的效果,他们调里拉的音直到齐拨两根弦时会产生这种和声为止。然而,早先的音乐家并不理解为什么特定的几个音会是和谐的,乐器调音也没有客观的方法。他们纯粹凭耳朵来调里拉的音,直到处于和声状态为止——柏拉图(Plato)称这个过程为折磨弦轴。

4 世纪时的学者扬勃里柯斯(Iamblichus)写过 9 本关于毕达哥拉斯学派的书,他描述了毕达哥拉斯是怎么发现音乐和声的基本原理的:

> 一次,他全神贯注地思考着他是否能够设计出一种既可信又精 15
> 巧的听觉方面的机械辅助物。这种辅助物要类似于圆规、直尺和为视觉方面设计的光学器具。同样地,触觉方面有秤以及关于重量和量度的概念。真是天赐好运,他碰巧走过一个铁匠铺,除了一片混杂的声响外,他听到了锤子敲打着铁块,发出多彩的和声在其间回响。

按照扬勃里柯斯的描写,毕达哥拉斯立即跑进铁匠铺去研究锤子的和声。他注意到,大多数锤子可以同时敲打而产生和谐的声响,而当加入某一把锤子一起敲打时总是产生令人不快的噪声。他对锤子进行分析,认识到那些彼此间音调和谐的锤子有一种简单的数学关系——它们彼此之间的重量成简单比,或者说成简分数。就是说,那些重量等于某一把锤子重量的1/2、1/3或1/4的锤子都能产生和谐的声响。另一方面,那把和任何别的锤子一起敲打时总发出噪声的锤子,它的重量和别的锤子的重量之间不存在简比关系。

毕达哥拉斯已经发现数值的简比在音乐的和声中起决定作用。科学家们对扬勃里柯斯关于这个故事的描述表示某种怀疑,但是毕达哥拉斯通过研究单弦的性质将他关于乐声比的新理论应用于里拉这种乐器这件事是确确实实的。单单拨弦会产生一个标准音,它是由那根振动着的弦的整个长度产生的。
17 如图 1 所示,通过将弦在其长度的某处固定,就可能产生不同的振动和不同的音。关键之处在于和音只在非常特殊的一些位置上出现。例如,在弦上恰为一半处固定弦,再拨弦会产生一个与原来的音和谐的高八度的音。类似地,在弦上恰为1/3、1/4或1/5处固定弦,就会产生其他的和音。然而,如果在整个弦的长度的非简分数处固定弦,那么产生的音是不会与上述这些音和谐的。

毕达哥拉斯首次发现了支配物理现象的数学法则,显示了数学与其他科学之间有着根本的关联。从这个发现以后,科学家们一直在探究那些似乎支配着各个物理过程的数学法则,并且发现数会意外地出现在各种各样的自然现象中。例如,一个特殊的数似乎操纵着弯弯曲曲的河流的长度。剑桥大学的地球科学家汉斯－亨利克·斯托罗姆(Hans-Henrik Stølum)教授计算了从源头到出口之间河流的实际长度与它们的直线距离之比。虽然这一比率因不同的河流而变化,但是它们的平均值只比3略微大一点,也就是说大致上是直接距离的3倍。事实上,这个比近似等于3.14,接近于数 π 的值,即圆的周长与直径之比。

数 π 原本来自圆的几何学,但它还反复出现在各种各样的科学现象中。在河长比的情形中,π 的出现是有序与紊乱相争的结果。爱因斯坦(Einstein)第一个提出,河流有一种走出更多的环形路径的倾向,这是因为最细微的弯曲

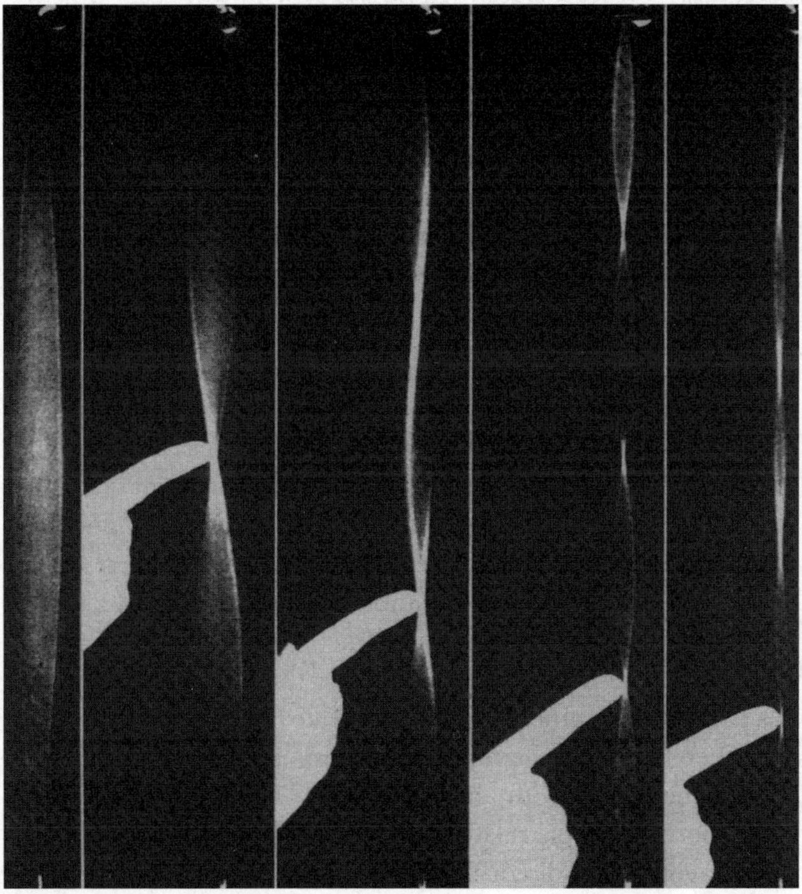

图1　一根自由振动的空弦产生一个基音。设法在弦上正好一半处形成一个节，那么产生的音则是与原来的基音和谐的高八度的音。通过移动节的位置至弦上不同的简分数距离（例如1/3、1/4、1/5）处，可以产生不同的和音

18 就会使外侧的水流变快，这反过来造成对河岸更大的侵蚀和更急剧的转弯。转弯越急剧，外侧的水流就越快，侵蚀也就越大，于是河流更为曲折……然而，有一个自然的进程会终止这种紊乱：渐增的绕圈状态的结果将是河流绕回原处而最终短路。河流将变得比较平直，而环路被放弃，形成一个U字形湖。这两种相反的因素之间的平衡导致河流从源头到出口之间的实际长度与直线距离之比的平均值为π。对于那些在坡度很小的平原上穿越的河流，诸如在巴西和西伯利亚冻土带可以找到的那些河流，这个比为π是极常见的。

毕达哥拉斯意识到从音乐的和声到行星的轨道，一切事物中皆藏有数。这导致他宣布“凡物皆数”(Everything is Number)。通过探究数学的内涵，毕达哥拉斯发展着使他和其他人能描述宇宙性质的这种语言。此后，数学上的每一次突破都会给科学家们带来为了更好地解释他们周围的现象而需要的词汇。事实上，数学的进展会唤起科学的革命。

除了发现引力定律外，艾萨克·牛顿(Isaac Newton)也是个数学家。他对数学的最大贡献是对微积分的发展。在稍后的年代里，物理学家使用微积分的语言来更好地描述引力定律和解决引力论问题。牛顿的经典引力论幸存了几个世纪未受触动，直到它被阿尔伯特·爱因斯坦的广义相对论所替代；广义
19 相对论对引力做出了更详细的、新的解释。只是由于新的数学概念为他提供了更精妙的语言来表达他的极复杂的科学思想，爱因斯坦本人的思想才可能形成。今天，对引力的解释再一次被数学的突破所影响。最新的量子引力理论和数学中的“弦”的发展密不可分，在弦这种理论中“管”的几何和拓扑性质似乎最好地解释了各种自然力。

在毕达哥拉斯兄弟会研究的数与自然之间的所有关系之中，最重要的是以他们的奠基者的名字命名的那个关系。毕达哥拉斯定理为我们提供了一个方程，它对一切直角三角形都成立，因而它也定义了直角三角形本身。接着，直角定义垂直，即竖直与水平的关系；最后定义我们熟悉的宇宙的三维之间的关系。数学(利用直角)定义了我们生活着的空间的结构。

它是一种深刻的了解，但是为掌握毕达哥拉斯定理所需的数学则是相对
20 简单的。为了理解它，就从测量直角三角形两条短的边的长度(x 和 y)开始，

然后将它们各自加以平方(x^2,y^2)。那么这两个平方数加起来(x^2+y^2)就给你一个最终数。如果你能根据图 2 中的直角三角形算出这个数,那么答案是 25。

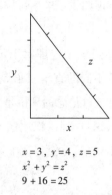

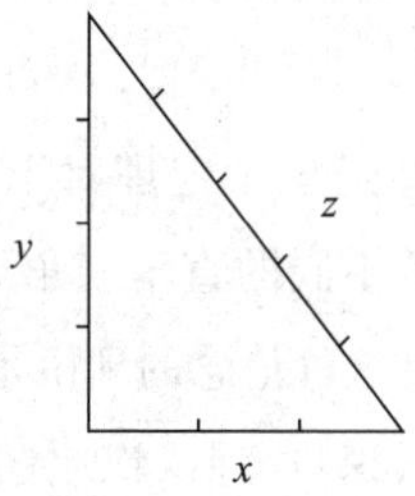

$x=3$, $y=4$, $z=5$
$x^2+y^2=z^2$
$9+16=25$

图 2　所有的直角三角形都符合毕达哥拉斯定理

你现在可以测量那条最长的边 z(所谓的斜边),将它的长度平方一下。引人注目的结果是这个数 z^2 与你刚才算出的那个数完全相同,即 $5^2=25$。这就是说:

在一个直角三角形中,斜边的平方等于两直角边的平方之和。

换句话说(或者说换个记法):

$$x^2+y^2=z^2。$$

显然这很符合图 2 中的三角形的情况,但值得注意的是毕达哥拉斯定理对每一个任意画出的直角三角形都是对的。它是数学中一条普遍的定律。无论何时你遇到任何一个有一个直角的三角形时,你都可以应用它。反过来,如果你有一个符合毕达哥拉斯定理的三角形,那么你可以绝对地相信它是一个直角三角形。

虽然这个定理将永远与毕达哥拉斯联系在一起,但中国人和巴比伦人实际上使用这个定理还要早 1 000 年。在这方面,注意到这一点是重要的。然而，这些文明并不知道这个定理对一切直角三角形都是对的。对于他们测试的三角形而言，它肯定是对的，但是他们无法证明它对于他们尚未测试的所有直角三角形都是对的。这个定理归属于毕达哥拉斯的理由是他第一个证明了它的普遍正确。

21 但是毕达哥拉斯是怎么知道这个定理对于每一个直角三角形都是对的呢？他不可能期望测试无限个不同的直角三角形，然而他仍然百分之百地确信这个定理绝对正确。使他有这种信念的理由是数学证明了这个概念。寻找一个数学证明就是寻找一种认识，这种认识比任何别的训练所积累的认识都更不容置疑。最近两千五百年以来，驱使着数学家们的正是这种以证明的方法发现最终真理的欲望。

绝对的证明

费马大定理的故事以寻找遗失的证明为中心。数学证明比我们在日常用语中非正式使用的证明概念，甚至比物理学家或化学家所理解的证明概念都更为有力和严格。科学证明和数学证明之间的差别既是极细微的，又是很深奥的。这种差别是理解自毕达哥拉斯以来每个数学家的工作的关键点。

经典的数学证明的办法是从一系列公理、陈述出发，这些陈述有些可以是假定为真的，有些则是显然真的；然后通过逻辑论证，一步接一步，最后就可能得到某个结论。如果公理是正确的，逻辑也无缺陷，那么得到的结论将是不可否定的。这个结论就是一个定理。

数学证明依靠这个逻辑过程，而且一经证明就永远是对的。数学证明是绝对的。为了正确地判断这种证明的价值，应该将它们与比其差一些的同类证明，即科学证明做一比较。在科学中，一个假设被提出来用以解释某一物理
22 现象。如果对物理现象的观察结果与这个假设相符，这就成为这个假设成立的证据。进一步，这个假设应该不仅能描述已知的现象，而且能预言其他现象的结果。可以做实验来测试这个假设的预言能力，如果它再次成功，那么就有更多的证据支持这个假设。最终，证据的数量可能达到压倒性的程度，于是这

个假设被接受为一个科学理论。

科学理论的证明永远不可能达到数学定理的证明所具有的绝对程度：它仅仅是根据已得到的证据被认为是非常可能的。所谓的科学证明依赖于观察和理解力,这两者是容易出错的,并且仅仅提供了近似于真理的概念。正如伯特兰·罗素(Bertrand Russell)指出的:“虽然这有点像是悖论,然而所有的精确科学都被近似性这个观念支配着。”甚至被人们最为普遍地接受的科学“证明”中也总有着一点儿可疑成分。有时候,这种怀疑会减少,尽管它永远不会完全消失;而在另一些场合,这种证明最终会被证实是错的。科学证明中的这个弱点导致用一种新的理论替代原来曾被认为是正确的理论的科学革命,这种新理论可能只是原有理论的进一步深化,也可能与原有理论完全相反。

例如,对物质的基本粒子的探索使得每一代的物理学家推翻,或者至少是重新推敲他们前辈的理论。近代对构成天地万物的基本材料的研究开始于19世纪初,当时一系列的实验引导约翰·道尔顿(John Dalton)提出万物都是由分离的原子组成的,原子是基本的。在19世纪末,J. J. 汤姆生(J. J. Thomson)发现了电子(最早知道的亚原子),于是原子不再是基本的。 23

在20世纪早期,物理学家拍摄到了原子的“全家”照——一个由质子和中子组成的原子核,电子围绕着它运行。质子、中子和电子被荣耀地宣称为组成宇宙万物的全部基本粒子。以后,宇宙射线实验显示了别的基本粒子——π介子和μ介子的存在。随着1932年反物质——反质子、反中子、反电子等的发现,一场更伟大的革命发生了。这一次,物理学家们不能肯定有多少种不同的粒子存在,但是他们至少相信这些粒子真的是基本的了。直到20世纪60年代,又诞生了夸克的概念。质子本身表观上由分数电荷的夸克组成,中子、介子和μ介子也是这样。这段故事的寓意是：即使不是完全抹掉重新再来,物理学家们也是在不断地修改着他们对宇宙的构想。在未来的十年中,那种把粒子作为点样对象的观念甚至可能被作为弦的粒子观念所替代——这里的弦与可能最好地解释引力的弦是相同的。这种理论说,长度为1米的10亿分之一的10亿分之一的10亿分之一的10亿分之一的弦(如此小,结果它们似乎是点样的)能以不同的方式振动,每种振动产生特定的粒子。这类似于毕达哥拉斯的发现：里拉上的一根弦能发出不同的音，这取决于它怎样振动。

科幻小说作家和未来学家阿瑟·C. 克拉克(Arthur C. Clarke)曾这样写道：如果一个有名望的教授说某事毫无疑问是正确的，那么有可能下一天它就被证明是错误的。科学证明避免不了变化不定和假冒。另一方面，数学证
24 明是绝对的、无可怀疑的。毕达哥拉斯至死仍坚信他的这个在公元前500年是对的定理将永远是对的。

科学是按照评判系统来运转的。如果有足够多的证据证明一个理论“摆脱了一切合理的怀疑”，那么这个理论就被认为是对的。在另一方面，数学不依赖于来自容易出错的实验的证据，它立足于不会出错的逻辑。这一点可用图3中画出的“缺损棋盘”问题来说明。

图3 “缺损棋盘”问题

我们有一张移走两个对角方块的棋盘，它只剩下62个方块。现在我们取
25 31张多米诺骨牌，每一张骨牌恰好能覆盖住2个方块。要问的是：是否可能将这31张多米诺骨牌摆得使它们覆盖住棋盘上的62个方块？

对这个问题有两种处理方法：

1. 科学的处理

科学家将试图通过试验来解答这个问题,在试过几十种摆法后会发现都失败了。最终,科学家相信有足够的证据说棋盘不能被覆盖。然而,科学家永远也不能肯定确实是这种情形,因为可能有某种还没有试过的摆法却能获得成功。摆法有几百万种,只可能尝试其中的一小部分。“这个覆盖不可能做到”的结论是一种基于试验得出的结论,而科学家将不得不承认有这种前景:某天这个理论可能被推翻。

2. 数学的处理

数学家试图通过逻辑论证来回答这个问题,这种论证将推导出无可怀疑的正确且永远不会引起争议的结论。下面就是一个这样的论证:

- 棋盘上被移去的两个角都是白色的,于是现在有 32 个黑方块而只有 30 个白方块。
- 每块多米诺骨牌覆盖 2 个相邻的方块,而相邻方块的颜色总是不同的,即 1 块黑色和 1 块白色。
- 于是,不管如何摆骨牌,最先放在棋盘上的 30 张多米诺骨牌必定覆盖 30 个白色方块和 30 个黑色方块。
- 结果,总是留给你 1 张多米诺骨牌和 2 个剩下的黑色方块。 26
- 但是,请记住每张多米诺骨牌覆盖 2 个相邻的方块,而相邻方块的颜色是不同的。可是这 2 个剩下的方块颜色是相同的,所以它们不可能被剩下的 1 张多米诺骨牌覆盖。于是,覆盖这棋盘是不可能的!

这个证明表明,多米诺骨牌的每一种可能的摆法都无法覆盖这个缺损的棋盘。类似地,毕达哥拉斯构造了一个证明,这个证明表明每一个可能的直角三角形都服从他的定理。对毕达哥拉斯来说,数学证明的观念是神圣的。正是证明使兄弟会能发现如此众多的结果。大多数现代的证明都惊人地复杂,对外行来说,要了解其中的逻辑几乎是不可能的。但幸运的是,毕达哥拉斯定理的论证是相对容易的,仅仅使用了高中的数学。附录 1 概要地叙述了这个证明。

毕达哥拉斯的证明是无可辩驳的,它表明他的定理对世界上一切直角三角形都是对的。这个发现是如此重要,以至人们用一百头公牛作为祭品来表示对诸神的感恩。这个发现是数学史上的一个里程碑和文明史上最重要的突破之一。它有两方面的重要意义。首先,它发展了证明的思想。一个被证明了的数学结果具有比任何别的真理更可靠的真实性,因为它是一步接一步的逻辑结果。虽然哲学家泰勒斯(Thales)已经开创了某种朴素的几何证明,但毕达哥拉斯大大推进了这种思想,他能够证明深奥得多的数学结果。毕达哥
27 拉斯定理的第二个重要性是将抽象的数学方法与有形的实体结合起来了。毕达哥拉斯向人们展示了数学的真理可以应用于科学世界并为其提供逻辑基础。数学赋予科学一个严密的开端,在这个绝对不会出错的基础上科学家再添加上不精确的测量和有缺陷的观察。

三元组的无限性

毕达哥拉斯兄弟会采用证明的方法积极地寻求真理,使数学活跃起来。他们成功的消息广为流传,但与他们的发现有关的详情却依然是一个被严守的秘密。许多人请求进入这个神秘的知识圣殿,但是只有最杰出的智者才被接纳。被拒绝的有一个名叫西隆(Cylon)的人。西隆对自己被丢脸地拒绝这事一直耿耿于怀,20 年后他进行了报复。

在第 67 届奥林匹亚竞技会期间(公元前 510 年),邻近的锡巴里斯城(Sybaris)发生了一次反叛。胜利的反叛领导者特里斯(Telys)对前政权的支持者开展了野蛮的迫害运动,这场运动驱使其中的许多人到了克罗敦城中的这个圣所。特里斯要求将这些叛逃者送回锡巴里斯接受他们应得的惩罚,但是米洛和毕达哥拉斯说服克罗敦的居民起来抵抗僭主和保护难民。特里斯大发雷霆,立即聚集了一支 30 万人的军队进军克罗敦。在克罗敦,米洛领导 10 万武装的市民保卫城市。经过 70 天的战斗,米洛卓越的指挥才能使他取得了胜利,作为一种惩罚性的措施,他使靠近锡巴里斯的那段克拉底斯河(Crathis)的河水泛滥,毁坏了这座城市。

28 尽管战争结束了,然而由于人们对应该如何处理战利品的争论,克罗敦城内依然动荡不安。出于对会把土地交给毕达哥拉斯的精英们的担忧,克罗

敦的民众开始抱怨起来。因为保密的兄弟会继续隐瞒他们的发现，民众中已经有日益增长的不满情绪，但是在西隆以人民代言人的面貌跳将出来之前，这并没有引起任何事端。西隆抓住下层民众畏惧、妄想和嫉妒的心理，诱使他们去毁灭这个当时世界上最辉煌的数学学派。米洛的家和毗邻的学校被包围起来，所有的门都被锁上和闩上以防有人逃走，然后燃烧开始。米洛从这个地狱中杀出一条血路逃了出去，但毕达哥拉斯和他的许多信徒被杀死了。

数学失去了它的第一位大英雄，但是毕达哥拉斯精神仍然活着。数和它们的真理是永恒的。毕达哥拉斯用事实证明，与任何别的学科相比，数学远不是一门主观的学科。他的信徒们并不需要他们的大师来裁决一个特定的理论的正确与否，理论的正确性不依赖于人的看法。相反，数学逻辑的解释已经成为真理的仲裁者。这是毕达哥拉斯学派对文明的最伟大的贡献——一个获得真理的方法，它不会像人类判断那样难免出错。

随着他们的创建人的死亡和西隆的攻击，兄弟会离开了克罗敦到希腊的其他城市，但是迫害在继续着，最终他们中的许多人不得不移居国外。这种被迫的迁徙促进了毕达哥拉斯的信徒们在这个古老的世界中传播他们的数学真理。他们建立了新的学校，给学生们传授数学逻辑的方法。除了他们的对毕达哥拉斯定理的证明方法外，他们还向世界解释了寻找所谓的毕达哥拉斯三元组的秘密。

毕达哥拉斯的三元组是三个恰好满足毕达哥拉斯方程 $x^2 + y^2 = z^2$ 的整数 29
的组合。例如，如果 $x = 3, y = 4, z = 5$，那么毕达哥拉斯方程是对的：

$$3^3 + 4^2 = 5^2, \quad 9 + 16 = 25。$$

毕达哥拉斯三元组的另一种思考方式是利用重拼正方形的方法。如果你有一个由 9 块瓷砖组成的 3×3 正方形，一个由 16 块瓷砖组成的 4×4 正方形，那么所有的瓷砖可以拼起来组成一个有 25 块瓷砖的 5×5 正方形，如图 4 所示。

毕达哥拉斯的信徒们想发现其他的毕达哥拉斯三元组，能合起来组成第 3

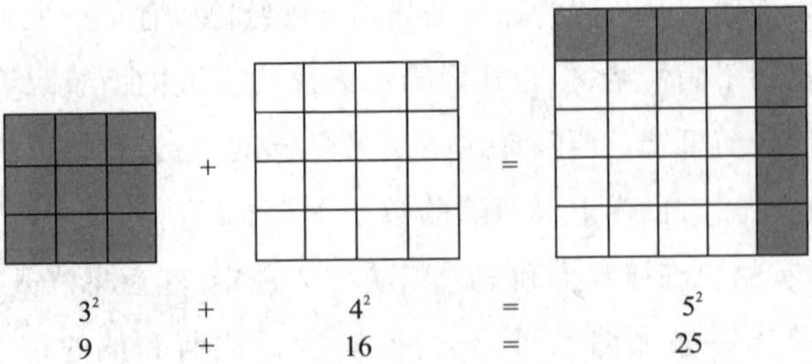

图4　寻求毕达哥拉斯方程的整数解可以想象为寻找2个正方形使得它们拼起来组成第3个正方形。例如,由9块瓷砖组成的正方形可以和有16块瓷砖的正方形合起来重新安排组成第3个有25块瓷砖的正方形

个更大的正方形的别的正方形。另一个毕达哥拉斯三元组是 $x=5$, $y=12$ 和 $z=13$:

$$5^2+12^2=13^2,\quad 25+144=169。$$

30 较大的毕达哥拉斯三元组是 $x=99$, $y=4\ 900$ 和 $z=4\ 901$。当这些数变大时,毕达哥拉斯三元组变得更为少见,要找到它们变得越来越困难。为了发现尽可能多的三元组,毕达哥拉斯的信徒们发明了一种寻找它们的井井有条的方法,在此过程中他们也证明了存在无限多个毕达哥拉斯三元组。

从毕达哥拉斯定理到费马大定理

在E. T. 贝尔的《大问题》一书中谈到过毕达哥拉斯定理和三元组的无限性,图书馆中的这本书引起年幼的安德鲁·怀尔斯的注意。虽然兄弟会对于毕达哥拉斯三元组已经有了几乎完整的了解,但怀尔斯很快就发现这个表面上平淡无奇的方程 $x^2+y^2=z^2$ 有着深藏的一面——贝尔的书描述了一头数学怪兽的存在。

在毕达哥拉斯方程中,3个数 x, y 和 z 都被平方了(即 $x^2=x\times x$):

$$x^2+y^2=z^2。$$

然而,贝尔的书中描述了它的一个姐妹方程,其中 x,y 和 z 被立方了(即 $x^3=x\times x\times x$)。x 在这方程中的幂指数不再是2,而是3:

$$x^3+y^3=z^3。$$

寻找最初那个方程的整数解,即毕达哥拉斯三元组,相对来说是容易的,但是将幂指数从“2”变成“3”再来求这个姐妹方程的整数解似乎是不可能的。多少代的数学家们在拍纸本上算了又算,却无法找到准确地适合这个方程的数。

原来的“平方”方程提出的挑战是重新安排2个正方形中的瓷砖以组成第 31
3个较大的正方形。而“立方”方程的挑战则是重新安排由瓷砖组成的2个立方体以组成第3个较大的立方体。明显地,不管选择哪2个立方体着手,当它们被组合起来时,要么是一个完整的立方体但留下一些多余的砖,要么就是一个不完整的立方体。与实现完美的重排最为接近的情形是多了1块或少了1块砖。例如,如果我们从立方体 6^3(x^3)和 8^3(y^3)着手,重新安排瓷砖,那么我们只缺1块砖就能组成一个完整的 $9\times9\times9$ 立方体,如图5所示。

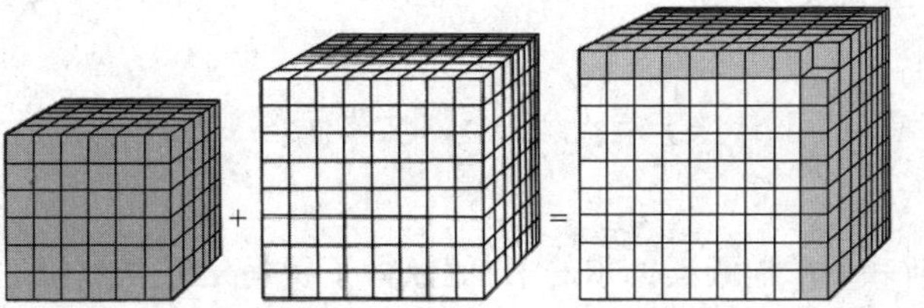

$6^3 + 8^3 = 9^3-1$

$216 + 512 = 729-1$

图5 能不能将瓷砖从一个立方体加到另一个立方体以组成第三个较大的立方体?在图中的情形,一个 $6\times6\times6$ 立方体加上一个 $8\times8\times8$ 立方体仍无足够的瓷砖组成一个 $9\times9\times9$ 立方体。第一个立方体中有216(6^3)块瓷砖,第二个中有512(8^3)块。总共是728块瓷砖,这比 9^3 小1

32 寻找3个准确地适合这个立方方程的数似乎是不可能的。也就是说，方程

$$x^3 + y^3 = z^3$$

似乎没有整数解。更有甚者，如果幂指数从3（立方）改为任何更大的数 n（即4，5，6，…），那么寻找解似乎仍是不可能的，即更一般的方程

$$x^n + y^n = z^n,\text{当 } n > 2 \text{ 时},$$

似乎没有整数解。在毕达哥拉斯方程中仅仅将2改为任何更大的数，寻找整数解的工作就从相对简单变得令人难以想象地困难。事实上，17世纪一个伟大的法国人皮埃尔·德·费马令人惊讶地宣称，没有人能找到任何解的原因就在于根本没有解存在。

费马是历史上最杰出的和最有迷惑力的数学家之一。他不可能将无穷多个数一一核对，但是他绝对确信没有任何组合会准确地适合这个方程，因为他的结论是以证明为依据的。就像毕达哥拉斯也不是去核对每一个三角形才证明他的定理的正确一样，费马无须核对每一个数以证明他的定理的正确。著名的费马大定理说

$$x^n + y^n = z^n,\text{当 } n > 2 \text{ 时没有整数解。}$$①

随着怀尔斯一章章地阅读贝尔的书，他懂得了费马是怎样被毕达哥拉斯的工作所吸引，最终去研究毕达哥拉斯方程的变异形式的。然后，他读到了费马宣
33 称即使全世界所有的数学家毕其一生去寻找这个变异方程的解，他们也不会

① 严格地说，这里还有一个附加条件，即 $xyz \neq 0$，也就是说 x，y 和 z 的值不能为0。——译者

1993 年 6 月 23 日，怀尔斯在剑桥的牛顿研究所做了一次演讲，这是他宣布费马大定理的证明之后的瞬间，他和房间里的其他人都没有意识到即将发生的噩梦

找到一个解。当时怀尔斯一定是急切地翻阅着书页,想查询费马大定理的证明。然而,书中没有证明,任何地方都没有这个证明。贝尔在书的结尾写道,这个证明很久以前就被遗失了。没有迹象表明它可能是什么,也没有构造或派生证明的线索。怀尔斯有一种困惑、被激怒和好奇的感觉。他找到了有趣的伙伴。

300 多年来,许多最优秀的数学家试图重新发现费马遗失了的证明,结果都失败了。每一代人的失败都令下一代人沮丧,但又使他们变得更坚定。在费马死后将近一个世纪的 1742 年,瑞士数学家莱昂哈德·欧拉(Leonhard Euler)请他的朋友克雷洛(Clêrot)仔细检查费马的住所,看是否有重要的零星论文纸片留在那里。但是关于费马问题的证明没有发现任何线索。在第二章中我们将进一步揭示谜一般的皮埃尔·德·费马以及他的定理怎样被遗失的真相,这里暂且只要知道费马大定理,这个吸引了数学家们长达几个世纪的问题已经占据了年轻的安德鲁·怀尔斯的脑海就可以了。

一个 10 岁的男孩坐在弥尔顿路上的图书馆中,凝视着这个数学中难得出奇的问题。通常,数学问题中一半的困难在于理解问题本身,但是现在的情形是简单的——证明 $x^n + y^n = z^n$ 当 $n > 2$ 时没有整数解。安德鲁没有被连我们星球上最有才智的人都未能重新发现这个证明这一事实吓倒。他马上着手工作,使用他从教科书上学到的技巧尝试重新做出证明。他梦想他能使世界震惊。

34 30 年后,安德鲁·怀尔斯已经准备好了。站在牛顿研究所的演讲厅里,他在黑板上飞快地写着,然后,努力克制住自己的喜悦,凝视着他的听众。演讲正在达到它的高潮,而听众也明白这一点。他们之中有几个人事先已将照相机带进了演讲厅,闪光灯频频亮起,记录下了他最后的论述。

35 手中拿着粉笔,他最后一次转向黑板。这最后的几行逻辑演绎完成了证明。300 多年来第一次,费马的挑战被征服了。更多的相机闪烁着拍下了这个历史性的时刻。怀尔斯写上了费马大定理的结论,转向听众,平和地说道:“我想我就在这里结束。”

200 多位数学家鼓起掌来,欢庆着。就连那些曾期望得到这个结果的人也难以置信地笑了起来。30 年后,安德鲁·怀尔斯终于相信他已经实现了他的梦想,历经了 7 年的孤寂,他终于可以对外透露他的秘密的计算。然而,正当牛顿研究所里洋溢着兴奋自得之情时,灾难却在袭来。怀尔斯沉浸在喜悦之中,他和房间里的其他人都没意识到可怕的事正在来临。

皮埃尔·德·费马

第二章　出谜的人

"你听我说,"魔王吐露说,"就连其他星球上最出色的数学家——远远超出你们——也没能解开这个谜!嗨,土星上有个家伙——他看上去像是踩着高跷的蘑菇——能用心算解偏微分方程,就连他也放弃了。"

——阿瑟·波格斯(Arthur Porges),《魔王与西蒙·弗拉格》

皮埃尔·德·费马1601年8月20日出生于法国西南部的博蒙-德-罗马 37
涅(Beaumont-de-Lomagne)镇。费马的父亲多米尼克·费马(Dominique Fermat)是一位富有的皮革商,所以皮埃尔幸运地享有特权进入格兰塞尔夫(Grandselve)的方济各会修道院受教育,随后在图卢兹大学做指定的工作。那里没有任何记录显示年轻的费马在数学方面具有特殊才华。

来自家庭的压力导致费马走上文职官员的生涯。1631年他被任命为图卢兹议院顾问——请愿者接待室的一名顾问。如果本地人有任何事情要呈请国王,他们必须首先使费马或他的一名助手相信他们的请求的重要性。顾问们提供了本省和巴黎之间极重要的联系。除了在本地和国王之间起联络作用之外,顾问还保证发自首都的国王命令得以在本地区执行。费马是一位称职的
文职官员,根据各种流传的说法,他是以体恤和宽大的方式完成他的任务的。 38

费马另外的职务包括在司法部门的工作,资深的他足以处理最最困难的案件。关于他的工作,英国数学家凯内尔姆·迪格比爵士(Sir Kenelm Digby)

有过一段叙述。迪格比曾请求会见费马,但在给他们共同的朋友约翰·沃利斯(John Wallis)的一封信中他透露费马当时还在忙于一些紧迫的审判事务,因此不可能会见:

> 真的,我恰恰碰上了卡斯特尔的法官们调换到图卢兹的日子。他(费马)是图卢兹议会最高法庭的大法官,从那天以后,他就忙于非常重要的死罪案件,其中最后的一次判决引起很大的骚动,它涉及一名滥用职权的教士被判以火刑处死。这个案子刚判决,随后就执行了。

费马定期与迪格比和沃利斯通信。以后我们将会看到这些信往往不是怎么友好的,但它们使我们能洞悉费马的日常生活,包括他的学术工作。

费马在文职官员的职位上晋升很快,成了一名社会杰出人物,使他有资格用德(de)作为他的姓氏的一部分。他的升职与其说是他的雄心所致,不如说是由于健康的原因。当时鼠疫正在欧洲蔓延,幸存者被提升去填补那些死亡者的空缺。甚至费马在1652年也感染上严重的鼠疫,而且病得如此之重,以至于他的朋友伯纳德·梅当(Bernard Medon)对几位同事宣布了他的死亡。但之后不久,梅当又亲自在一份给荷兰人尼古拉斯·海因修斯(Nicholas Heinsius)的报告中纠正道:

39
> 我前些时候曾通知过您费马逝世。他仍然活着,我们不再担心他的健康,尽管不久前我们已将他计入死亡者之中。瘟疫已不再在我们中间肆虐。

除了17世纪法国鼠疫的风险外,费马还经受了政治上的风险。他被指派到图卢兹议会,正好是在黎塞留(Richelieu)晋升为法国首相三年之后。这是一个充满阴谋和诡计的时代,每个涉及国家管理的人,即使是在地方政府中,都不得不小心翼翼,以防被卷入黎塞留的阴谋诡计中。费马采取的策略是有效地履行职责，而不把人们的注意力引向自己。他没有很大的政治野心，并尽力避开议会中的混战。相反，他将自己剩下的精力全都献给了数学，在不用判决教士以火刑处死的日子里，费马把时间都用在他的业余爱好上了。费马是一个真正的业余学者，一个被埃里克·贝尔称为“业余数学家之王”的人。但是他的才华是如此出众，以至于当朱利安·库利奇（Julian Coolidge）写《业余大数学家的数学》（*Mathematics of Great Amateurs*）这本书时将费马排除在外，理由是他“那么杰出，他应该算作专业数学家”。

在17世纪初，数学还正在从欧洲中世纪的黑暗时代中恢复过来，还不是很受重视的学科。同样地，数学家也不很受尊重，他们中许多人不得不为自己的研究工作筹款。例如，伽利略（Galileo）无法在比萨大学研究数学，他被迫去寻找当私人教授的工作。事实上，当时欧洲只有一个研究单位积极赞助数学家，那就是牛津大学，那里在1619年已设立了萨维尔几何学教授的职位。确实可以说，大多数17世纪的数学家都是业余的，但费马是最最突出的一个例
子。他生活在远离巴黎的地方，孤立于当时已存在的包括布莱斯·帕斯卡 40
（Blaise Pascal）、加森蒂（Gassendi）、罗贝瓦尔（Roberval）、博格兰德（Beaugrand）和最著名的马林·梅森尼神父（Father Marin Mersenne）等这些人物在内的数学家小圈子之外。

梅森尼神父对数论仅仅做过小小的贡献，但可以认为他在17世纪数学家中所起的作用较之任何比他更受尊重的同事都重要得多。在1611年参加米尼姆修道会后，梅森尼研究数学，然后向其他修士以及内弗斯的米尼姆女修道院的修女们教授这门学科。8年后他迁到巴黎参加阿诺希德的米尼姆修道会，靠近鲁瓦尔广场，一个知识分子惯常聚会的地方。梅森尼照例会遇到巴黎的其他数学家，但是他们与他，或他们彼此之间谈话都显得很勉强，为此他感到悲哀。

巴黎数学家们守口如瓶的性格是一种传统，这是从16世纪的cossists沿袭下来的。cossists是精通各种计算的专家，受雇于商人和实业家，以解决复杂的会计问题。这个名称来源于意大利语中意指“物”的词cosa，因为他们利用符号表示一个未知的数量，就像今天数学家利用 x 那样。这个时代的所有专

业解题者都创造他们自己的聪明方法来进行计算,并尽可能地为自己的方法保密,以保持自己作为有能力解决某个特殊问题的独一无二者的声誉。仅有的一个例外是尼科罗·塔尔塔利亚(Niccolò Tartaglia),他发现了一个能迅速求解三次方程的方法,并把他的发现透露给了杰罗拉穆·卡尔达诺(Girolamo Cardano),要他发誓保守秘密。10 年后卡尔达诺违背诺言,在他的《大术》(*Ars Magna*)中公布了塔尔塔利亚的方法,这是塔尔塔利亚永远不能原谅的一件
41 事。他断绝了与卡尔达诺的一切关系,接着还发生了一场公开的争论,其作用只不过进一步促使其他数学家更保守自己的秘密。数学家这种守口如瓶的禀性一直保持到 19 世纪末,正如下面我们将会看到的那样,甚至到 20 世纪还有秘密的天才人物工作的例子。

当梅森尼神父到达巴黎后,他决定与这种保密习惯斗争,并试图鼓励数学家们交流他们的思想,互相促进各自的工作。这位修道士安排定期的会议,他的小组后来形成了法兰西学院的核心。当任何人拒绝出席时,梅森尼会将他通过信件和文章掌握的任何发现在小组中传开——尽管这些信件是出于信任才寄给他的。对于一个穿教士服的人,这是不符合职业道德的,但他以交流信息对数学家和人类有好处为理由来辩解。这些泄密行为自然在善意的修道士和那些一本正经妄自尊大的人中引起争论,最终毁坏了梅森尼和笛卡尔(Mersenne Descartes)之间的友谊,这份友谊是从两人一起在拉弗莱什(La Flèche)的耶稣会学院学习时开始并保持下来的。梅森尼泄露了笛卡尔的哲学著作,这些著作有冒犯基督教教会的倾向,但是值得赞扬的是他为笛卡尔受到的神学方面的打击做了辩护,事实上早些时候他在伽利略的案子中也是这样。在一个被宗教和巫术主宰的时代,梅森尼坚持了理性的思想。

梅森尼在法国各地旅行并且还旅行到更远的地方,传播有关最新的发现的消息,他在旅行中总是不时地会见皮埃尔·德·费马。事实上他似乎是仅有的一个与费马定期接触的数学家。梅森尼对这位业余数学家之王的影响大
42 概仅次于《算术》(*Arithmetica*)——一直伴随着费马的一本古希腊传下来的数学专著。甚至当梅森尼无法再游历时,他还以大量的书信保持与费马及其他人之间的联系。在梅森尼去世后,人们发现他的房间里堆放着 78 个不同通信

者写来的信件。

尽管梅森尼神父一再鼓励，费马仍固执地拒绝公布他的证明。公开发表和被人们承认对他来说没有任何意义，他因自己能够创造新的未被他人触及的定理所带来的那种愉悦而感到满足。然而，这位隐身独处无意于名利的天才确实具有一种恶作剧的癖好，这种癖好加上他保密的态度使他有时候与别的数学家的通信仅仅是对他们进行挑逗。他会写信叙述他的最新定理，却不提供相应的证明。发现这个证明就成了他向对方提出的一种挑战。他这种从不愿泄露自己的证明的行为使其他人极为恼恨。笛卡尔称费马为“吹牛者”，英国人约翰·沃利斯把他叫作“那个该诅咒的法国佬”。对英国人来说则更为不幸，费马特别喜欢戏弄他海峡对岸的同行。

费马只叙述问题而将它的解答隐藏起来的习惯，除了使他有一种让同行们烦恼而带来的满足外，也确实有更为实在的动机。首先，这样做意味着他无须花时间去全面地完善他的方法，相反却能够迅速地转向征服下一个问题。此外，他也无须承受出于嫉妒的挑剔的折磨。证明一旦发表以后，就会被任何人仔细地探究和议论，只要这个人在这方面懂得一点。当布莱斯·帕斯卡(Blaise Pascal)催促费马发表他的某个成果时，这个遁世者回答道：“不管我的哪个工作被确认值得发表，我不想其中出现我的名字。”费马是缄默的天才，他 43
放弃了成名的机会，以免被来自吹毛求疵者的一些细微的质疑分心。

这次与帕斯卡的通信是除了梅森尼以外费马与别人讨论想法的仅有的一次，它涉及一门全新的数学分支——概率论的创立。帕斯卡向这位数学界的隐士介绍了这门学科，因而，尽管费马喜欢独自研究，他还是感到有责任保持对话。费马和帕斯卡一起发现了概率论中最初的一些证明和骰子投掷中的概率，这是一门生来就难以捉摸的学科。帕斯卡对这门学科的兴趣是被一个巴黎的职业赌徒梅雷骑士安托瓦尼·贡博(Antoine Gombaud)引发的，贡博提出了一个涉及称为“点数”的机会对策的问题。这种博弈游戏要靠骰子的滚动来赢得点数，博弈者中谁首先获得某个数目的点数谁就是获胜者并可占有赌金。

贡博曾与一个赌伴进行了一次点数游戏，当时由于要去参加一个非去不可的活动，他们被迫中途放弃这场游戏，于是就发生了如何处理赌金的问题。

简单的解决方法或许就是将所有的钱归点数最多的那个竞赛者所有,但是贡博请教帕斯卡是否有更为公平的方法来分配这些钱。这就需要帕斯卡计算如果游戏继续进行的话每个博弈者获胜的概率,并且要假定博弈者赢得后面的点数的机会是均等的。然后,赌金可以按照这些计算出来的概率进行分配。

在 17 世纪之前,概率大小的规律是赌徒们根据直觉和经验来确定的,而
44 帕斯卡与费马相互通信的目的则在于发现能更准确地描述机会规律的数学法则。3 个世纪后,伯特兰 · 罗素对这种明显的矛盾评论说:“我们怎么可以谈论机会的规律呢?机会不正是规律的对立面吗?”

这两个法国人分析了贡博的问题,并立即认识到它是一个相当简单的问题,可以通过严密地确定游戏的所有可能的结果并对每一种结果给出一个相应的概率来解决。帕斯卡和费马都有能力独立解答贡博的问题,但是他们的合作加速了答案的发现,并激励他们对其他与概率有关的更微妙和更复杂的问题的进一步探索。

概率问题有时是会引起争议的,因为对这种问题数学的答案(也即正确的答案)常常会与直觉所暗示的相反。直觉的这种失败很可能会使人感到惊奇,因为“适者生存”的法则应该提供强烈的进化压力,使人脑自然而然地有能力分析概率问题。你可以想象我们的祖先悄悄地靠近一头幼鹿并盘算着是否发动进攻时的情景。附近有一头成年牡鹿,它准备保卫其后代并使攻击者受到伤害的危险率是多少?另一方面,如果经判断这一次太危险,那么,出现更好的觅食时机的机会又是多少?分析概率的才智应该是我们的遗传构成之一,不过我们的直觉常常误导我们。

最违背直觉的概率问题之一是关于同天生日的概率问题。假想有一个足球场上运动员和裁判一起共 23 人。那么,这 23 人中的任何 2 个人有相同的生日的概率是多少?23 人,而可选择的生日有 365 个,似乎极不可能会有人共有同一个生日。如果请人估计这个概率是多少的话,绝大多数人恐怕会猜至
45 多是 10%。事实上,正确的回答是刚好超过 50%——这就是说,根据概率的测算,球场上有 2 人有相同生日的可能性比没有人共有生日的可能性更大。

出现这么高概率的原因是将人们配成一对对的方式的总数总是大于人的

总数。当我们寻找共有的生日时，我们需要找成对的人而不是单个的人。因为球场上只有23人，所以有253种配对。例如，第一个人可以与其余的22个人中的任何一个配对，这样一开始就给出22种配对。然后，第二个人可以与剩下的21人中的任何一个配对(我们已经计算过第二个人与第一个人的配对，所以可能的配对数要减去1)，这样给出另外的21种配对。接着，第三个人可以与剩下的20人中的任何一个配对，再给出另外的20种配对，以此类推直到最终我们得到总共253种配对。

在23人的人群中出现一个同天生日的概率大于50%的事实，凭直觉似乎是不正确的，但它在数学上则是无可否认的。诸如此类的奇怪的概率恰恰是赌注登记经纪人和赌棍们赖以掠取粗心上当者钱财的依据。当你下次参加一个23人以上的聚会时，你可以押赌注来赌房间中一定有2个人的生日是相同的。请注意对23个人的人群来说这个概率只是略大于50%，而当人数增加时这个概率迅速上升。因此，对一个有30人的聚会来说，赌其中将有2个人有相同的生日肯定是值得的。

费马和帕斯卡建立了支配各种机会对策的基本法则，它可被博弈者们用来决定完善的博弈策略。此外，这些概率定律已经在从证券市场投机到核事
故的概率估计等一系列场合上得到了应用。帕斯卡甚至相信他能用他的理论 46
证明信仰上帝是有理由的。他说："赌徒在押赌时感受到的刺激等于他可能赢得的钱数乘以他获胜的概率。"然后他论证道：永恒的幸福具有无限的价值，由于生活道德高尚而进入天堂的概率不管怎么小肯定是有限的。于是，按照帕斯卡的定义，宗教是一种有无穷刺激的游戏，一个值得参与的游戏，因为无限的奖励乘以一个有限的概率其结果是无穷大。

除了分享概率论创立者的荣誉之外，费马还在另一个数学领域——微积分——的建立中做出了很大贡献。微积分是计算一个量关于另一个量的变化率(称为导数)的工具。例如，众所周知的路程关于时间的变化率就是速度。对数学家来说，这些量往往是抽象的和难以捉摸的，但是费马的工作产生的结果则是使科学发生一场革命。费马的数学使科学家们能更好地理解速度的概念以及它与其他的诸如加速度(速度关于时间的变化率)等基本量之间的关系。

经济学是深受微积分影响的一门学科。通货膨胀率是价格的变化率，称为价格的导数；此外，经济学家常常有兴趣研究通货膨胀率的变化率，称为价格的二阶导数。这些术语频繁地被政治家使用。数学家雨果·罗西（Hugo Rossi）曾注意到下列事实："在1972年秋天，尼克松总统宣布通货膨胀率的增长率正在下降。这是第一次一个当任总统使用一个三阶导数来推进他的连任活动。"

47 几个世纪以来，人们一直都认为是艾萨克·牛顿独立地发明了微积分，而不知晓费马的工作。但是在1934年，路易斯·特伦查德·穆尔（Louis Trenchard Moore）发现了一个注记，这个注记记录了历史的真实，并恢复了费马应得的荣誉。牛顿写道，他在"费马先生的画切线的方法"的基础上发展了他的微积分。自17世纪以来，微积分一直用来描述牛顿的引力定律和他的力学定律，这些定律都与距离、速度和加速度有关。

微积分和概率论的发明可能已完全足以使费马在数学家的荣誉殿堂中占有一席之地，但他最大的成就还是在另一个数学分支中。微积分自那时以来已经被用于将火箭送上月球，概率论也已被保险公司用于风险评估，费马却特别钟情于一门大体上无用的学科——数论。费马被一种强烈的念头——想要了解数的性质以及它们之间的关系——驱使着。这是最纯粹和最古老的数学形式。费马的研究是建立在从毕达哥拉斯一直传到他的大量知识的基础上的。

数论的演变

毕达哥拉斯死后，数学证明的思想迅速地在文明世界中传播开来，在他的学派所在地被烧为平地两个世纪后，数学研究的中心已经从克罗敦转移到亚历山大城。公元前332年，已经征服了希腊、小亚细亚和埃及的亚历山大大帝（Alexander the Great）决定建造世界上最宏伟的都城。亚历山大城确实是一座
48 蔚为壮观的大都市，但并没有立即成为学术中心。一直到亚历山大大帝死后，他的同父异母兄弟托勒密一世（Ptolemy I）登上埃及王位的时候，亚历山大城才破天荒成为世界上第一所大学的所在地。数学家们和其他知识分子群集于托勒密王朝的这座文化城，虽然他们确实是被大学的声誉所吸引，但最令他们

感兴趣的还是亚历山大图书馆。

建立这座图书馆是迪米特里厄斯·法拉留斯(Demetrius Phalaerus)的主意，他是一位不受欢迎的演说家，曾被迫潜逃出雅典城，并最终在亚历山大城避难。他劝说托勒密把所有重要的图书收集起来，并使他相信优秀的、有才智的人会随之而来。埃及和希腊的大卷书籍被安置好后，王朝就迅速派出人员走遍欧洲和小亚细亚收集更多的学术著作。甚至到亚历山大城来的旅游者也逃不出图书馆的饕餮大口。一旦他们进入该城，他们的书籍就被没收并交给抄写员。然后这些书被复制，因而在原书捐赠给图书馆的同时，可以礼貌地将复制本交给原主。这种对古代旅游者提供的非常仔细的复制服务给今天的历史学家们带来某种希望——遗失了的珍贵版本也许有一天会出现在世界上某处的一个阁楼上。1906 年 J. L. 海伯格(J. L. Heiberg)在君士坦丁堡[①]就发现过一份手稿《方法论》(*The Method*)，它记载有阿基米德(Archimedes)的某些原著。

托勒密一世建造知识宝库的梦想在他死后仍然延续下来，历经几代托勒密王朝的国王传代之后，图书馆已拥有 60 多万册图书。在亚历山大数学家们经过学习能学到当时世界上的任何知识，在那里有最著名的科学家教他们。数学系的第一号人物不是别人，正是欧几里得。

欧几里得生于公元前 330 年左右。与毕达哥拉斯一样，欧几里得只是为 49
数学本身而探求数学真理，在他的著作中并不寻求应用。有一个故事讲到，有个学生问欧几里得他正在学习的数学有什么用处，当讲课一结束，欧几里得就转身向他的奴仆说："给这个孩子一个硬币，因为他想在学习中获得实利。"然后这个学生就被驱逐了。

欧几里得一生的大量时间花在撰写《几何原本》(*Elements*)这本有史以来最成功的教科书上。直到 20 世纪之前，它是世界上仅次于《圣经》的第二本畅销书。《几何原本》共有 13 卷，其中一部分写的是欧几里得自己的工作，其余部分则收集了当时所有的数学知识，包括有 2 卷全部写的是毕达哥拉斯兄弟会的研究工作。自毕达哥拉斯以后的几个世纪中，数学家们已经发明了许多

---

① 现为土耳其的伊斯坦布尔市。——译者

可以应用于不同场合的逻辑推理方法，欧几里得娴熟地在《几何原本》中使用了这些方法。特别是欧几里得利用了一种被称为“反证法”的逻辑武器，这种方法围绕这样一个有点不合情理的想法展开：企图证明某个定理是真的，但首先假定它是假的；然后数学家去探讨由于定理是假的而产生的逻辑结果。在逻辑链的某个环节上会出现一个矛盾（例如，2+2=5），而数学不能容忍矛盾，于是原来的定理不可能是假的，也就是说它是真的。

英国数学家G. H. 哈代在他的《一个数学家的自白》这本书中概括了反证法的精髓：“欧几里得如此深爱的反证法是数学家最精妙的武器之一。它是比任何弈法都更为精妙的弃子取胜法：棋手可能牺牲一只卒子甚至更大的棋子以取胜，而数学家则牺牲整个棋局。”

50 欧几里得的一个最著名的反证法确立了所谓的“无理数”的存在性。也有人怀疑无理数最初是毕达哥拉斯兄弟会在几个世纪前发现的，只是由于毕达哥拉斯如此地厌恶这个概念，以致他否认了这种数的存在。

当毕达哥拉斯声称天地万物是由数支配的时候，他所指的数只是总称为有理数的整数以及整数的比（分数）。无理数是既不是整数又不是分数的数，这就是无理数使毕达哥拉斯如此惊骇的原因。事实上无理数是这样奇特，它们不能被写成小数，即使是循环小数。像0.111 11…这样的循环小数实际上是一个相当简单的数，它等于分数1/9。数字“1”永远重复这个事实意味着这个小数有非常简单的规则的构成方式。这种规则性，尽管它无限次地延续，仍意味着这个小数可以被重新写成一个分数。然而，如果你企图将一个无理数表示为一个分数，那么最终会是一个构成方式毫无规则的（或者说非一贯的）永远延续下去的数。

无理数的概念是一个重大的突破。数学家们当时正在寻找、发现或者说发明整数和分数以外的新的数。19世纪的数学家利奥波德·克罗内克（Leopold Kronecker）说：“上帝创造了整数，其余则是我们人类的事了。”

最著名的无理数是π。在学校里，它有时被近似为$3\frac{1}{7}$或3.14；然而，π的

π 的超过 1 500 位小数的值

3. 14159265358979323846264338327950288419716939937510582 0
974944592307816406286208998628034825342117067982148086
513282306647093844609550582231725359408128481117450284 1
0270193852110555964462294895493038196442881097566593344
6128475648233786783165271201909145648566923460348610454
3266482133936072602491412737245870066063155881748815209
2096282925409171536436789259036001133053054882046652138
4146951941511609433057270365759591953092186117381932611
7931051185480744623799627495673518857527248912279381830
1194912983367336244065664308602139494639522473719070217
9860943702770539217176293176752384674818467669405132000
5681271452635608277857713427577896091736371787214684409
0122495343014654958537105079227968925892354201995611212
9021960864034418159813629774771309960518707211349999998
3729780499510597317328160963185950244594553469083026425
2230825334468503526193118817101000313783875288658753320
8381420617177669147303598253490428755468731159562863882
3537875937519577818577805321712268066130019278766111959
0921642019893809525720106548586327886593615338182796823
0301952035301852968995773622599413891249721775283479131
5155748572424541506959508295331168617278558890750983817
5463746493931925506040092770167113900984882401285836160
3563707660104710181942955596198946767837449448255379774
7268471040475346462080466842590694912933136770289891521
0475216205696602405803815019351125338243003558764024749
6473263914199272604269922796782354781636009341721641219
9245863150302861829745557067498385054945885869269956909
2721079750930295532116534498720275596023648066549119881
8347977535663698074265425278625518184175746728909777727
9380008164702001614524919217321721477235014144197356

真正的值接近于 3.14 159 265 358 979 323 846，但即使这个值也只不过是一个近似值。事实上，π 不可能被精确地写出，因为小数位会永远延续下去且无任
51 何模式。这种随机的模式有一个美妙的特点，即它可以利用一个极有规则的方程来计算：

$$\pi = 4\left(\frac{1}{1} - \frac{1}{3} + \frac{1}{5} - \frac{1}{7} + \frac{1}{9} - \frac{1}{11} + \frac{1}{13} - \frac{1}{15} + \cdots\right)。$$

通过计算开首的几项，你会得到 π 的一个非常粗糙的值，但若计算越来越多的项，就会达到越来越准确的值。虽然知道 π 的 39 个小数位就足以计算银河系的周界使其准确到一个氢原子的半径，但这并不能阻止计算机科学家们将 π 计算到尽可能多的小数位。当前的纪录是由东京大学的金田康正（Yasumasa Kanada）保持的，他于 1996 年将 π 算到 60 亿个小数位。最近的传闻暗示，在纽约的俄国人丘德诺夫斯基（Chudnovsky）兄弟已经将 π 算到 80 亿个小数位，他们的目标是达到 1 万亿个小数位。但即使金田或者丘德诺夫斯基兄弟继续计算直到他们的计算机耗尽世界上所有的能量为止，他们也仍然不会找到 π 的准确值。由此不难理解为什么毕达哥拉斯要将这些难以驾驭的数的存在性隐瞒起来。

53 当欧几里得大胆面对《几何原本》第 10 卷中的无理性问题时，其目标是证明可能存在永不能写成一个分数的数。他并没有尝试证明 π 是无理数，而代之以研究 2 的平方根 $\sqrt{2}$——自身相乘后等于 2 的数。为了证明 $\sqrt{2}$ 不可能写成一个分数，欧几里得使用了“反证法”，并从假定它能写成一个分数开始着手。然后他证明这个假定的分数总能简化。分数的简化意指，例如，分数 $\frac{8}{12}$ 经过用 2 去除分子和分母可以简化成 $\frac{4}{6}$。接着 $\frac{4}{6}$ 可以简化成 $\frac{2}{3}$，而 $\frac{2}{3}$ 再也不能简化，因而这个数被认为是 $\frac{8}{12}$ 的最简形式。然而，欧几里得证明了他假定的代表 $\sqrt{2}$ 的那个分数可以无限多次地反复简化但不会化成它的最简形式。这是荒谬

的，因为一切分数最终一定有它的最简形式。因而，这个假定的分数不可能存在。于是，$\sqrt{2}$不可能写成一个分数，所以是一个无理数，附录 2 中给出了欧几里得的证明的概要。

使用了反证法，欧几里得得以证明无理数的存在，这是第一次使数具有了一种崭新的、更为抽象的性质。在这以前，一切数都可以表示成整数或分数，而欧几里得的无理数向这种传统的表示法发起了挑战。除了把 2 的平方根表示成$\sqrt{2}$之外，没有其他的方法来描述这个数，因为它不能写成一个分数。而企图将它写成一个小数的结果永远只能是它的一个近似值，例如 1.414 213 562 373…。

对毕达哥拉斯来说，数学的美在于有理数（整数和分数）能解释一切自 54
然现象。这种起指导作用的哲学观使毕达哥拉斯对无理数的存在视而不见，甚至导致他的一个学生被处死。有个故事说，一个名叫希帕索斯（Hippasus）的年轻学生出于无聊摆弄起数$\sqrt{2}$来，试图找到等价的分数，最终他认识到根本不存在这样的分数，也就是说，$\sqrt{2}$是一个无理数。希帕索斯想必对自己的发现喜出望外，但他的老师却并不如此。毕达哥拉斯已经用有理数解释了天地万物，无理数的存在势必会引起人们对他的信念的怀疑。希帕索斯的洞察力获得的结果一定经过了一段时间的讨论和深思熟虑，在此期间毕达哥拉斯本应承认这个新的数源。然而，毕达哥拉斯不愿意承认自己是错的，同时他又无法借助逻辑推理的力量来推翻希帕索斯的论证。使他终身羞耻的是，他判决将希帕索斯淹死。

这位逻辑和数学方法之父宁可诉诸暴力而不承认自己是错的。毕达哥拉斯对无理数的否认是他最不光彩的行为，也可能是希腊数学最大的悲剧。只有在他死后无理数才得以安全地被提及。

虽然欧几里得明显地对数论有兴趣，但这不是他对数学的最大贡献。欧几里得真正的爱好是几何学。《几何原本》13 卷中的第 1 卷到第 5 卷集中写平面（二维的）几何学，而第 11 卷到第 13 卷则处理立体（三维的）几何学。它是如此完整的一套知识，以至于《几何原本》的内容在以后的两千年内构成中学和大学中几何课程的基本内容。

DIOPHANTI
ALEXANDRINI
ARITHMETICORVM
LIBRI SEX,
ET DE NVMERIS MVLTANGVLIS
LIBER VNVS.
Nunc primùm Græcè & Latinè editi, atque absolutissimis
Commentariis illustrati.
AVCTORE CLAVDIO GASPARE BACHETO
MEZIRIACO SEBVSIANO, V.C.

LVTETIAE PARISIORVM,
Sumptibus HIERONYMI DROVART, via Iacobæa,
sub Scuto Solari.
M. DC. XXI.
CVM PRIVILEGIO REGIS.

丢番图的《算术》的克劳德·加斯帕·贝切特(Claude Gaspar Bachet de Méziriac)译本的扉页,出版于1621年。这本书成了费马的“圣经”,激励他做了许多工作

在数论方面，编纂了有同样价值的教科书的数学家是亚历山大的丢番图 55
(Diophantus)，他是希腊数学传统的最后一位卫士。虽然丢番图在数论方面的成就完好地记载在他的书中，但是关于这位杰出数学家的其他方面人们差不多一无所知。他的诞生地不详，他到达亚历山大的时间可能是五个世纪中的任何一年。一方面，在他的著作中丢番图引用了海普西克尔斯(Hypsicles)的话，因而他一定生活在公元前150年之后；另一方面，他自己的工作内容又被亚历山大的西奥(Theon)所引用，因而他一定生活在公元364年以前。公元250年前后这段日期一般被认为是合理的估计。流传下来的丢番图的生平是以谜语的形式叙述的，很适合解题者的口味，据说曾被镌刻在他的墓碑上：

> 上帝恩赐他生命的$\frac{1}{6}$为童年；再过生命的$\frac{1}{12}$，他双颊长出了胡子；再过$\frac{1}{7}$后他举行了婚礼；婚后5年他有了一个儿子。唉，不幸的孩子，只活了他父亲整个生命的一半年纪，便被冷酷的死神带走。他以研究数论寄托他的哀思，4年之后他离开了人世。

挑战是算出丢番图的寿命，答案可在附录3中找到。

这个谜语是丢番图喜爱的那类问题中的一个例子。他的专长是解答要求整数解的问题，在现今，这一类问题被称为丢番图问题。他在亚历山大的生涯是在收集易于理解的问题以及创造新的问题中度过的，然后他将它们全部汇集成一部书名为“算术”的重要论著。组成《算术》的13卷书中，只有6卷逃过了欧洲中世纪黑暗时代的骚乱幸存下来，继续激励着文艺复兴时期的数学家们，包括皮埃尔·德·费马在内。其余的7卷在一系列的悲剧性事件中遗失。 57
这些事件使数学倒退回巴比伦时代。

从欧几里得到丢番图之间的几个世纪中，亚历山大一直是文明世界的知识之都，但在这段时期里，该城不断地处于外敌的威胁之下。第一次大攻击发生在公元前47年，当时恺撒大帝(Julius Caesar)企图推翻克娄巴特拉

(Cleopatra),放火焚烧了亚历山大舰队。位于港湾附近的图书馆也被累及,成万册图书被毁坏。对数学来说,幸运的是克娄巴特拉很赏识知识的重要性,决心还图书馆昔日的辉煌。马克·安东尼(Mark Antony)认识到图书馆是通向知识心脏的途径,因而进军帕加马城。① 这个城市已经开始兴建一座图书馆,并希望会给这个图书馆提供世界上最丰富的藏书,但是安东尼却将全部藏书转移到埃及,恢复了亚历山大的最高地位。

在接下来的四个世纪中,图书馆继续收藏图书,直到公元 389 年它遭受到两次致命打击中的第一次打击为止,这两次打击都起因于宗教的偏见。基督教皇帝狄奥多西(Theodosius)②命令亚历山大的主教狄奥菲卢斯(Theophilus)毁坏一切异教的纪念物。不幸的是,当克娄巴特拉重建和重新充实亚历山大图书馆时,她决定将它放在塞拉皮斯(Serapis)③神庙之内,因而对圣坛和圣像的破坏就殃及图书馆。“异教”的学者们曾试图挽救六个世纪积累的知识财富,但是来不及做任何事就被基督教的暴徒们屠杀。向着中世纪愚昧黑暗时代的沉沦开始了。

一些最重要的书籍的珍本幸免于基督教徒的袭击,学者们继续来到亚历
58 山大寻求知识。然后在公元 642 年,一场伊斯兰教的进攻成功地打败了基督教徒。当问及应该如何处置图书馆时,获胜的哈里发奥马尔(Caliph Omar)命令凡是违反《古兰经》的书籍都应销毁,而那些与《古兰经》相符的书籍则是多余的,也必须销毁。那些手稿被用作公共浴室加热炉的燃料,希腊的数学化为烟灰。丢番图的绝大部分著作被毁灭了,这并不令人惊奇。实际上,《算术》中的 6 卷能设法逃过亚历山大的这一场惨剧倒是一个奇迹。

随后的一千年中,西方的数学处于停滞状态,只有少数的印度和阿拉伯的

---

① 恺撒大帝(公元前 100—前 44),罗马统帅、政治家。克娄巴特拉(公元前 69—前 30),埃及托勒密五朝末代女王。马克·安东尼(公元前 83—前 30),古罗马统帅和政治领袖。帕加马,古希腊城市,现为土耳其伊索密尔省贝尔加马镇。——译者

② 狄奥多西(346—395),东罗马帝国皇帝和西罗马帝国皇帝,立基督教为国教。——译者

③ 古埃及地下之神。——译者

杰出人物使这门学科继续生存下去。他们复制了幸存下来的希腊手稿中描述的公式,然后他们自己着手重新创造许多遗失的定理。他们也给数学增添了新的成分,包括零这个数。

在现代数学中,零有两个功能。首先,它使我们得以区别 52 和 502 这样的数。在一个数的位置代表该数的值的体系中,需要有个记号来确认空着的位置。例如,52 表示 5 倍的 10 加上 2 倍的 1,而 502 表示 5 倍的 100 加上 0 倍的 10 再加上 2 倍的 1,这里 0 对于消除含糊不清之处是关键的。甚至在公元前 30 世纪,巴比伦人就已经懂得使用零来避免混淆,而希腊人则采用了他们的思想,使用了类似于我们今天所用的圆形记号。然而,零有着更为微妙和深刻的意义,这种意义在几个世纪以后才被印度的数学家们充分领会。印度人认识到零除了在别的数之间起空位作用外还有它独立的存在性——零本身理
所当然地是一个数,它表示“没有”这个量。于是,“没有”这个抽象概念第一 59
次被赋予一个有形的记号表示。

对当代的读者来说,这似乎是微不足道的一步,但是所有的古希腊哲学家,包括亚里士多德(Aristotle),却都否认零这个记号的深刻意义。亚里士多德辩解说,数零应该是非法的,因为它破坏了其他数的一致性——用零除任何一个普通的数会导致不可理解的结果。到了 6 世纪,印度数学家们不再掩盖这个问题,7 世纪时的婆罗门笈多(Brahmagupta)是个足智多谋的学者,他把“用零除”作为无穷大的定义。

在欧洲人放弃对真理的高尚追求的同时,印度人和阿拉伯人却正在将那些从亚历山大的余烬中捡取的知识汇总起来,并以更新更有说服力的语言重新解释它们。除了将零纳入数学词汇外,他们还用现在已被普遍采用的记数系统替代了原始的希腊符号和累赘的罗马数字。这似乎又像是一次没多大价值的、不显眼的进步,但是试一下用 DCI 乘 CLV,你就会领会到这种突破的重要性。用 601 乘 155 来完成这一相同的任务做起来要简单得多。任何学科的发展依赖于其交流和表达思想的能力,而后者则又借助于足够细致和灵活的语言。毕达哥拉斯和欧几里得的思想丝毫不会因为他们别扭的表达而减色,但是转译成阿拉伯记号后,它们将会得到蓬勃发展,并产生出更新和更丰富的想法。

10世纪时,法国学者奥里亚克的热尔贝(Gerbert)从西班牙的摩尔人那里
学会了新的记数系统,通过他在遍布欧洲的教堂和学校中的教师职位,他得以
60 将这种新的系统介绍给西方。公元999年他当选为西尔维斯特二世罗马教
皇,这个职位使他能进一步促进印度-阿拉伯数字的使用。虽然这个系统的效
能使会计结账发生了革命性的变化,并且被商人们迅速采用,但是在激励欧洲
数学复苏方面几乎没有起什么作用。

西方数学的重大转折点出现于1453年,当时土耳其人攻占并洗劫了君士坦丁堡。在此前的一段岁月中,亚历山大遭亵渎后幸存下来的手稿已汇集到君士坦丁堡,但是它们又一次受到毁灭的威胁。拜占庭帝国的学者们携带着他们能保存的所有书籍向西方潜逃。躲过了恺撒、狄奥菲卢斯主教、哈里发奥马尔以及这一次土耳其人的劫难之后,几卷珍贵的《算术》终于回归欧洲。丢番图的著作注定要出现在皮埃尔·德·费马的书桌上。

谜的诞生

费马所担任的司法职务占用了他许多时间,但是不管空闲的时间多么少,他全部贡献给数学了。其中部分原因是17世纪时法国不鼓励法官们参加社交活动,理由是朋友和熟人可能有一天会被法庭传唤。与当地居民过分亲密会导致偏袒。由于孤立于图卢兹高层社交界之外,费马得以专心于他的业余爱好。

没有记录表明费马曾受到过哪位数学导师的启示,相反却是一本《算术》
成了他的指导者。因为《算术》出现于丢番图的时代,所以它寻求的是通过一
61 系列问题和解答来刻画数的理论。事实上,丢番图向费马展示的是历经千年
所取得的对数学的认识。在其中的一卷中,费马找到了像毕达哥拉斯和欧几
里得这类人物所建立的关于数的全部结果。数论自亚历山大的那场野蛮的大
火之后一直没有进展,不过费马现在已经准备重新开始研究这个最基础的数
学学科。

激励着费马的这本《算术》是梅齐里克(Méziriac)的克劳德·加斯帕·贝

切特(Claude Gaspar Bachet)完成的拉丁文译本,据说他是全法国最博学的人。贝切特不仅是杰出的语言学家、诗人和古典学学者,他还喜欢数学谜语。他的第一本出版物就是一本谜语汇编,名为《数字的趣味故事》(*Problemes plaisans et délectables qui se font par les nombres*),其中包括过河问题、倾倒液体问题和几个猜数游戏。所提问题中的一个是关于砝码的问题:

> 最少需要多少个砝码,可以在一台天平上称出从 1 千克到 40 千克之间的任何整数千克的重量?

贝切特有一个巧妙的解法表明只要用 4 个砝码即可完成这个任务。附录 4 给出了他的解法。

虽然贝切特在数学方面只是一个浅薄的涉猎者,但是他对数学谜语的兴趣已足以使他能认识到丢番图所列举的问题是高层次的,值得深入研究。他为自己定下了翻译丢番图的著作的任务,并将它出版,以便让希腊的技巧重放异彩。重要的是要认识到大量的古代数学知识已完全被遗忘了。当时,甚至在欧洲最著名的大学中也不讲授较深的数学。只是由于像贝切特这样的一些学者的努力,才使得这么多的古代数学能如此迅速地复活。 62
1621 年贝切特出版了《算术》的拉丁文版,他正在为数学的第二个黄金时代做出贡献。

《算术》中载有 100 多个问题,丢番图对每一个问题都给出了详细的解答。这种认真的做法从来不是费马的习惯。费马对于为后代写一本教科书不感兴趣:他只是想通过自己解出问题来得到自我满足。在研究丢番图的问题和解答时,他会受到激励去思索和解决一些其他相关的、更微妙的问题。费马会草草写下一些必要的东西证明他已明白解法,然后他就不再费神写出证明的剩余部分。他往往会把他的充满灵气的注记丢进垃圾箱中,然后匆忙地转向下一个问题。对我们来说幸运的是,贝切特的《算术》这本书的每一页都留有宽大的书边空白,有时候费马会匆忙地在这些书边空白上写下推理和评注。对于一代代的数学家们来说,这些书边空白上的注记(尽管不太详细)成了费马最杰出的一些计算的非常宝贵的记录。

费马的一个发现涉及所谓的“亲和数”(amicable number),它们与两千年前使毕达哥拉斯着迷的完满数密切相关。亲和数是一对数,其中每一个数是另一个数的因数(除其本身)之和。毕达哥拉斯学派得到过非凡的发现,即220和284是亲和数。220的因数是1,2,4,5,10,11,20,22,44,55,110,它们的和是284;另一方面,284的因数是1,2,4,71,142,它们的和是220。

这一对数220和284被认为是友谊的象征。马丁·加德纳(Martin
63 Gardner)的书《数学魔术》(*Mathematical Magic Show*)中谈到过中世纪出售的一种护身符,这种护身符上刻有这两个数字,其理由是佩戴这种护身符能促进爱情。有一种习俗,就是在一只水果上刻下220这个数字,在另一只水果上刻下284这个数字,然后将第一只吃下,将第二只送给所爱的人吃。有个阿拉伯数字占卦家将此作为一种数学催欲剂记录备案。早期的神学家注意到在《创世记》中雅各给以扫[1]220只山羊。他们相信山羊的数目(一对亲和数中的一个)表达了雅各对以扫的挚爱之情。

直到1636年费马发现17 296和18 416这对数之前,尚未有别的亲和数被确认。虽然这不能算是深刻的发现,但它显示了费马对数的熟悉程度以及他喜欢摆弄数的癖好。费马掀起了一阵寻找亲和数的热潮。笛卡尔发现了第3对(9 363 584和9 437 056),欧拉接着列举了62对亲和数。奇怪的是他们都忽略了一对小得多的亲和数。1866年,60岁的意大利人尼科洛·帕格尼尼(Nicolò Paganini)发现了这一对亲和数1 184和1 210。

在20世纪,数学家们把这个思想做了进一步的推广,扩大到寻找所谓的“可交往”数(sociable numbers),即由3个或更多的数形成的一个闭循环的数。例如,五元数组(12 496,14 288,15 472,14 536,14 264)中,第一个数的因数(除其本身,后同)加起来等于第二个数,第二个数的因数加起来等于第三个数,第三个数的因数加起来等于第四个数,第四个数的因数加起来等于第五个数,而第五个数的因数加起来等于第一个数。

---

① 以扫(Esau),基督教《圣经》中的故事人物,与雅各(Jacob)是孪生兄弟。——译者

虽然发现一对新的亲和数使费马有了点名气，但是他的声望真正被承认则是由于一系列的数学挑战。例如，费马注意到26被夹在25和27之间，其中的一个是平方数（$25=5^2=5\times5$），而另一个是立方数（$27=3^3=3\times3\times3$）。他寻找其他的夹在一个平方数和一个立方数之间的数都没有成功，于是他怀疑 64
26可能是唯一的这种数。经过几天的发奋努力后，他设法构造了一个精妙的论证，无可怀疑地证明了26确实是唯一的夹在一个平方数和一个立方数之间的数。他逐步进行的逻辑证明表明，不存在别的数满足这个要求。

费马向数学界宣布了26这个数的独一无二的性质，然后向他们挑战：证明这是对的。他公开地承认他本人已经有了一个证明，但问题是其他人有无精妙的证明与之相匹敌？尽管这个命题很简明，证明起来却是异常复杂，而费马特别乐于嘲弄英国数学家沃利斯和迪格比，他们两人终于不得不承认失败。但最终使费马获得最高声誉的是他对整个世界的另一个挑战，然而这个挑战却只是一个被意外发现的谜，原本从未打算做公开讨论。

页边的注记

在研究《算术》的第2卷时，费马碰到了一系列的观察、问题和解答，它们涉及毕达哥拉斯定理和毕达哥拉斯三元组。例如，丢番图讨论了特殊三元组的存在性，这种三元组构成所谓的“跛脚三角形”，即这种三角形的两条短的侧边x和y，只相差1（例如，$x=20$，$y=21$，$z=29$，而$20^2+21^2=29^2$）。

费马被毕达哥拉斯三元组的种类和数量之多吸引住了。他知道许多世纪以前欧几里得已经叙述过一个证明，显示事实上存在无穷多个毕达哥拉斯三元组，这个证明概要地列出在附录5中。费马一定是凝视着丢番图对毕达哥 65
拉斯三元组的详细描述，盘算在这方面应该添些什么进去。当他看着书页时，他开始摆弄起毕达哥拉斯方程，试图发现希腊人未曾发现的某些东西。突然，在才智迸发的一瞬间——这将使这位业余数学家之王名垂千古——费马写下了一个方程，尽管它非常类似于毕达哥拉斯的方程，但是却根本没有解存在。这就是10岁的安德鲁·怀尔斯在弥尔顿路上的图书馆中读到的那个方程。

费马不是考虑方程

$$x^2 + y^2 = z^2,$$

他正在考虑的是毕达哥拉斯方程的一种变异方程：

$$x^3 + y^3 = z^3。$$

如同上一章提到的那样，费马只不过将幂指数从 2 改为 3，即从平方改为立方，但是他的新方程看来却没有任何整数解。通过反复试算立即显示出，要找到两个立方数使它们加起来等于另一个立方数是困难的。难道这个小小的修改真的会使具有无限多个解的毕达哥拉斯方程变成了根本没有解的方程吗？

他进一步将幂指数改成大于 3 的数，得到新的方程，并且发现要寻找每一个这种方程的解有着同样的困难。按照费马的说法，似乎根本不存在这样的 3 个数，它们完全适合方程

$$x^n + y^n = z^n\text{，这里 } n \text{ 代表 } 3,4,5,\cdots。$$

66 在《算术》这本书的靠近问题 8 的页边处，他记下了他的结论：

> *Cubem autem in duos cuhos, aul quadratoquadratum in duos quadratoquadratos, et gencraliter nullam in infinitum ultra quadratum potestatem in duos ciusdem nominis fas est diridere.*
>
> 不可能将一个立方数写成两个立方数之和；或者将一个 4 次幂写成两个 4 次幂之和；或者，总的来说，不可能将一个高于 2 次的幂写成两个同样次幂的和。

似乎没有理由认为在一切可能的数中间竟然找不到一组解，但是费马说，在数

的无限世界中没有“费马三元组”的位置。这是一个异乎寻常的,但是费马却相信自己能够证明的一个结论。在列出这个结论的第一个边注后面,这个好恶作剧的天才草草写下一个附加的评注,这个评注使一代又一代的数学家们为之苦恼:

> *Cuius rei demonstrationem mirabilem sane detexi hanc marginis exiguitas non caperet.*
>
> 我有一个对这个命题的十分美妙的证明,这里空白太小,写不下。

这就是最让人恼火的费马。他自己的话暗示人们,他由于发现这个“十分美妙”的证明而特别愉快,但却不想费神写出这个论证的细节,从不介意去发表它。他从未向任何人谈到过他的证明,然而不管他如何谦逊和无心于此,费马大定理(就像后来所称呼的那样)终将在未来的几个世纪闻名于全世界。

大定理终于公之于世

费马的令人瞩目的发现发生在他数学生涯的早期,大约是 1637 年前后。 67
大约 30 年之后,当费马在卡斯特尔镇执行他的司法任务时,不幸患上了严重的疾病。1665 年 1 月 9 日费马签署了他的最后一份判决书,3 天后便去世了。由于他与巴黎的数学界依然不相往来,并且他的通信者由于遭到挫折也不一定对他怀有好感,费马的各种发现处于被永远遗失的危险之中。幸运的是,费马的长子克来孟-塞缪尔(Clément-Samuel)意识到他父亲的业余爱好所具有的重要意义,决心不让世界失去父亲的发现。正是由于他的努力,才使我们终究了解到一些费马在数论方面杰出的突破性进展;特别是,若不是由于克来孟-塞缪尔,这个称为费马大定理的谜一定已经随同他的创造者一起消失了。

克来孟-塞缪尔花了 5 年的时间收集他父亲的注记和信件,检查在他那本《算术》书的页边空白处草草写下的字迹。那条被称为费马大定理的边注只是

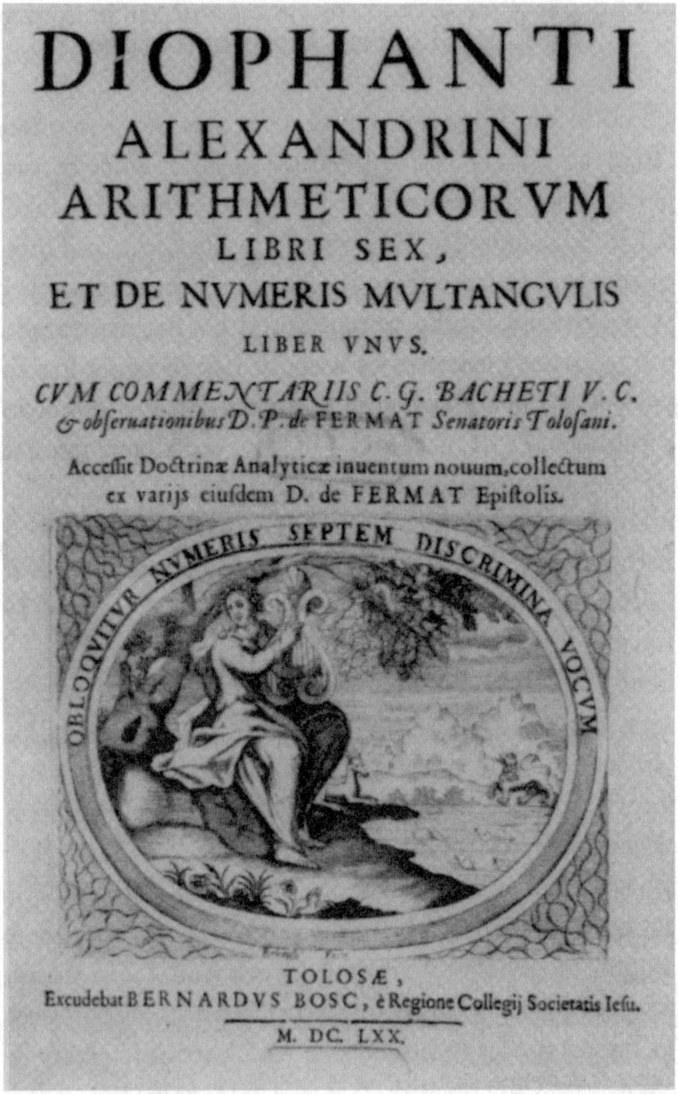

DIOPHANTI
ALEXANDRINI
ARITHMETICORVM
LIBRI SEX,
ET DE NVMERIS MVLTANGVLIS
LIBER VNVS.
CVM COMMENTARIIS C. G. BACHETI V. C.
& obseruationibus D. P. de FERMAT *Senatoris Tolosani.*
Accessit Doctrinæ Analyticæ inuentum nouum, collectum
ex varijs eiusdem D. de FERMAT Epistolis.

OBLOQVITVR NVMERIS SEPTEM DISCRIMINA VOCVM

TOLOSÆ,
Excudebat BERNARDVS BOSC, è Regione Collegij Societatis Iesu.
M. DC. LXX.

克来孟-塞缪尔·费马出版于 1670 年的《附有 P. 德·费马的评注的丢番图的〈算术〉》版本的扉页。这个版本载有他父亲所做的边注

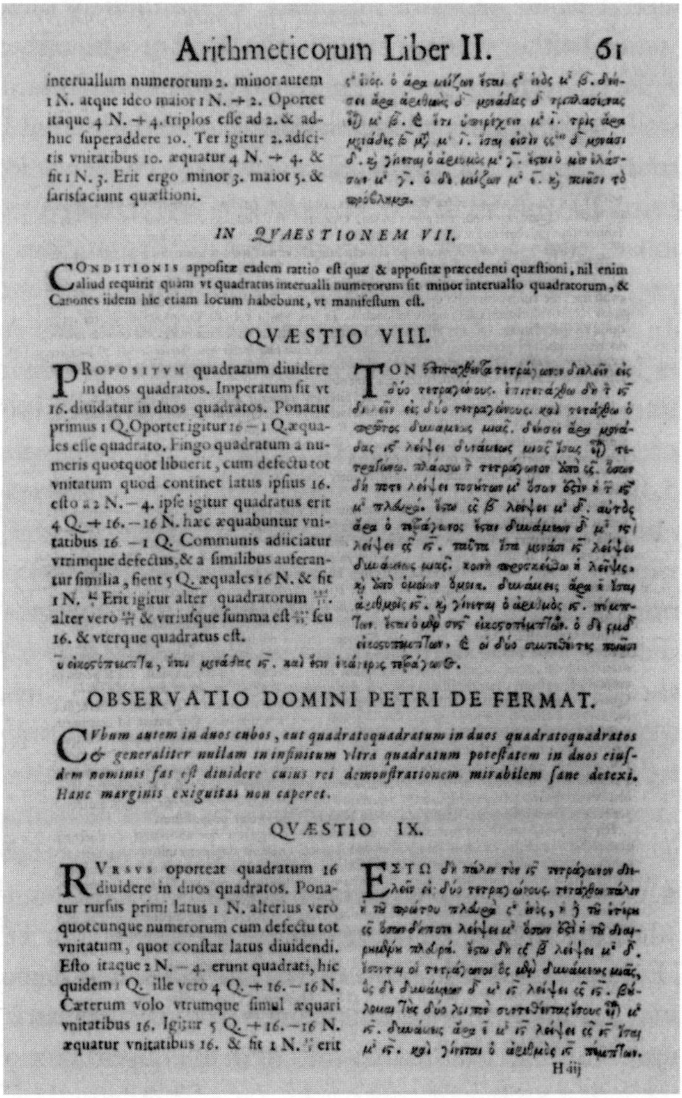

Arithmeticorum Liber II. 61

interuallum numerorum 2. minor autem 1 N. atque ideo maior 1 N. + 2. Oportet itaque 4 N. + 4. triplos esse ad 2. & adhuc superaddere 10. Ter igitur 2. adscitis vnitatibus 10. æquatur 4 N. + 4. & fit 1 N. 3. Erit ergo minor 3. maior 5. & satisfaciunt quæstioni.

[illegible]

IN QVAESTIONEM VII.

CONDITIONIS appositæ eadem ratio est quæ & appositæ præcedenti quæstioni, nil enim aliud requirit quàm vt quadratus interualli numerorum sit minor interuallo quadratorum, & Canones iidem hic etiam locum habebunt, vt manifestum est.

QVÆSTIO VIII.

PROPOSITVM quadratum diuidere in duos quadratos. Imperatum sit vt 16. diuidatur in duos quadratos. Ponatur primus 1 Q. Oportet igitur 16 − 1 Q. æquales esse quadrato. Fingo quadratum à numeris quotquot libuerit, cum defectu tot vnitatum quod continet latus ipsius 16. esto à 2 N. − 4. ipse igitur quadratus erit 4 Q. + 16. − 16 N. hæc æquabuntur vnitatibus 16. − 1 Q. Communis adiiciatur vtrimque defectus, & a similibus auferantur similia, fient 5 Q. æquales 16 N. & fit 1 N. $\frac{16}{5}$. Erit igitur alter quadratorum $\frac{256}{25}$. alter verò $\frac{144}{25}$ & vtriusque summa est $\frac{400}{25}$ seu 16. & vterque quadratus est.

ΤΟΝ ἐπιταχθέντα τετράγωνον διελεῖν εἰς δύο τετραγώνους. [illegible]

OBSERVATIO DOMINI PETRI DE FERMAT.

Cubum autem in duos cubos, aut quadratoquadratum in duos quadratoquadratos & generaliter nullam in infinitum vltra quadratum potestatem in duos eiusdem nominis fas est diuidere cuius rei demonstrationem mirabilem sane detexi. Hanc marginis exiguitas non caperet.

QVÆSTIO IX.

RVRSVS oporteat quadratum 16 diuidere in duos quadratos. Ponatur rursus primi latus 1 N. alterius verò quotcunque numerorum cum defectu tot vnitatum, quot constat latus diuidendi. Esto itaque 2 N. − 4. erunt quadrati, hic quidem 1 Q. ille verò 4 Q. + 16. − 16 N. Cæterum volo vtrumque simul æquari vnitatibus 16. Igitur 5 Q. + 16. − 16 N. æquatur vnitatibus 16. & fit 1 N. $\frac{16}{5}$ erit

ΕΣΤΩ δὴ πάλιν τὸν ιϛ τετράγωνον διελεῖν εἰς δύο τετραγώνους. [illegible]

H iij

图6 载有皮埃尔·德·费马的令人瞩目的评注的书页

涂写在这本书中的许多由灵感而生的思想之一。克来孟-塞缪尔设法将这些注记在《算术》的一种特殊版本中发表。1670 年他在图卢兹出版了《附有 P. 德 · 费马的评注的丢番图的〈算术〉》(*Diophantus' Arithmetica Containing Observations by P. de Fermat*)。与贝切特的原版希腊文和拉丁文译文一起的还有费马所做的 48 个评注。图 6 中所示的第 2 个评注就是后来称为费马大定理的那个评注。

一旦费马的评注被广为传知,人们就清楚地看到他写给同行的那些信件
70 只不过展示了他的宝贵的发现中的一小部分。他本人的注记包含了整整一系列的定理。不幸的是,对这些评注或者根本没有任何解释,或者仅仅给出对背后的证明的一点点提示。其中略微透露出的带有挑逗性的逻辑推理,足以使数学家们毫不怀疑费马已经有了证明的方法,而补全所有的细节就作为一种挑战留给了他们。

莱昂哈德 · 欧拉是 18 世纪最伟大的数学家之一,他曾尝试证明费马的最精妙的评注之一 ——一个关于质数的定理。质数是没有因数的大于 1 的自然数,即除了 1 和该数本身以外没有因数能整除它的数。例如,13 是质数,但 14 不是质数。除了 1 和它本身,没有数能整除 13,但 2 和 7 能整除 14。所有的质数(除 2 外)可以分成两类,一类等于 $4n+1$,另一类等于 $4n-1$,其中 n 等于某个整数。所以 13 属于前面的一类($4\times3+1$),而 19 属于后面的一类($4\times5-1$)。费马的质数定理断言,第一类的质数总是两个平方数之和($13=2^2+3^2$),而第二类质数永远不能写成这种形式($19=?^2+?^2$)。质数的这个特性是出奇简单,但是试图证明这个特性对每一个质数都成立却是十分困难。对费马来说,这只不过是他许多不为人知的证明中的一个。欧拉面临的这个挑战是重新发现费马的证明。最终在 1749 年,经过 7 年的工作,几乎是在费马去世后一个世纪,欧拉成功地证明了这个质数定理。

费马拥有的全套定理中,既有重要的,也有仅仅是趣味性的,数学家们根据定理对其他的数学分支的影响大小来区分它们的重要程度。首先,如果一个定理具有普遍的正确性,也就是说,如果它适用于一大群数,那么它就被认为是重要的定理。就质数定理来说,它不是只对某些质数成立,而是对一切质

数都成立。其次，定理应该对数之间的关系揭露出更深层的真理。一个定理 71
可以是产生一大群其他定理的跳板，甚至推动整个数学新分支的发展。最后，如果整个研究领域由于缺少它这个逻辑环节而受阻，那么这个定理就是重要的。许多数学家曾经一再公开宣称，只要他们能建立他们的逻辑链中缺少的一个环节，那么他们就能获得重大的成果。

因为数学家们使用定理成为通向别的成果的阶梯，费马的每一个定理都应该加以证明，这是至关重要的。不能仅因为费马说过他对某一定理已有一个证明就信以为真。每一个定理在能被使用之前，必须经过极其严格的证明，否则其后果可能是灾难性的。例如，设想数学家们已经承认费马的一个定理。然后它会被采用，作为一系列别的较大的证明中的一个不可或缺的要素。到时候这些较大的证明又会被用于更大的证明中……最终，可能有成百个定理要依赖于这个最初的未经核查的定理的正确性。然而，如果费马犯了一个错误，而这个未经核查的定理事实上是错的，那会怎么样呢？所有这些采用这个定理的其他定理就也可能是错的，庞大的数学领域将会崩溃。定理是数学的基础，因为一旦它们的正确性被证明，就可以放心地在它们上面建立别的定理。未经证实的想法是很难评价的，因此被称为猜想。任何依靠猜想而进行的逻辑推理，其本身也是一个猜想。

费马说过他对他的每一个评注都有一个证明，因而在他看来它们都是定理。然而，在数学界能重新发现这一个个的证明之前，每一个评注只能被当作猜想。事实上，近 350 年来，费马大定理应该更准确地被称为费马大 72
猜想。

随着几个世纪时光的流逝，所有他的其他评注一个接一个地被证明了，但是费马大定理却固执地拒绝被如此轻易地征服。事实上，它之所以被称为“最后”定理[①]是因为它是需要被证明的评注中的最后一个。三个世纪的努力未能找到一个证明，这使它作为数学中最费解的谜而声名远扬。然而，这种公认的困难性并不一定意味着费马大定理在前面所描述的意义上是一个重要的定

① 费马大定理亦称费马最后定理。——译者

理。费马大定理,至少到目前为止,似乎并不能满足这几个标准——对它的证明看来好像并不会引导出更深刻的东西来,它也不会给出有关数的任何特别深入的了解,而且它似乎也不会有助于证明任何其他的猜想。

费马大定理的名声仅仅是来自为了证明它而需克服的那种极端的困难。这位业余数学家之王声称他能够证明这个此后困惑了一代又一代专业数学家的定理,这个事实又为它增添了分外的光彩。费马在他的那本《算术》的页边上手写的评注,被认为是对世界发出的一个挑战。他已经证明了这个大定理:问题是有没有数学家能与他的卓越才华相媲美?

G. H. 哈代具有一种古怪的幽默感,他想出一个可能会同样地使人感到沮丧的遗言。哈代的挑战是以保险单中的惯用语句写成的,以帮助他克服乘船航行时产生的恐惧。每当他不得不渡海航行时,他会首先发个电报给他的一个同事说:

73 已经解决黎曼假设

回来时将给出细节

黎曼(Riemann)假设是一个自 19 世纪以来一直使数学家们苦恼的问题。哈代的逻辑是:上帝将不会允许他被淹死,否则又将使数学家们为第二个可怕的不解之谜苦思冥想。

费马大定理是一个极为难解的问题,但是它却以一个小学生可以理解的形式来叙述。在物理学、化学或生物学中,还没有任何问题可以叙述得如此简单和清晰,并且这么久依然未被解决。E. T. 贝尔在他的《大问题》一书中写道,文明世界也许在费马大定理得以解决之前就已走到尽头。证明费马大定理已经成为数论中最值得为之奋斗的事,说它已经导演出数学史上一些最激动人心的故事也是不会令人惊讶的。寻求费马大定理的证明牵动了这个星球上最有才智的人们,巨额的赏格,自杀性的绝望,黎明时的决斗。

这个谜语的地位已经超越了封闭的数学界。在 1958 年,它甚至进入了一个浮士德式的故事中。这是一本书名为《与魔王的交易》(*Deals With the*

Devil)的选集,收有阿瑟·波格斯写的一篇短篇故事。在《魔王与西蒙·弗拉格》中,魔王请西蒙·弗拉格问他一个问题。如果魔王在24小时内成功地解答了这个问题,那么他将带走西蒙的灵魂;但是,如果他失败了,那么他必须给西蒙10万美元。西蒙提出的问题是:费马大定理是不是正确的?魔王隐身而去,风驰电掣般地绕着地球将世上已有的数学知识一股脑儿都吸纳进去。第二天,他回来了,并且承认自己失败了。

> "你赢了,西蒙,"他说道,几乎是喃喃自语,并以由衷敬佩的眼光 74
> 看着西蒙,"即使我能够在如此短的时间中学会足够的数学,对这么困难的问题我还是赢不了。我越是钻进去,情况就越糟糕。什么不唯一的因数分解啦,理想啦——呸!你听我说,"魔王吐露着,"就连其他星球上最出色的数学家——远远超出你们——也没能解开这个谜!嗨,土星上有个家伙——他看上去像是踩着高跷的蘑菇——能用心算解偏微分方程,就连他也放弃了。"

莱昂哈德·欧拉

第三章　数学史上暗淡的一页

数学不是沿着清理干净的公路谨慎行进的，而是进入一个陌生荒原的旅行，在那里探险者往往会迷失方向。撰史者应该注意这样的严酷事实：绘就的是地图，而真正的探险者却已消失在别处。

——W. S. 安格林（W. S. Anglin）

“从我孩提时代第一次遇到费马大定理以后，它就一直是我最大的兴趣所 77
在，”安德鲁·怀尔斯回忆道，语调显得有些踌躇，透露出他对这个问题的激情，“我发现了这个历时三百多年还未能解决的问题。我想到我的许多校友并不热衷于数学，所以我不去与我的同龄人讨论这个问题，但我有一个老师，他曾研究过数学，他给了我一本数论方面的书。这本书为我如何着手解决这个问题提供了一些线索。我假定费马懂得的数学并不比我已经懂得的多很多，根据这个假定我开始工作。我尝试使用他可能用过的方法来找出他遗失了的解法。”

怀尔斯是一个单纯而又有抱负的孩子，他看到了一个成功的机会，一代代的数学家在这个机会面前都失败了。在别人看来这似乎像一个鲁莽的梦想，
但是年轻的安德鲁却想到了他——一个 20 世纪的中学生——懂得的数学与 78
17 世纪的天才皮埃尔·德·费马一样多，或许他的天真会使他碰巧找到一个别的世故得多的学者未曾注意到的证明。

尽管他充满热情,每一次的计算却总以失败告终。他绞尽脑汁,翻遍了他的教科书,却依然一无所获。经受了一年的失败之后,他改变了策略,他拿定主意认为他也许能够从那些更为高明的数学家的错误中学到一些有用的东西:“费马大定理有这么难以置信的传奇性经历,许多人都思考过它,而且过去试图解决这个问题并失败了的大数学家越多,它的挑战性就越大,它的神秘色彩就越浓。在 18 世纪和 19 世纪中,许多数学家用过如此多的不同方法试图解决它,所以,作为一个十几岁的少年,我决定我应该研究那些方法,并且设法理解他们一直在做的那些工作。”

年轻的怀尔斯仔细研究了每一个曾经认真地试图证明费马大定理的人所用的方法。他从研究历史上最富有创造力并在对费马的挑战中首先取得突破的数学家的工作着手。

数学的独眼巨人

创建数学是一个充满痛苦且极为神秘的历程。通常证明的目标是清楚的,但是道路却隐没在浓雾之中。数学家们踌躇不决地计算着,担心着每一步都有可能使论证朝着完全错误的方向进行。此外,还担忧根本没有路存在。
79 数学家可能会相信某个命题是对的,并且花费几年的工夫去证明它确实是对的,可是它实际上完全是错的。于是,在效果上,这个数学家只是一直在企图证明不可能的事。

在这门学科的历史中,只有少数几个数学家似乎摆脱了那种威胁着他们的同事的自我猜疑。这样的数学家中最著名的代表也许就是 18 世纪的天才莱昂哈德 · 欧拉,正是他首先对证明费马大定理做出了突破性的工作。欧拉有着令人难以置信的直觉和超人的记忆力,据说他能够在头脑中详细列出一大堆完整无缺的演算式而无须用笔写在纸上。在整个欧洲他被誉为“分析的化身”,法国科学院院士弗朗索瓦 · 阿拉戈(François Arago)说,“欧拉计算时就像人呼吸或者鹰乘风飞翔一样无须明显的努力”。

莱昂哈德 · 欧拉 1707 年生于瑞士巴塞尔,是基督教新教加尔文宗的牧师保罗·欧拉(Paul Euler)的儿子。虽然年轻的欧拉显示出异常的数学才能,他的父亲还是决定他应该研究神学并从事神职工作。莱昂哈德恭顺地服从了父亲的意愿,在巴塞尔大学学习神学和希伯来语。

对欧拉来说幸运的是,杰出的伯努利(Bernoullis)家族的家也在巴塞尔城。伯努利家族可以轻松地宣称自己是最数学化的家族,他们仅仅三代中就出了八位欧洲最优秀的数学家——有人曾说过,伯努利家族之于数学就如同巴赫(Bach)家族之于音乐一样。他们的名声超越了数学界,有一个传说可以勾勒出这个家族的形象。丹尼尔·伯努利(Daniel Bernoullis)有一次正在做穿越欧洲的旅行,他与一个陌生人开始交谈。片刻之后他谦恭地自我介绍:"我是丹 80
尼尔·伯努利。""那么我,"他的旅伴挖苦地说,"是艾萨克·牛顿。"丹尼尔在好几个场合深情地回忆起这次邂逅,将它当作他曾听到过的最衷心的赞扬。

丹尼尔和尼古拉·伯努利是莱昂哈德·欧拉的好友,他们意识到数学家中的最杰出者正在变为神学家中的最平庸者。他们向保罗·欧拉呼吁,请求他允许莱昂哈德放弃教士的职务而选择数学。老欧拉过去曾经向老伯努利(即雅各布·伯努利)学习过数学,对这个家族怀有特殊的敬意,尽管有点勉强,他还是接受了他的儿子注定是从事计算,而不是布道的看法。

莱昂哈德·欧拉不久就离开瑞士前往柏林和圣彼得堡的宫廷,在那里度过了他硕果累累的大部分岁月。在费马的时代,数学家被看成业余玩数字把戏的人;但是到了18世纪,他们已被作为职业解题者对待。数的文化已显著地发生了变化,这种变化一部分是由艾萨克·牛顿爵士和他的科学计算引起的。

牛顿认为数学家们正在把他们的时间浪费在以无意义的谜语互相逗趣上。与之相反,他要将数学应用于物理世界,计算出从行星轨道到炮弹飞行轨迹等各种问题。到1727年牛顿去世时,欧洲已经经历了一场科学革命,在同一年,欧拉发表了他的第一篇论文。虽然这篇论文包含了精妙的、创新的数学,但其主要目的还是解决涉及船桅定位的技术问题。

欧洲的当权者对于用数学来揭示只有内行才懂的抽象概念不感兴趣;
相反,他们需要利用数学来解决实际问题,他们竞相聘用最好的学者。莱昂 81
哈德·欧拉在俄国沙皇那里开始了他的专业生涯,随后应普鲁士的腓特烈大帝①的邀请到了柏林科学院。最终他又回到俄国，当时正是俄国女皇叶卡捷琳娜二世统治期间②，在那里他度过了最后的岁月。在他的科学生涯中，他曾处理过包括从航海到财政，从声学到灌溉等各种各样的问题。参与解决实际问题并没有使欧拉的数学才能减弱，相反，每着手处理一个新任务总会激励欧拉去创造新颖的、巧妙的数学。他的专心致志的热情驱使他一天写几篇论文。据说，即使是在第一次与第二次叫他吃饭的间隔中，他也会力图赶完可以发表的完整的计算结果，一刻都不会被浪费。甚至当他一手抱着小孩时也会用另一只手去写证明。

欧拉最重要的成就之一是对理论计算方法的发展。欧拉的计算方法适合于处理那些看上去是不可能解决的问题。这类问题之一是高精度地预报月球在未来长时间中的位相——这些资料可用于拟订极其重要的航海表。牛顿已经证明，预测一个星球围绕另一个星球运行的轨道是比较容易的，但对月球而言情况就不是这么简单。月球绕地球运行，可是还有第三个星球——太阳，它使事情变得非常复杂。在地球和月亮互相吸引的同时，太阳会使地球的位置发生摄动，产生对月球轨道的撞击效应。可以用方程来确定其中任何两个星球之间的这种效果，但是18世纪的数学家们还不能够在他们的计算中对第三个星球的影响加以考虑。即使到今天，仍然不可能得到这个所谓的"三体问题"的精确解。

82 欧拉认识到航海者并不需要知道月球的绝对准确的位相，而只需要有足够的精度使得他们能在几海里范围内确定自己的位置。结果，欧拉发展了一种方法，可以得到一个不完全的但充分准确的解。这种方法，可称为一种算法，是首先求出一个粗糙但尚能使用的结果，然后将它反馈回算法中再产生一个更为精细的结果。然后，这个精细的结果再反馈回算法中产生一个更加准确的结果，如此反复进行。经过百次或更多的迭代以后，欧拉就能提供月球的位置，这个结果用于航海是足够准确的了。他将他的算法提交给英国海军部，

---

① 普鲁士国王，1740—1786年在位。——译者

② 1762—1796年在位。——译者

后者奖给欧拉 300 英镑以表彰他的工作。

欧拉被誉为能解决任何难题的人，一个似乎超越了科学领域的天才。他在叶卡捷琳娜二世的宫廷逗留时，遇到了伟大的法国哲学家狄德罗（Denis Diderot）。狄德罗是坚定的无神论者，想花工夫将俄罗斯人转变为无神论者。这触怒了叶卡捷琳娜，她请欧拉终止这个无神论的法国佬的企图。

欧拉对此事想了一下，然后宣称他对上帝的存在有了一个代数的证明。叶卡捷琳娜二世邀请欧拉和狄德罗来到皇宫，并召集她的朝臣们一起来听这场神学辩论。欧拉站在听众面前宣布：

“先生，$\frac{a+b^n}{n}=x$，因此上帝存在；请回答！”

由于对代数不很懂，狄德罗无法与这位欧洲最伟大的数学家争辩，他一言不发
地离开了。由于遭到羞辱，狄德罗离开了圣彼得堡，返回巴黎。狄德罗走后， 83
欧拉继续享受重返神学研究的乐趣，发表了几个其他关于上帝的本性和人的灵魂的模拟证明。

一个更为实在也适合欧拉异想天开的本性的问题是与普鲁士城市柯尼斯堡（Königsberg）有关，该地现为俄罗斯的加里宁格勒市。这个城市建立在普雷格尔河边上，由 4 个分离的、被 7 座桥连接起来的地区组成。图 7 显示了该城的布局。有些非常好奇的居民在想：是否可能设计一次旅行，穿越所有的 7 座
桥却无须重复走过任何一座桥？柯尼斯堡的居民试了各种各样的路线，但每 84
一次都失败了。欧拉也未能找到一条成功的路线，但他却成功地解释了为什么这样的旅行是不可能的。

欧拉从这座城市的平面图着手，画出一张它的简化示意图，其中陆地部分被简化成点，而桥则用线来代替，如图 8 所示。然后他论证道，一般为了进行一次成功的旅行（即通过所有的桥仅仅一次），一个点应该连接着偶数条线。这是因为在旅行中当旅行者通过一块陆地时，他必须沿一座桥进入，然后沿不同的桥离开。这个规则只有两个例外情况——旅行者开始或者结束时。在旅

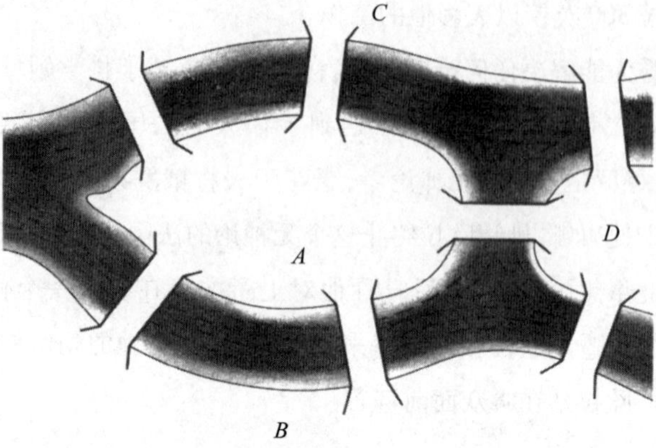

图 7　普雷格尔河将柯尼斯堡分成 4 个互相分离的地区 A,B,C 和 D。7 座桥连接这个城镇的各个地区。当地的一个谜：是否可能一次走遍这 7 座桥，而且每座桥都走过一次并且只走过一次？

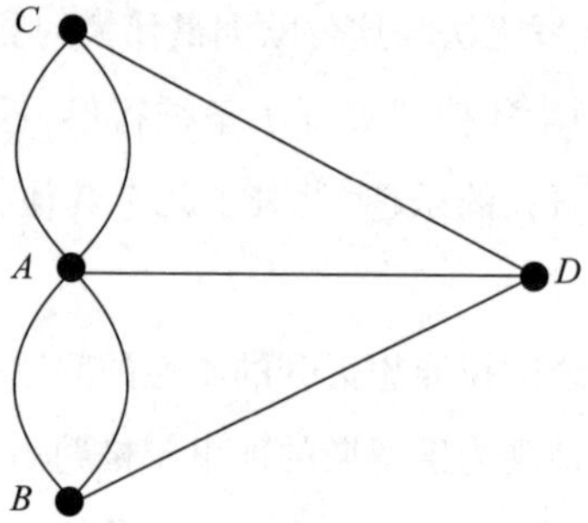

图 8　柯尼斯堡的简化示意图

行开始时，旅行者离开一块陆地，仅仅需要一座桥给他离开；而在旅行结束时，旅行者到达一块陆地，也仅仅需要一座桥给他进入。如果旅行开始和结束于
85 不同的位置，那么这两块陆地可以允许有奇数座桥。但是如果旅行开始和结束于同一个地方，那么这个点（与所有其他的点一样）必须有偶数座桥。

因此，一般来说，欧拉的结论是，对任何桥网络，如果每块陆地都有偶数座桥，或者恰好有两块陆地有奇数座桥，那么才有可能越过每座桥仅仅一次的完全的旅行。在柯尼斯堡的情形中，总共有 4 块陆地，它们都连接着奇数座桥——3 个点连接有 3 座桥，1 个点有 5 座桥。欧拉解释了不可能穿越每一座柯尼斯堡桥一次且仅仅一次的原因，他还提出一个法则，这个法则可以应用于世界上任何城市的任何桥网络。他的论证绝妙而简单，或许这还正是他饭前赶写完成的那一类逻辑问题。

柯尼斯堡桥游戏是应用数学中所谓的网络问题，但是它激励欧拉去考虑更为抽象的网络。他继续发现了一条关于所有的网络的基本定理，即所谓的网络公式，而且他只要经过很少的几步逻辑推理就能证明这个定理。网络公式表达了描述网络的 3 个数之间的一个永恒的关系式：

$$V + R - L = 1,$$

其中

V = 网络中顶点（即交点）的个数，

L = 网络中连线的个数，

R = 网络中区域（即围成的部分）的个数。

欧拉宣称：对任何网络，将顶点和区域的个数加起来并减去连线的个数，其结果将总等于 1。例如，图 9 中的网络服从这个法则。 86

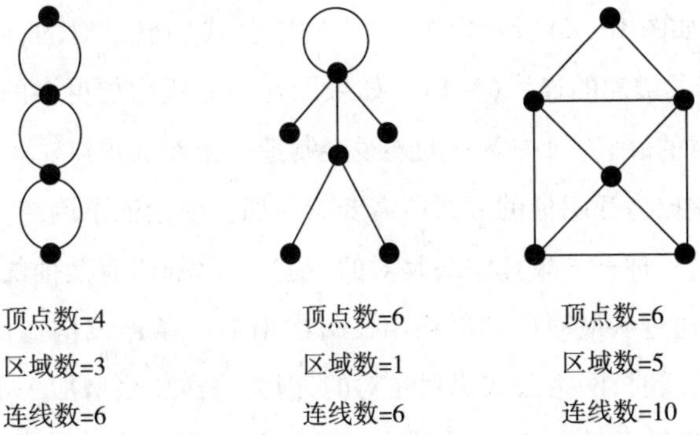

图 9　所有可想象的网络都服从欧拉的网络公式

可以设想用一大堆网络去测试这个公式，如果每一次的结果都是对的，那么这就会诱导人们承认这个公式对一切网络都是对的。虽然对于科学理论来说，这样可能已经算是有足够的证据了，但是它对于确认一条数学定理的正确性来说还是不充分的。证明这个公式对每一个可能的网络都成立的唯一方法是，构造一个十分简单明了的论证，这恰恰是欧拉所做的事情。

欧拉从考察所有网络中最简单的网络，即从如图10(a)中所示的单点开始着手。对于这个网络，公式显然是对的：存在1个顶点，没有连线和区域，因而

$$V+R-L=1+0-0=1。$$

然后，欧拉考虑如果他对这个最简单的网络加上一些东西，那么会发生什么事
87 情。将这个单点扩充就需要增加一条线。这条线可以将已有的顶点与自己连接，或者它可以将已有的顶点与另一个新的顶点连接。

首先，让我们看一下用这条增加的线将顶点与它自己连接的情形。如图10(b)所示，当增加这条线后，这就生成了一个新的区域。于是网络公式仍然是对的，因为增加的区域(+1)抵消了增加的连线(-1)。如果以这种方式增加更多的连线，那么公式将仍然是对的，因为每一条新的连线会制造一个新的区域。

88 其次，让我们看一下用这条增加的线将原来的顶点与一个新的顶点连接起来的情形，如图10(c)所示。再一次，网络公式仍然是对的，因为增加的顶点(+1)抵消了增加的连线(-1)。如果以这种方式增加更多的连线，网络公式将仍然是对的，因为每一条新的连线会制造一个新的顶点。

这就是欧拉为证明他的公式所需要的一切。他论证了网络公式对所有网络中最简单的一种——单点网络是对的。进一步说，所有其他的网络，不管如何复杂，总能通过从最简单的网络出发每次增加一条连线构造而得。而每增加一条新的连线时，网络公式仍然是对的，因为这样总会增加一个新的顶点或者一个新的区域，从而产生补偿效果。欧拉发展了一个简单但管用的策略。他证明这个公式对最基本的网络即单点网络是对的，然后他证明任何使这个

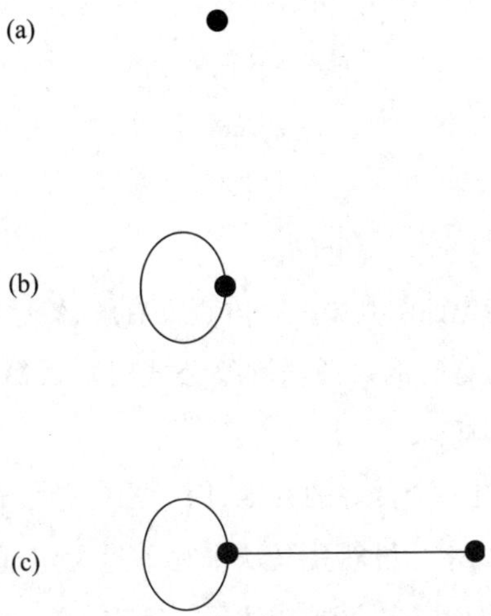

图 10　欧拉先证明他的网络公式对最简单的网络是对的，然后再证明不管对这个单点网络如何扩充，这个公式仍然是对的。这样就证明了他的网络公式

网络复杂起来的操作将继续保持这个公式的正确性。于是，这个公式对一切可能的网络都是对的。

当欧拉第一次碰到费马大定理时，想必他曾希望过他能采用类似的策略来解决它。费马大定理和网络公式来自数学中非常不同的领域，但是它们有一点是相同的，即它们叙述的都是关于无穷多个对象成立的某件事。网络公式说，对现存的无穷多个网络，其顶点和区域的总数减去连线的个数总等于 1；费马大定理则宣称，对无穷多个方程，它们都没有任何整数解。我们回想一下，费马说下列方程没有任何整数解：

$$x^n + y^n = z^n，其中 n 是任何大于 2 的整数。$$

这个方程代表了无穷多个方程： 89

$$x^3 + y^3 = z^3,$$
$$x^4 + y^4 = z^4,$$

$$x^5 + y^5 = z^5,$$
$$x^6 + y^6 = z^6,$$
$$x^7 + y^7 = z^7,$$
$$\vdots$$

欧拉想知道,是否他能先证明其中一个方程没有解,然后再对其余的方程推断这个结果,就像他对所有的网络证明网络公式时从最简单的情形(即单点网络)推广到其余情形那样。

欧拉的计划已经有一个良好的开端,因为当时他发现了隐藏在费马草草写下的注记中的一条线索。虽然费马从未写下过大定理的证明,但是他在他的那本《算术》书中别的地方隐蔽地描述了对特殊情况 $n=4$ 的一个证明,并且在一个完全不同的问题的证明中采用了这个证明。虽然这已是费马写在纸上的最完整的演算,但细节仍是概略的,而且含糊不清。费马在结束证明时说,缺少时间和纸使他无法详细地解释。尽管费马潦草写下的内容中缺少细节,但是它们清楚地展示了一种特殊形式的反证法,称之为**无穷递降法**。

为了证明方程 $x^4+y^4=z^4$ 没有解,费马从假设存在一个假定解 $x=X_1, y=$
90 $Y_1, z=Z_1$ 着手。通过研究(X_1, Y_1, Z_1)的性质,费马能够证明:如果这个假定解确实存在,那么一定会存在一个更小的解(X_2, Y_2, Z_2)。然后通过再研究这个新解的性质,费马又能证明存在一个还要小的解(X_3, Y_3, Z_3),这样一直进行下去。

于是费马找到了一列逐步递减的解,理论上它们将永远继续下去,产生越来越小的解,然而,x,y 和 z 必须是整数,因此这个永无止境的梯队是不可能存在的,因为必定会有一个最小的可能解存在。这个矛盾证明了最初的关于存在一个解(X_1, Y_1, Z_1)的假设一定是错的。使用无穷递降法,费马证明了 $n=4$ 时这个方程不可能有任何解,因为否则的话其结果将是荒谬的。

欧拉试图以此作为出发点,对所有的别的方程构造一般的证明。除了要构造到 $n=\infty$(无穷)外,他还必须向下构造 $n=3$ 的情形。他首先尝试的正是这仅有的向下的一步。1753 年 8 月 4 日,欧拉在给普鲁士数学家克里斯蒂安·哥德巴赫(Chritian Goldbach)的信中宣布,他采用费马的无穷递降法成功

地证明了 $n=3$ 的情形。一百多年来，这是第一次有人针对费马的挑战成功地取得了进展。

为了将费马的证明从 $n=4$ 延伸到包括 $n=3$ 的情形，欧拉必须采用一个称为虚数的稀奇古怪的概念，这是欧洲数学家们在 16 世纪曾经发现的概念。把新的数当作被“发现”出来的，这在现在看来是有点奇怪的，主要因为我们现在是如此熟悉我们经常使用的这些数，以致忘记了这些数中的某些数曾有一段时间是人们不知道的。负数、分数和无理数都是被发现出来的，每一次发现 91
这种数都是为了回答不这样就无法回答的问题。

数的历史是以简单的计数数（1，2，3，…）开始的，它们也称为自然数。这些数用于诸如羊或金币这样简单的整量相加时是完全令人满意的，这时得到的总数也是一个整量。与加法一样，另一种简单运算乘法也将整数运算成别的整数。然而除法运算却产生一个尴尬的问题。8 被 2 除等于 4，而 2 被 8 除却等于 $\frac{1}{4}$。后面的这个除法的结果不再是一个整数，而是一个分数。

除法是在自然数中进行的一种简单运算，为了得到答案，它需要我们越出自然数的范围。如果不能至少在理论上回答每一个合理的问题，这对数学家来说是不可思议的。这种必要性叫“完全性”。有某些涉及自然数的问题，不借助分数是无法回答的。数学家对这种情形的说法是，分数是完全性所必需的。

正是完全性的需要，导致印度人发现了负数。印度人注意到，当 5 减去 3 时明显地等于 2，而从 3 减去 5 就不是那么简单的事了。自然数已无法给出答案，只能通过引入负数的办法来给出答案。有些数学家不接受这种抽象化的拓广，把负数称之为“荒谬的”和“虚构的”。会计人员可以持有一个金币，或甚至半个金币，但不可能持有一个负金币。

希腊人也追求过完全性，这导致他们发现了无理数。在第二章中已提出
过这个问题：什么数是 2 的平方根——$\sqrt{2}$？希腊人知道这个数大约等于 7/5， 92
但当他们试图找出一个精确的分数时，他们发现它根本不存在。于是，有这么一个永远不可能表示成一个分数的数存在，而对于回答“2 的平方根是什么”这个简单的问题，这个新型的数又是必不可少的。完全性的要求意味着在数

的王国里还应添加另一块辖地。

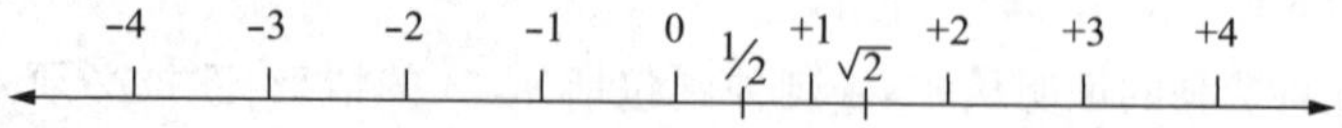

图 11　所有的数可以在数直线上定位，数直线在两端无限延伸

到文艺复兴时期（14—16 世纪），数学家们认为他们已发现了天地万物中的一切数。所有的数可以被看成落在一条数直线（一条无限长的以零为中心的直线）上，如图 11 所示。整数沿数直线等距离地分布，正数在零的右边延伸到正无穷，负数在零的左边延伸到负无穷。分数占有整数之间的位置，无理数则散布在分数之间。

数直线使人想到完全性明显地已经实现。所有的数似乎都已在位子上，准备好回答任何数学问题——无论如何，在数直线上已经没有多余的地方来表示新的数了。然后，在 16 世纪期间，不安的隆隆声重又响起。意大利数学家拉斐罗 · 邦贝利（Rafaello Bombelli）在研究各种数的平方根时碰巧遇到一个无法回答的问题。

93 这个问题开始于问 1 的平方根 $\sqrt{1}$ 是什么？一个显然的答案是 1，因为 $1 \times 1 = 1$。不那么显然的答案是 -1。负数与负数相乘得到正数。这意味着 $(-1) \times (-1) = 1$。所以，$+1$ 和 -1 都是 $+1$ 的平方根。这样丰富的答案是不错的，但接着问题就发生了，-1 的平方根 $\sqrt{-1}$ 是什么？这个问题似乎很难对付。答案不可能是 $+1$ 或 -1，因为这两个数的平方都是 $+1$。然而，也不存在明显的候选者。同时，完全性又要求我们必须能回答这个问题。

邦贝利的解答是创造一个新的数 i，称为“虚数”，它就被定义成问题“-1 的平方根是什么”的解。这可能有点像懦夫的解答，但是它与引进负数的方式没有任何差别。“0 减去 1 是什么？”面对这个以另外方式无法回答的问题，印度人简单地定义 -1 作为这个问题的解。只是因为我们对类似的概念“负债”有经验，所以比较容易接受 -1 这个概念，但在现实世界中我们没有任何事物支持虚数这个概念。17 世纪的德国数学家戈特弗里德 · 莱布尼茨（Gottfried

Leibniz）对虚数的奇异性质做了优雅的描述："虚数是非凡思想的美好而奇妙的源泉，近乎存在与非存在之间的两栖物。"

一旦我们定义了 i 为 -1 的平方根，那么必定存在 2i，因为这是 i 加 i 的和（也是 -4 的平方根）。类似地，i/2 必定存在，因为这是用 2 除 i 的结果。通过简单的运算，可以得到每一个所谓"实数"的虚对等物，即虚计数数、虚负数、虚分数和虚无理数。

现在出现的问题是虚数在实数直线上没有自然的位置。数学家们通过设 95
置一条独立的虚数直线再次解决了这个危机，虚数直线与实数直线垂直并相交于零这个位置，如图 12 所示。现在数不再限制在一维直线上，而是占有二维的平面。纯虚数和纯实数被限制在它们各自的直线上，而实数和虚数的组合（例如 1 + 2i）——称为"复数"——则分布在所谓的数平面上。

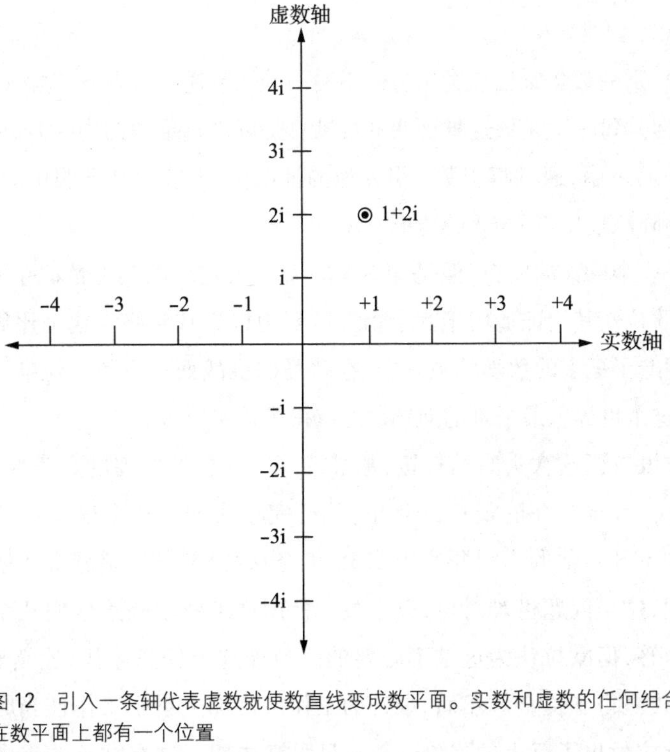

图 12　引入一条轴代表虚数就使数直线变成数平面。实数和虚数的任何组合在数平面上都有一个位置

特别值得注意的是复数可用来解任何方程。例如,为了计算 $\sqrt{3+4i}$,数学家无须借助于发明新型的数——答案是另一个复数 $2+i$。换言之,虚数似乎是完全性所需要的最后的要素。

虽然负数的平方根被称作虚数,但是数学家并不认为 i 比负数或任何的计数数更为抽象。此外,物理学家发现虚数为描述现实世界的某些现象提供了最适用的语言。在分析诸如钟摆之类物体的自由摆动运动时,借助虚数只需要做少量不复杂的运算,因而它是理想的工具。这类运动技术上称为正弦振荡,它在自然界是到处可以发现的,因此虚数已经成为许多物理计算中不可或缺的部分。如今,电气工程师在分析振荡电路时就会想到 i,而理论物理学家则借助于虚数来计算量子力学中的振荡波产生的影响。

96 纯粹数学家也在使用虚数,用它们解决以前难以攻克的问题。虚数确实为数学开辟了新天地,欧拉希望利用这个额外的自由度来着手证明费马大定理。

以前,别的数学家已经尝试过采用费马的无穷递降法来研究除 $n=4$ 之外的情形,但是每一次拓展这种证明的尝试总是以逻辑推理的中断告终。然而,欧拉向人们表明,通过将虚数 i 引入他的证明中,他能填补证明中的漏洞,使得无穷递降法适用于 $n=3$ 的情形。

这是一个巨大的成就,但是却无法在费马大定理的其他情况中重现:很不走运,欧拉使其论证适用于其余情形的努力以失败告终。这个比历史上任何人都创造了更多的数学的数学家,在费马的挑战面前折戟。他唯一的安慰是,他对这个世界上最艰难的问题已经取得了首次突破。

欧拉没有因这次失败而气馁,他继续不断地创造辉煌的数学成就,直到逝世为止。在他生命的最后几年里,他已完全失明。这个事实使他的成就显得愈加不凡。他的失明开始于 1735 年,当时巴黎科学院悬赏征解一个天文学问题,这个问题极难对付,以至数学社团请求科学院给他们几个月的时间做出回答,但欧拉认为这是不必要的。他被这项任务迷住,连续工作了 3 天,并正式赢得了奖金。然而,艰苦的工作条件加上紧张工作使当时才二十几岁的欧拉付出了巨大的代价——一只眼睛失明。这在欧拉的许多肖像中明显可见。

根据让·勒隆·达朗贝尔(Jean le Rond d'Alembert)的建议,约瑟夫-路 97
易·拉格朗日(Joseph-Louis Lagrange)接替欧拉成为腓特烈大帝宫廷中的数学家,他后来评论说:"我感谢你们的关心和推荐,使两只眼睛的数学家代替了独眼的数学家,这会使我们科学院中的解剖学院士们特别满意。"欧拉回到了俄国,叶卡捷琳娜二世迎回了她的"数学的独眼巨人[①]"。

失去一只眼睛只不过是小小的障碍——事实上欧拉宣称:"现在我将更少分心了。"四十年后,已经60多岁的欧拉的状况大大地恶化了。当时欧拉的另一只好眼得了白内障,这意味着他注定会彻底失明。他决心不为之屈服,并开始练习闭上那只视力正在消退的眼睛进行书写,以便在黑暗袭来之前就使他的书写技术达到完美的程度。几个星期后他变瞎了。先前的练习起到一段时间的好效果,但是几个月后欧拉的字迹变得难以辨认,于是他的儿子阿尔贝(Albert)担当起誊写员的角色。

在后来的十七年中,欧拉继续发展着数学,如果说有什么不同,那就是他比以前更为多产。他具有的无比的智慧使他能巧妙地把握各种概念和想法而无须将它们写在纸上,他非凡的记忆力使他的头脑有如一个堆满知识的图书馆。他的同事们说失明的袭击似乎扩大了他的想象的范围。值得注意的是,欧拉关于月球位置的计算是在他失明期间完成的。在欧洲的君主们看来,这是最值得奖励的数学成就。这个问题一直困惑着欧洲包括牛顿在内的最伟大的数学家们。

在1776年,为了除去白内障,欧拉做了一次手术。有好几天欧拉的视力
似乎已经恢复。然后发生感染,欧拉重又被投入黑暗。他仍不屈不挠地继续 98
工作,直到1783年9月18日他遭到致命的打击为止。用数学家兼哲学家德·孔多塞侯爵(the Marquis de Condorcet)的话来说:"欧拉停止了生命,也停止了计算。"

---

① 独眼巨人系希腊神话故事人物。——译者

小小的一步

在费马去世一个世纪后,还只有对费马大定理的两个特殊情形的证明。费马给数学家们开了个好头,为他们提供了方程

$$x^4 + y^4 = z^4$$

无解的证明。欧拉修改了这个方法,证明了方程

$$x^3 + y^3 = z^3$$

无解。在欧拉的突破之后,仍然需要做的是证明下面的无限多个方程:

$$\begin{aligned} x^5 + y^5 &= z^5, \\ x^6 + y^6 &= z^6, \\ x^7 + y^7 &= z^7, \\ x^8 + y^8 &= z^8, \\ x^9 + y^9 &= z^9, \\ &\vdots \end{aligned}$$

99 没有整数解。虽然数学家们取得的进展慢得令人发窘,但情况还不像初看时感到的那么糟糕。对 $n=4$ 的情形的证明,也可以证明 $n=8,12,16,20,\cdots$ 的情形,其理由是任何可以写成 8(或 12,16,20,…)次幂的数也可以改写成 4 次幂。例如,数 256 等于 2^8,但是它也等于 4^4。于是,对 4 次幂行得通的任何证明,也将对 8 次幂以及任何是 4 的倍数的幂行得通。利用同样的原理,欧拉对 $n=3$ 的证明,自动地证明了 $n=6,9,12,15,\cdots$ 的情形。

突然之间,个数大大地减少了,费马大定理看起来似乎可以攻克了。对情

形 $n=3$ 的证明是特别有意义的,因为数字 3 是质数的一个例子。正如前面解释过的那样,质数有特殊的性质,即它不是 1 以及它本身以外任何整数的倍数。另外的质数还有 5,7,11,13,…。剩下的所有数都是质数的倍数,称为非质数或合数。

数学家们认为质数是最重要的数,因为它们是数学中的原子。质数是数的建筑材料,因为所有别的数都可以由若干个质数相乘而得。这似乎会通向一个值得注意的突破口。为了证明费马大定理对 n 的一切值适合,我们仅仅需要证明它对 n 的所有质数值适合。所有其他的情形只不过是质数情形的倍数,因而无疑也会被证明。

直觉上,这大大地简化了问题,因为你可以忽略那些涉及非质数的 n 的方程。现在剩下的方程的个数大大地减少了。例如,对于到 20 为止的 n 的值,只有 6 个值需要加以证明:

$$x^5+y^5=z^5,$$ 100

$$x^7+y^7=z^7,$$

$$x^{11}+y^{11}=z^{11},$$

$$x^{13}+y^{13}=z^{13},$$

$$x^{17}+y^{17}=z^{17},$$

$$x^{19}+y^{19}=z^{19}。$$

如果对 n 的一切质数值证明了费马大定理,那么就对于 n 的一切值证明了费马大定理。如果考虑所有的整数,那很明显有无穷多个数。如果只考虑质数,它们只是全体整数中的一小部分,那么这个问题不是就简单得多了吗?

直觉会使人认为,如果你从一个无穷量开始,然后从中去掉它的一大部分,那么你会期望剩下的是有限的。不幸的是,数学真理的仲裁者不是直觉,而是逻辑。事实上,可以证明质数表是没有终端的。于是,尽管可以忽略为数众多的与 n 的非质数值相关的方程,剩下的与 n 的质数值相关的方程的个数却仍然是无穷的。

存在无穷多个质数的证明一直可追溯至欧几里得,这是最经典的数学论证之一。一开始欧几里得假定有一张有限的已知质数表,然后证明对这张表一定可以补充无限多个新的质数。假定在欧几里得的有限表中有 N 个质数,将它们编号为 $P_1, P_2, P_3, \cdots, P_N$,于是欧几里得可以生成一个新的这样的数 Q_A:

$$Q_A = (P_1 \times P_2 \times P_3 \times \cdots \times P_N) + 1 。$$

101 这个新的数 Q_A 或者是质数或者不是质数。如果它是质数,那么我们已经成功地得到一个新的更大的质数,于是原来的质数表不是完全的。另一方面,如果 Q_A 不是质数,那么它必定被任一质数整除。这个质数不可能是已知质数中的一个,因为用任何已知质数去除 Q_A 将不可避免会导致余数1。于是必定存在某个新的质数,我们将它记为 P_{N+1}。

现在我们面临这样的局面:或者 Q_A 是一个新的质数,或者我们有另外一个新的质数 P_{N+1}。无论哪种方式,我们都已经扩大了原来的质数表。在表中加入新的质数(P_{N+1}或 Q_A)以后,我们可以重复这个过程,又得到某个新的数 Q_B。或者这个新的数将是另一个新的质数,或者必定存在某个另外的不属于我们的已知质数表中的新的质数 P_{N+2}。这个论证的结论是:无论我们的质数表多么长,总可以找到新的质数。于是,质数表是没有终端的,是无穷的。

但是,一个肯定比无穷量要少的量,怎么会也是无穷的呢?德国数学家大卫·希尔伯特(David Hilbert)曾经说过:"无穷!还没有别的问题如此深地打动人们的心灵;也没有别的想法如此有效地激发人的智慧,更没有别的概念比无穷这个概念更需要澄清。"为了分析无穷这个似非而是的矛盾说法,必须明确定义无穷的意义。一直和希尔伯特并肩工作的格奥尔格·康托尔(Georg Cantor)将没有终端的自然数表(1,2,3,4,…)的大小定义为无穷。由此,任何大小与此可比的量都同样是无穷。

根据这个定义,直觉上似乎要少一些的偶数的个数也是无穷的。容易证
102 明,自然数的数量和偶数的数量是可比的,因为我们可以将每一个自然数与对

应的偶数配对：

1	2	3	4	5	6	7	…
$\Downarrow$	$\Downarrow$	$\Downarrow$	$\Downarrow$	$\Downarrow$	$\Downarrow$	$\Downarrow$	…
2	4	6	8	10	12	14	…

如果自然数表中的每一个数可以与偶数表中的一个数相匹配，那么这两张表的大小一定是相同的。这种比较的方法会引出某些惊人的结论，包括存在无穷多个质数这个事实。虽然康托尔是以形式化的方法处理无穷的第一个人，但是他的这个激进的定义从一开始就遭到来自数学界的严厉批评。到他生命的后期，这种攻击越来越成为人身攻击，这导致康托尔精神失常，得了严重的抑郁症。在他死后，他的思想终于作为唯一的关于无穷的恰当、准确和有效的定义被广泛地接受。希尔伯特赞颂道："没有人会把我们赶离康托尔为我们创造的这个天堂。"

希尔伯特接着设计了无穷的另一个例子，称为"希尔伯特的旅馆"，这个例子清楚地说明了无穷的奇特性质。这个假想的旅馆有个讨人喜欢的特性，即它有无穷多个房间。有一天，来了个新客，他失望地得知，尽管旅馆的房间是无穷多的，但是房间都有人住着。旅馆的接待员希尔伯特想了一下，然后向这位新来的客人保证他会找到一个空房。他请每一位住客都搬到隔壁的房间去住，结果1号房间的客人搬到2号房间，2号房间的客人搬到3号房间，依此类推。原来住在旅馆中的每一位客人仍然有一个房间，而新来的客人则可以住进空出来的1号房间。这表明无穷加上1等于无穷。 103

第二天晚上，希尔伯特必须对付的则是一个更大的问题。旅馆仍然是客满的，而这时无穷多辆马车载着无穷多个新客人来到了。希尔伯特依然十分镇定，搓着他的双手，心里想着旅馆又将有无穷多的进账了。他请每一位住客搬到房号为他们现在住着的房间号两倍的房间中去。结果1号房间的客人搬到了2号房间，2号房间的客人搬到了4号房间，依此类推。原来住在旅馆中的每一位客人仍然有一个房间，而无穷多个房间，即奇数号的房间都空出来让新来的客人居住。这表明 2 倍的无穷仍然是无穷。

希尔伯特的旅馆似乎暗示所有的无穷都是彼此一样大的,因为各种各样的无穷似乎可以被挤进同样的无穷旅馆——全体偶数的无穷可以与全体自然数的无穷相匹配和对照,反过来也是如此。然而,某些无穷确实要大于别的无穷。例如,将每一个有理数与每一个无理数配对起来的企图最终会归于失败,事实上可以证明无理数组成的无穷集大于有理数组成的无穷集。数学家们已经不得不建立一整套的术语来处理各种不同等级的无穷,而设想这些概念则是目前最热门的课题之一。

虽然质数的无穷性使早期证明费马大定理的希望破灭,但质数的这种性质的确在诸如谍报活动和昆虫进化等别的领域具有比较积极的意义。在回到寻求费马大定理的证明之前,稍微研究一下质数的正常使用和滥用是值得的。

质数理论是纯粹数学中已经在现实世界中找到直接应用的少数领域之
104 一,它在密码学中有直接应用。密码学涉及将需要保密的信息打乱,使得只有接收者才能整理出它们,而别的任何可能截获它们的人都无法做到这一点。这种打乱的过程需要使用密钥,而整理这些信息按惯例只需要接收者反过来使用密钥就行了。在这个程序中,密钥是保密环节中最薄弱的一环。首先,接收者和发送者必须约定密钥的详细内容,而这种信息的交流是一个有泄密风险的过程。如果敌方能截获正在交流的密钥,那么他们就能译出此后所有的信息。其次,为了保持安全性,密钥必须定期更改,而每一次更改时,都有新的密钥被截获的危险。

密钥的问题围绕着下面的事实展开:它的使用,一次是打乱信息,另一次是反过来整理出信息,而整理信息几乎与打乱信息同样容易。然而,经验告诉我们:在许多情况中整理要比打乱困难得多——打碎一个鸡蛋是相对容易的,而重新拼好它则困难得多。

在 20 世纪 70 年代,惠特菲尔德·迪菲(Whitfield Diffie)和马丁·海尔曼(Martin Hellman)提出了这样的思想:寻找一种按一个方向很容易进行,而按相反方向进行则不可思议地困难的数学程序。这种程序将会提供十分完美的密钥。举例来说,我可以有自己用的、由两部分组成的密钥,并且在公用指南中公开它的用于打乱信息的那部分。于是，任何人都可以向我发送打乱过的信息，但是只有我知道密钥中用于整理信息的那一半。虽然人人都了解密钥中关于打乱信息的那部分，但是它和密钥中用来整理信息的那部分毫无联系。

在 1977 年，麻省理工学院一群数学家和计算机专家罗纳德·里维斯特（Ronald Rivest）、艾迪·沙米（Adi Shamir）和伦纳德·阿德里曼（Leonard Adleman）认识到质数可能是易打乱/难整理过程的理想的基础。为了制成我 105
自己的私人密钥，我会取两个大质数，每一个多达 80 个数字，然后将它们乘起来得到一个大得多的非质数。为了打乱信息所需要的一切，就是知道这个大的非质数，然而要整理信息则需要知道已经被乘在一起的原来的两个质数，它们称为质因数。现在我可以公开大的非质数，也即密钥中打乱信息的那一半，而自己保存那两个质因数，即密钥中整理信息的那一半。重要的是，即使人人都知道这个大的非质数，他们要判断出那两个质因数仍然非常困难。

举一个简单的例子，我可以交出非质数 589，这可能会使每个人都能代我打乱信息。然而，我将保守 589 的两个质因数的秘密，结果只有我能够整理信息。如果别的人能判断出这两个质因数，那么他们也能整理我的信息，但是即使是对这个不大的数，两个质因数是什么也不是显而易见的。在 589 这个情形中，在台式电脑上只要花几分钟就可算出两个质因数实际上是 31 和 19（$31 \times 19 = 589$），所以我的密钥的秘密不会持久。

然而，实际上我公布的非质数将会有 100 位以上的数字，这就使找出它的质因数的任务变得几乎是不可能的。即使用世界上最快的计算机来将这个巨大的非质数（打乱信息的密钥）分解成它的两个质因数（整理信息的密钥），也要花几年时间才能得到答案。于是，为挫败外国间谍，我仅仅需要每年更改一次我的密钥。每年我宣布一次我的巨大的非质数，任何人要想尝试整理我的 106
信息，就必须从头开始设法算出这两个质因数。

除了在谍报活动中发现应用外，质数也出现在自然界中。在昆虫中十七年蝉的生命周期是最长的。它们独有的生命周期开始于地下，蝉蛹在地下耐心地吮吸树根中的汁水。然后，经过十七年的等待，成年的蝉钻出地面，无数的蝉密集在一起，一时间掩盖了一切景色。在几个星期中，它们交配、产卵，然后死去。

使生物学家困惑的问题是:“为什么这种蝉的生命周期如此之长?”以及“生命周期的年数是质数这一点有无特殊的意义?”另一种昆虫十三年蝉,每隔十三年密集一次,也暗示生命周期的年数为质数也许有着某种进化论意义上的优势。

有一种理论假设蝉有一种生命周期也较长的寄生物,蝉要设法避开这种寄生物。如果这种寄生物的生命周期比方说是两年,那么蝉就要避开能被 2 整除的生命周期,否则寄生物和蝉就会定期相遇。类似地,如果寄生物的生命周期是三年,那么蝉要避开能被 3 整除的生命周期,否则寄生物和蝉又会定期相遇。所以最终为了避免遇到它的寄生物,蝉的最佳策略是使它的生命周期的年数延长为一个质数。由于没有数能整除 17,十七年蝉将很难遇上它的寄生物。如果寄生物的生命周期为两年,那么它们每隔 34 年才遇上一次;倘若寄生物的生命周期更长一些,比方说 16 年,那么它们每隔 272(16×17)年才遇上一次。

107 为了回击,寄生物只有选择两种生命周期可以增加相遇的频率——1 年期的生命周期以及与蝉同样的 17 年期的生命周期。然而,寄生物不可能活着接连重新出现达 17 年之久,因为在前 16 次出现时没有蝉供它们寄生。另一方面,为了达到为期 17 年的生命周期,一代代的寄生物在 16 年的生命周期中首先必须得到进化,这意味着在进化的某个阶段,寄生物和蝉会有 272 年之久不相遇!无论哪一种情形,蝉的漫长的、年数为质数的生命周期都保护了它。

这或许解释了为什么这种假设的寄生物从未被发现!在为了跟上蝉而进行的赛跑中,寄生物很可能不断延长它的生命周期直至到达 16 年这个难关。然后它将有 272 年的时间遇不到蝉,而在此之前,由于无法与蝉相遇它已被赶上了绝路。剩下的是生命周期为 17 年的蝉,其实它已不再需要这么长的生命周期了,因为它的寄生物已不复存在。

勒布朗先生

到19世纪初，费马大定理已经成为数论中最著名的问题。自从欧拉的突破性工作以来，还没有进一步的进展，但是一个年轻的法国女性的激动人心的声明又使寻找费马的遗失的证明这件事再度活跃起来。索菲·热尔曼（Sophie Germain）生活在一个充满偏见和大男子主义的时代，为了从事她的研究工作，她不得不采用假身份，在恶劣的条件中进行研究，在与学术界隔绝的情形下工作。

多少世纪以来，妇女研究数学一直未受鼓励，但是尽管有这种歧视，还是 108
有几位女性数学家与传统社会抗争并在数学编年史上不可磨灭地刻上了她们的名字。已知的对这门学科起过推动作用的第一位女性是公元前6世纪的西
诺，她开始是毕达哥拉斯的一名学生，接着成为他的最杰出的信徒之一，最终 109
与他结婚。毕达哥拉斯被称为“主张男女平等的哲学家”，因为他积极地鼓励女性学者，西诺只是毕达哥拉斯兄弟会的28名姐妹中的一个。

在后来的几个世纪中，苏格拉底和柏拉图①等人也继续邀请女性参加他们的学派，但直到4世纪才有一位女性数学家建立了自己有影响的学派。希帕蒂娅（Hypatia）是亚历山大大学一位数学教授的女儿，她的演讲极受欢迎，并且还是最优秀的解题者，她因此而出名。一些数学家在对某个问题久攻不下时就会写信给她寻求解法，希帕蒂娅很少使她的崇拜者失望。她着迷于数学和逻辑证明，当被问及为什么她一直不结婚时，她回答说她已和真理订了婚。她对理性主义事业的忠诚最终使她突然倒下，当时亚历山大的教长西里尔（Cyril）开始压制哲学家、科学家和数学家，称他们为持异端者。历史学家爱德华·吉本（Edward Gibbon）对西里尔阴谋反对希帕蒂娅并煽动民众反对她后发生的一幕提供了逼真的描绘：

---

① 苏格拉底（公元前469—前399），古希腊哲学家。柏拉图（公元前427—前347），古希腊哲学家，苏格拉底的学生。——译者

索菲·热尔曼

> 神圣的封斋期日子里,致命的一天,希帕蒂娅从她的马车里被拉了出来,剥光了衣服,拖到教堂,被一群野蛮人和毫无仁慈之心的狂热者惨无人道地宰割了;她的肉从她的骨头上被锋利的牡蛎壳刮了下来,她颤抖着的断臂残肢被扔进火中。

希帕蒂娅死后不久,数学进入了停滞时期。直到文艺复兴时期才有另一位女性作为数学家而闻名于世。玛丽亚·阿涅西(Maria Agnesi)于1718年出
生在米兰,与希帕蒂娅一样是数学家的女儿。她被公认为欧洲最优秀的数学 110
家之一,尤其以她关于曲线的切线的论文而著名。在意大利语中,曲线称为versiera,出自拉丁文vertere,意为“转弯”,但是它也是avversiera(意为“魔王的妻子”)一词的缩写。阿涅西研究过的一条曲线(uersiera Agnesi)翻译成英语时被误译为“阿涅西的女巫”,经过一段时间后,人们也就以同样的头衔称呼女数学家本人。

虽然全欧洲的数学家们公认阿涅西的才能,但许多科学机构,特别是法国科学院,却拒绝给她研究职位。研究机构对妇女的歧视一直持续到20世纪,当时,被爱因斯坦誉为“自妇女开始受到高等教育以来最杰出的、富有创造性的数学天才”的埃米·诺特(Emmy Noether)被拒绝授予她格丁根大学的授课资格。大部分的教授反对道:“怎么能允许一个女人成为讲师呢?如果她成了讲师,以后就会成为教授,成为大学评议会的成员……当我们的士兵回到大学时,发现他们将在一个女人的脚下学习,他们会怎么想呢?”她的朋友和导师大卫·希尔伯特回答道:“我的先生们,我不认为候选人的性别是反对她成为讲师的理由,评议会毕竟不是澡堂。”

后来,有人问她的同事埃德蒙·兰道(Edmund Landau),诺特是否真是一位伟大的女数学家,他回答说:“我可以作证她是一位伟大的数学家,但是对她是一个女人这点,我不能发誓。”

除了遭受歧视外,诺特与许多世纪以来的别的女数学家还有不少相同之 111
处,例如她也是一个数学教授的女儿。许多数学家(男女都有)是来自数学家家庭的,这使得人们会不经意地谈论起数学基因来,特别是在女数学家中这个

比例特别高。一种可信的解释是,大多数有潜力的妇女从未接触过这门学科,或者受到劝阻而没有从事这个职业,而那些出身于教授家庭的则难免耳濡目染,最终沉溺于对数的研究之中。此外,像希帕蒂娅、阿涅西和大多数女数学家一样,诺特终身未婚,这主要因为妇女从事这个职业还未得到社会的认可,而且也没有多少男人准备娶这种有争议的背景的新娘。伟大的俄国数学家索菲娅·柯瓦列夫斯卡娅(Sonya Kovalevsky)是一个例外,她与弗拉季米尔·柯瓦列夫斯基(Vladimir Kovalevsky)安排了一场权宜婚姻,后者同意与她维持柏拉图式的关系。对双方来说,这场婚姻使他们得以脱离各自的家庭,集中精力于他们的研究工作。而对索菲娅来说,一旦成为一个受尊重的已婚妇女,单独周游欧洲就方便得多了。

在所有的欧洲国家中,法国对于受过教育的妇女的大男子主义态度表现得最为突出,声称数学不适合于妇女,并且是她们的智力不能承受的。虽然巴黎的沙龙在18世纪和19世纪的绝大多数时间里对数学界起着决定性影响,然而只有一名妇女成功地摆脱了法国社会的束缚,使自己成为一个优秀的数论家。索菲·热尔曼革新了对费马大定理的研究,而且她做出的贡献比生活于她之前的任何男性都更为杰出。

索菲·热尔曼生于1776年4月1日,是商人安布罗斯-弗朗索瓦·热尔曼
112 (Ambroise-François Germain)的女儿。除了她的工作之外,她的生活也受到法国大革命引起的动乱的严重影响——她发现自己喜欢上数学的那一年,巴士底狱被摧毁,而她对微积分的研究处于恐怖统治①的阴影之中。尽管她的父亲在商业上是成功的,但她的家庭还不属于贵族特权阶级。

虽然像有热尔曼这种家庭背景的女性并没有受到积极的鼓励去研究数学,但是被要求对这门学科有相当的了解,以便在礼节性的谈话中涉及这类话题时也能参与讨论。为此目的,当时一些人写了一批教科书,帮助年轻妇女了解数学和科学中的最新发展。《艾萨克·牛顿爵士的哲学——为女士使用而

① 指法国资产阶级革命高潮时期从1793年10月至1794年7月实行的雅各宾专政。——译者

写》(*Sir Isaac Newton's Philosophy Explain'd for the Use of Ladies*)一书的作者是弗朗西斯科·阿尔加洛蒂(Francesco Algarotti)。由于阿尔加洛蒂相信妇女只对浪漫故事有兴趣,所以他试图通过一位侯爵夫人和她的对话者之间的挑逗性的对话来解释牛顿的发现。例如,对话者概略地叙述了引力的反平方定律,于是侯爵夫人就谈她自己对这个物理基本定律的解释:"我禁不住想到……位置的距离的平方这个比例……甚至在爱情中也可观察到。因此,分别8天以后,爱情就变得比第一天时弱64倍了。"

毫不奇怪,这种华而不实的书不会激起索菲·热尔曼对数学的兴趣。改变她的生活的事情发生在某一天,当时她正在她父亲的图书馆中随便翻阅,偶然翻到了让-艾蒂安·蒙图克拉(Jean-Etienne Montucla)的书《数学的历史》(*History of Mathematics*)。蒙图克拉写的关于阿基米德的生活的那一章引发了她的幻想。她对阿基米德的种种发现所做的描述无疑是有趣的,但特别使热尔曼着迷的是围绕着阿基米德之死展开的情节。阿基米德生活在叙拉古
(Syracuse)①,在相对平静的环境中研究数学,但是当他将近80岁时,和平被罗 113
马军队的入侵所破坏。传奇故事说,在罗马军队入侵时,阿基米德正全神贯注于研究沙堆中的一个几何图形,以致忽略了回答一个罗马士兵的问话。结果他被长矛戳死。

热尔曼得出这样的结论:如果一个人会如此痴迷于一个结果会导致他死亡的几何问题,那么数学必定是世界上最迷人的学科了。她立刻着手自学数论和微积分的基础知识,不久就经常工作到深夜,研究欧拉和牛顿的著作。她对这样一门不适合女性的学科突然产生的兴趣使她的父母担心起来。这个家庭的一位朋友,佐马雅(Sommaja)的古列尔莫·利布里-卡鲁奇伯爵(Count Guglielmo Libri-Carrucci)说,索菲的父亲没收了她的蜡烛和衣服,并且搬走任何可以取暖的东西,以阻止她继续学习。仅仅相隔几年后,在英国,年轻的数学家玛丽·萨默维尔(Mary Somerville)也同样被父亲没收了蜡烛,她的父亲坚持说:"我们必须结束这一切,否则用不了多久就得给玛丽穿约束衣了。"

---

① 现属西西里岛。——译者

热尔曼的对付办法是藏一些蜡烛来用,她还用床单包裹自己。利布里-卡鲁奇记叙道,冬夜是如此寒冷,以致墨水在墨水瓶中冻住了,但索菲不顾一切地坚持看。有些人把她描写成一个怕羞和笨拙的女人,但是她坚定无比,最终她的父母动了怜悯之心,同意她继续学习。热尔曼终生未婚,在她的整个生涯中,是她的父亲资助她的研究工作。热尔曼继续独自学习了许多年,因为她的家庭里没有数学家能向她介绍最新的思想,而她的家庭教师又不愿认真对待她。

114 之后,在 1794 年,综合工科学校在巴黎诞生了。它是作为为国家培养数学家和科学家的一所优秀学校而建立的。这本可以是热尔曼发展她的数学才能的理想所在,可是它却是一所只接受男性的学院。她天生的腼腆性格使她不敢去见学校的管理当局,于是,她就冒名为这个学校以前的一个男学生安托尼-奥古斯特·勒布朗(Antoine-August Le Blanc)先生偷偷摸摸地在学校里学习。学校的行政当局不知道真正的勒布朗先生已经离开巴黎,所以继续为他印发讲课材料和习题。热尔曼设法取得了原本给勒布朗的材料,并且每星期以她的这个新的化名交上习题的解答。一切都按计划顺利地进行着,直到两个月后,当时这门课的指导教师约瑟夫-路易斯·拉格朗日再也不能无视"勒布朗先生"的习题解答中表现出来的才华。"勒布朗先生"的解答不仅巧妙非凡,而且它显示了一个学生的深刻变化,这个学生以前曾因其糟透了的数学能力而出名。拉格朗日是 19 世纪最优秀的数学家之一,他要求这个突然改观的学生来见他,于是热尔曼被迫泄露了她的真实身份。拉格朗日感到震惊,他很高兴见到这个年轻的女学生并成为她的导师和朋友。索菲·热尔曼终于有了一位能激励她前进的老师,她可以对他坦诚地展示她的才能和抱负。

热尔曼变得越来越有信心,她从解答课程作业中的习题转为研究数学中未开发的领域。尤其重要的是她对数论发生了兴趣,这使她必然会知道费马大定理。她对这个问题研究了好几年,最后到达了她自信已经有了重要突破
115 的阶段。她需要和一位男性数学家讨论她的想法,并决定直接找最好的数学家去讨论。于是她去请教当时世界上最杰出的数论家——德国数学家卡尔·弗里德里希·高斯(Carl Friedrich Gauss)。

高斯被公认为历史上最杰出的数学家之一。E. T. 贝尔称费马为“业余数学家之王”，而将高斯称为“数学家之王”。热尔曼是在研究他的杰作《算术研究》(*Disquisitiones Arithmeticae*)时第一次了解他的工作的，这本书是自欧几里得的《几何原本》之后最重要和内容最广的专著。高斯的工作影响着数学的每一个领域，但很奇怪的是他从未发表过论述费马大定理的文章。在一封信中，他甚至流露出对这个问题的蔑视。高斯的朋友，德国天文学家海因里希·奥伯斯(Heinrich Olbers)曾经写信给他，劝说他去竞争巴黎科学院为费马大定理征解而设的奖：“在我看来，亲爱的高斯，你应该为此忙碌一下。”两星期后，高斯回信说：“我非常感谢你关于巴黎的那个奖的消息。但是我认为费马大定理作为一个孤立的命题对我来说几乎没有什么兴趣，因为我可以很容易地写下许多这样的命题，人们既不能证明它们又不能否定它们。”高斯有权利发表他的意见，但是费马曾经明确地说过存在这样一个证明，并且后来的寻找这个证明的尝试尽管失败了，却产生了一些新颖的方法，例如“无穷递降法”和虚数的应用。或许高斯过去曾尝试过这个问题但失败了，他对奥伯斯的回答只不过是智力上的酸葡萄的一个例子罢了。虽然如此，当他收到热尔曼的信时，他对她的突破性工作惊喜万分，以至一下子忘记了他对费马大定理的矛盾态度。

七十五年以前，欧拉发表了他对 $n=3$ 的情形的证明。此后，数学家们徒 116
劳地试图证明其他的一个个情形。然而，热尔曼采用了一种新的策略，她向高斯描述了所谓的对这个问题的一般处理方法。换言之，她直接的目标并不是去证明一种特殊的情形，而是一次就得出适合许多种情形的解答。她在给高斯的信中大致地叙述了一种计算，这种计算是针对使得$(2p+1)$也是质数的那类质数 p 进行的。热尔曼的质数表中包括5，因为$11(2\times5+1)$也是质数；但是它不包括13，因为$27(2\times13+1)$不是质数。

对其值为热尔曼质数的 n，她使用了一种巧妙的论证推得大概方程 $x^n+y^n=z^n$ 不存在解。这里“大概”的意思，热尔曼指的是有解存在是不太可能的，因为如果有解存在，那么 x,y,z 中的一个将是 n 的倍数，而这就将对解加上非常严格的限制。她的同行们对她的质数表上的质数一个一个地研究，尝试证明 x,y 或 z 不可能是 n 的倍数，从而证明对 n 的哪些值解不存在。

在 1825 年,两位年龄相差一代的数学家古斯塔夫·勒瑞纳-狄利克雷(Gustav Lejeune-Dirichlet)和阿德利昂-玛利埃·勒让德(Adrien-Marie Legendre)的工作,使热尔曼的方法第一次获得完满的成功。勒让德是 70 多岁的老人,经历了法国大革命的政治动乱。他由于没有支持政府方面提出的国家研究院的候选人而被终止了养老金。到他对费马大定理做出成绩时,他已处于贫困之中。另一方面,狄利克雷是一个志向远大的年轻数论家,才刚刚 20 岁。他们俩独立地证明了 $n=5$ 的情形不存在解,但是他们的证明是在索菲·热尔曼的基础上完成的,因而他们的成功要归功于索菲·热尔曼。

117 十四年后,法国人做出了另一个突破性工作。加布里尔·拉梅(Gabriel Lamé)对热尔曼的方法做了一些进一步的、巧妙的补充,并证明了 $n=7$ 的情形。热尔曼已经告诉数论家们怎样去攻克完整的一批质数,现在,继续一次证明费马大定理的一个情形的任务则留给她的同行们去共同努力了。

热尔曼关于费马大定理的工作是她对数学的最大贡献,但是起初她的突破性工作并未被记在她的名下。当热尔曼写信给高斯时,她还只有 20 多岁。虽然她在巴黎已经有了点名气,但她仍然害怕这个大人物因为她的性别而不会认真地对待她。为了保护自己,热尔曼再一次用了她的化名,信上署名为勒布朗先生。

她的担心以及对高斯的尊敬可以在她给高斯的一封信中看出:“不幸的是,我智力之所能比不上我欲望的贪婪。对于打扰一位天才我深感鲁莽,尤其是当除了所有他的读者都必然拥有的一份倾慕外别无理由蒙其垂顾之际。”高斯并不知道他的通信者真正的身份,他试图安慰热尔曼,回信说:“我很高兴算术找到了你这样有才能的朋友。”

要不是拿破仑皇帝,热尔曼的贡献可能已经被永远错误地归之于神秘的勒布朗先生了。1806 年拿破仑入侵普鲁士,法国军队一个接一个地猛攻德国的城市。热尔曼担心落在阿基米德身上的命运也会夺走她的另一个崇拜对象高斯的生命,因此她写了封信给她的朋友约瑟夫-玛利埃·帕尼提(Joseph-Marie Pernety)将军,当时他正负责指挥前进中的军队。她请求他保证高斯的
118 安全,结果将军对这位德国数学家给予了特别的照顾,并向他解释是热尔曼小姐

挽救了他的生命。高斯非常感激,也很惊讶,因为他从未听说过索菲·热尔曼。

游戏结束了。在热尔曼给高斯的下一封信中,她勉强地透露了她的真实身份。高斯完全没有因受蒙骗而发怒,他愉快地给她写了回信:

> 不知道该怎样向你描述当我明白我尊敬的通信者勒布朗先生把自己一变而为做出了如此辉煌的使我难以相信的范例的卓越人物时我的钦佩和震惊。一般而言,对抽象的科学,尤其是对神秘的数论的爱好是非常罕见的。这门高尚的科学只对那些有勇气深入其中的人展现其迷人的魅力。而当一位在世俗和偏见的眼光看来一定会遭遇比男子多得多的困难才能通晓这些艰难的研究的女性终于成功地越过种种障碍洞察其中最令人费解的部分时,那么毫无疑问她一定具有最崇高的勇气、超常的才智和卓越的创造力。事实上,还没有任何东西能以如此令人喜欢和毫不含糊的方式向我证明,这门为我的生活增添了无比欢乐的科学所具有的吸引力绝不是虚构的,如同你的偏爱使它更为荣光一样。

索菲·热尔曼与高斯的通信对热尔曼的许多工作起了很大的促进作用,但在1808年这种关系突然结束了。高斯被聘为格丁根大学的天文学教授,他的兴趣从数论转移到应用数学方面,他不再费神给热尔曼回信。失去了导师,她的信心开始减弱,一年以后她放弃了纯粹数学。

虽然此后她对证明费马大定理没有再做出贡献,但她又开始了作为物理 119
学家的重要生涯,在这门学科中她又一次出类拔萃,不料却遭到权势集团的反感。她对这门学科最重要的贡献是《弹性振动研究》(*Memoir on the Vibrations of Elastic Plates*),这是一篇杰出的、见解深刻的论文,它奠定了现代弹性理论的基础。由于这篇论文以及她关于费马大定理所做的工作,她荣获法国科学院的金质奖章,成了第一位不是以某个成员的夫人的身份出席科学院讲座的女性。后来,在临近她生命的尽头时,她恢复了与高斯的关系。高斯说服格丁根大学授予她名誉博士学位。可悲的是,在格丁根大学可以授予她这个荣誉之前，索菲·热尔曼已死于乳腺癌。

> 考虑到所有这一切，她或许是法国迄今出现过的造诣最深的潜心于学术研究的女性。但令人感到奇怪的是，当国家官员为这位法国科学院一些最杰出的成员的卓越的同行和合作者出具死亡证明书时，竟将她的身份记为 rentière-annuitant（无职业未婚妇女）——而不是 mathématicienne（女数学家）。事情还不止于此。在建造埃菲尔斜塔的过程中工程师们必须特别注意所用材料的弹性。当埃菲尔斜塔落成之时，在这座高耸的建筑物上镌刻着72位专家的名字。但是人们在这份名单中却找不到这位以其研究工作为金属弹性理论的建立做出过巨大贡献的天才女性的名字——索菲·热尔曼。难道她被排除在这个名单之外也是出于与阿涅西不能入选法国科学院院士同样的理由——因为她是一个女人吗？事情似乎就是如此。如果真的是
> 120 这样，那么对一位如此有功于科学并且由于她的成就而在名誉的殿堂中已经获得值得羡慕的地位的人做出这种忘恩负义的事来，那些对此负有责任的人该是多么羞耻。
>
> H. J. 莫赞斯（H. J. Mozans）于1913年

盖章密封的信封

在索菲·热尔曼的突破性工作之后，法国科学院设立了一系列的奖，包括金质奖章和3 000法郎的奖金，以奖励能最终揭开费马大定理的神秘面纱的数学家。现在，除了享有证明费马大定理的声望外，这个挑战还附加了巨额的奖金。巴黎的沙龙里充斥着关于某某正采用某种策略以及他们离宣布结果还有多远等的传闻。然后，在1847年3月1日，科学院举行了富有戏剧性的会议。

科学院的通报描述了加布里尔·拉梅（他早些年曾证明了 $n=7$ 的情形）

怎样登上讲台,面对那个时代最卓越的数学家们宣布他差不多已证明费马大定理了。他承认自己的证明还不完整,但是他概略地叙述了他的方法并自信地预言几星期后他会在科学院杂志上发表一个完整的证明。

全体听众都愣住了。但是拉梅一离开讲台,另一位巴黎最优秀的数学家奥古斯汀·路易斯·柯西(Augustin Louis Cauchy)就请求允许他发言。柯西向科学院宣布他一直在用与拉梅类似的方法进行研究,并且他也即将发表一个完整的证明。

柯西和拉梅都意识到时间是至关重要的。谁能首先交出一个完整的证明,谁就会获得数学中最权威的而且奖金丰厚的奖项。虽然他们之中谁也没 123
有完整的证明,但这两位竞争对手都急于立桩标明所有权,所以只过了 3 个星期他们就各自声明自己在科学院存放了盖章密封的信封。这是当时常有的做法,这能使数学家们的思想被记录下来,而又不泄露他们的研究工作的确切细节。如果后来关于想法的出处发生争议,那么密封的信封会对判断谁先拥有这种想法提供必需的证据。

在整个 4 月份,柯西和拉梅在科学院通报上发表了他们的撩人但又含糊的证明细节后,人们的期望越来越迫切。虽然整个数学界都极想看到完成的证明,但他们之中许多人暗地里却希望是拉梅而不是柯西赢得这场竞赛。根据各种流传的说法,柯西是一个自以为正直的人,一个狂热的教徒,特别不受他的同事的欢迎。只是因为他的杰出才华,他才能待在科学院中。

接着,在 5 月 24 日,有人宣读了一份声明,结束了种种推测。既不是柯西也不是拉梅,而是约瑟夫·刘维尔(Joseph Liouville)在科学院发表谈话。刘维尔宣读了德国数学家恩斯特·库默尔(Ernst Kummer)的一封信的内容,震惊了全体听众。

库默尔是一位最高级的数论家,但在他生命的许多年中,出于对拿破仑的憎恨而产生的强烈的爱国主义使他偏离了他真正的事业。当库默尔还是一个孩童的时候,法国军队入侵他的家乡索拉乌镇(Sorau)①,给他们带来了斑疹

① 今波兰的扎雷。——译者

拉梅

柯西

伤寒的流行。库默尔的父亲是镇里的医生，几星期后他也死于这个疾病。这段经历使库默尔心灵上受到很大创伤，他发誓要尽最大努力使他的祖国免遭125 再次打击，一读完大学他就立即用他的知识去研究炮弹的弹道曲线问题。最终，他在柏林军事学院教弹道学。

在从事他的军事职业的同时，库默尔积极地进行纯粹数学的研究。他对发生在法国科学院中的一系列事件一清二楚。他从头到尾地读了科学院的通报，分析了柯西和拉梅敢于透露出来的少数细节。对于库默尔来说，十分清楚这两个法国人正在走向同一条逻辑的死胡同，他在给刘维尔的这封信中概要地叙述了他的理由。

根据库默尔的说法，基本的问题是柯西和拉梅的证明都要借助于使用数的一种称为“唯一因子分解”的性质。唯一因子分解是说，对于给定的一个数，只有一种可能的质数组合，它们乘起来等于该数。例如，对于数 18 来说，唯一的质数组合是

$$18 = 2 \times 3 \times 3。$$

类似地，下面的这些数按下列方式被唯一地分解：

$$35 = 5 \times 7,$$
$$180 = 2 \times 2 \times 3 \times 3 \times 5,$$
$$106\,260 = 2 \times 2 \times 3 \times 5 \times 7 \times 11 \times 23。$$

唯一因子分解性质是 4 世纪时欧几里得发现的。他证明了这个性质对于一切自然数是正确的，并在他的《几何原本》的第 9 卷中叙述了证明。唯一因子分解对一切自然数成立这个事实，在许多别的证明中是一个要点，现在把它称为“算术基本定理”。

126 初看起来，似乎没有理由说明为什么柯西和拉梅不可以像他们之前的成百个数学家那样借助唯一因子分解性质。不幸的是，他俩的证明都用到了虚

恩斯特·库墨尔

数。虽然唯一因子分解对实数是正确的，但库默尔指出，当引进虚数后它就不一定成立了。按照他的说法，这是一个致命的缺陷。

例如，如果我们限于实数的情形，那么数 12 只能分解成 $2\times2\times3$。然而，如果我们允许在证明中运用虚数，那么 12 也可以分解成下列形式：

$$12=(1+\sqrt{-11})\times(1-\sqrt{-11})。$$

这里，$(1+\sqrt{-11})$是一个复数，即实数和虚数的结合。虽然复数的乘法过程比普通数的乘法要繁复得多，但是复数的存在确实导致另外的分解 12 的方法出现。另一种分解 12 的方法是$(2+\sqrt{-8})\times(2-\sqrt{-8})$。唯一因子分解不再成立，而是有各种可选择的因子分解方法。

唯一因子分解性质不成立严重地破坏了柯西和拉梅的证明，但是它并不一定使它们彻底无效。这些证明的目的是证明方程 $x^n+y^n=z^n$ 无解，这里 n 表示任何大于2 的自然数。像本章前面讨论过的那样，这种证明只要对 n 的质数值行得通就可以了。例如对所有小于(包括等于)31 的质数，唯一因子分解的问题可以设法规避。然而，质数 $n=37$ 就不可能这么容易地处理了。在小于 100 的其他质数中，还有两个($n=59$ 和 $n=67$)也是很难对付的情形。这
127 些所谓的非规则质数，它们散落在其余的质数之中，现在成了一个完整证明的绊脚石。

库默尔指出，现有的数学还不能够一下子攻克所有的这种非规则质数。然而，他确实相信，通过对每一个特定的非规则质数有针对性地仔细修改方法，它们可以一个个地被解决。找出这些按具体目标设计的方法将会是一项旷日持久的艰辛任务，更糟的是非规则质数的个数仍然是无限的，一个个地处理它们将使这个世界的数学界人士忙到世界末日来临。

库默尔的信使拉梅一下子泄了气。事后想来，唯一因子分解的假设从最好的方面来看也是过于乐观的，而从最坏的方面来看则显得十分鲁莽。拉梅意识到，如果他将他的工作更为公开一些，也许他早就会发现错误了。他写信

给他在柏林的同事狄利克雷:“要是当初你在巴黎或者我在柏林,那么所有这一切就不会发生了。”

在拉梅感到羞耻的同时,柯西则拒绝承认失败。他认为与拉梅的证明相比,他自己的方法对唯一因子分解的依赖程度较轻,而且库默尔的分析在被完全核对之前仍存在有缺陷的可能性。在几个星期中他继续发表有关这个题材的文章,但是到夏季结束的时候他也变得安静了。

库默尔已经论证了费马大定理的完整证明是当时的数学方法不可能实现的。这是数学逻辑的光辉一页,但也是对希望能解决这个世界上最棘手的数学问题的整整一代数学家的巨大打击。

柯西将情况做了总结,他在1857年写了科学院关于费马大定理奖的最终报告:

> 关于竞争数学科学大奖的报告。竞争开始于1853年,终止于 128
> 1856年。
>
> 曾经有11份专题学术论文提交给秘书,但是没有一份解决了所提议的问题。因此,经过多次推荐获奖之后,这个问题仍停留在库默尔先生指出的那种情形。然而,数学科学应该为几何学家们,尤其是库默尔先生,出于他们解决该问题的愿望所做的工作而庆幸。委员们认为,如果撤销对这个问题的竞赛而将奖授予库默尔先生,以表彰他关于由单位根和整数组成的复数所做的美妙工作,那将是科学院做出的一项公正而有益的决定。

两个多世纪中,每一次试图重新发现费马大定理的证明都以失败告终。在整个青少年时代,安德鲁·怀尔斯研究了欧拉、热尔曼、柯西和拉梅的工作,最后研究了库默尔的工作。他希望自己能从他们的错误中学到一些有用的东西,可是到他成为牛津大学的学生时,也遭到了库默尔曾面临的同一堵砖墙的阻挡。

一些怀尔斯的同代人开始怀疑这个问题是不可能解决的。或许费马是自己骗自己，因而，没有人重新发现费马的证明就是因为根本不存在这样的证明。怀尔斯不顾这种怀疑论调继续寻求证明。鼓舞着他的是这样的认识：过去有几种情形的证明是经过100多年的努力才最终被发现的，而且其中有一些情形，解决问题的那种洞察力的闪现并未依靠新的数学。相反它是很久以前就能够被完成的那种证明。

129 一个几十年未能解决的问题的例子是“点猜想”。这个挑战涉及一系列的点，它们彼此之间都有直线相连接，如图13中所显示的点那样。这个猜测断言，不可能画出一个点图使得每条直线上至少有3个点(所有的点都在同一条直线上的图形除外)。确实，试一下几个图形，似乎这是对的。例如，图13(a)有5个点被6条直线相连接。其中4条直线上面没有3个点，因此这种布局不满足所有直线都要有3个点的要求。通过加上1个点和附加的直线，如图13(b)所示，那么图上没有3个点的直线数减少到3条。然而，试图进一步修改这图形使得所有直线都有3个点似乎是不可能的。当然，这并不能证明没有这种图形存在。

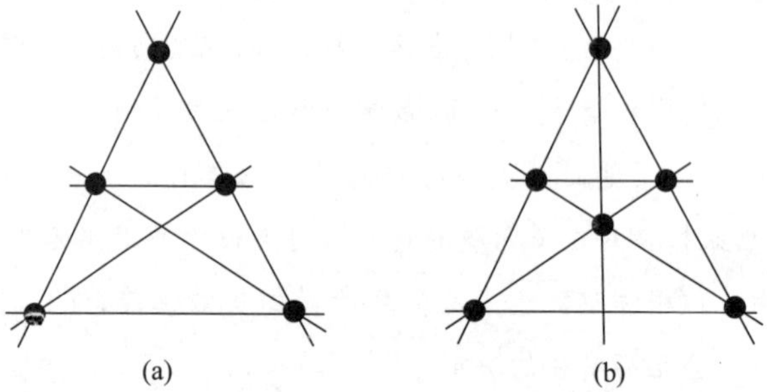

图13　这些图形中每个点与每一个别的点都有直线相连接。是否可能构造一个图形使得每条直线上至少有3个点?

几代的数学家试图对这个看上去简单的点猜测找出一个证明，但都失败
130 了。更令人生气的是，当最终找到这个猜测的证明时，它居然只涉及极少的数学再加上几分计谋。这个证明概述于附录6中。

存在一种可能性，就是证明费马大定理所需的全部技术是现成的，唯一缺

少的是足够的智谋。怀尔斯不准备放弃：寻求费马大定理的证明已经从一个孩子的幻想转变成了完全成熟的追求。在精通19世纪数学中所有需要掌握的东西后，怀尔斯决定用20世纪的技术来武装自己。

保罗·沃尔夫斯凯尔

第四章　进入抽象

证明是一个偶像，数学家在这个偶像前折磨自己。

——阿瑟·爱丁顿爵士①

在恩斯特·库默尔的工作之后，发现费马大定理的证明的希望比以前更 133
渺茫了。此外，数学正开始转向各种不同的研究领域，并且存在着新一代的数学家不再理睬那些似乎不可能解决的、有进入死胡同的危险的问题。到20世纪初，这个问题依然在数论家的心目中占有特殊的地位，不过他们对待费马大定理就像化学家对待炼金术一样，两者都是来自过去年代的荒谬和富有浪漫色彩的梦。

然后，在1908年，达姆斯塔特（Darmstadt）的一位德国实业家保罗·沃尔夫斯凯尔（Paul Wolfskehl）给这个问题注入了新的生命力。沃尔夫斯凯尔家族以其财富和乐于资助艺术和科学而闻名，保罗也不例外。他在大学里学过数学，虽然他的绝大部分时间花在营造家族的商业帝国上，但他仍与职业数学家保持着联系，并且继续涉猎数论。特别是，沃尔夫斯凯尔拒绝放弃对费马大定理的爱好。

沃尔夫斯凯尔绝不是一个有天赋的数学家，也不是生来就注定会对发现 134

① 爱丁顿（Arthur Eddington，1882—1964），英国天文学家、物理学家。——译者

费马大定理的证明做出重大贡献的人。然而由于一连串不可思议的事件，他却与费马问题永远相伴在一起，鼓舞着数以千计的人去攻克这个富有挑战性的问题。

故事是从沃尔夫斯凯尔对一位漂亮女性的迷恋开始的，她的真实身份至今未被确定。使沃尔夫斯凯尔备感沮丧的是这位神秘的女性拒绝了他，这使他处于一种极端失望的境况，以致决定自杀。他是个感情强烈的人，但并不鲁莽。他极其谨慎地计划他的死亡，包括每个细节。他定下了自杀的日子，决定在午夜钟声响起时开枪射击自己的头部。在剩下的日子里，他仍然处理他所有的重要商业事务。在最后一天，他写下了遗嘱，并且给他所有的亲朋好友和亲属写了信。

沃尔夫斯凯尔的高效率使得所有的事情略早于他午夜的时限就办完了。为了消磨这几个小时，他到图书室里开始翻阅数学书籍。不久，他就不知不觉地被库默尔解释柯西和拉梅失败的原因的经典论文吸引住了。那是一篇那个时代最伟大的计算之一，很适合一个要自杀的数学家在最后时刻阅读。沃尔夫斯凯尔一行接一行地进行计算，突然他惊呆了：似乎逻辑上有一个漏洞——库默尔提出了一个假定，却未能在他的论证中说明其合理性，沃尔夫斯凯尔不清楚到底是他发现了一个严重的缺陷呢还是库默尔的假定是合理的。如果是前者，那么费马大定理的证明就有可能比许多人推测的容易得多。

他坐了下来，仔细审阅那一段不充分的证明，渐渐地全神贯注于做出一个
135 小证明，这个证明或者会加强库默尔的工作，或者会证明他的假定是错的，在后一种情形下，库默尔的所有工作都将是无效的。直到黎明时分他的工作才完成。坏消息（就数学方面而言）是库默尔的证明被补救了，而大定理依旧处于不可达的境界中。好消息是规定的自杀时间已经过了，沃尔夫斯凯尔对于自己发现并改正了伟大的恩斯特·库默尔的工作中的一个漏洞感到无比骄傲，以至他的失望和悲伤都消失了。数学重新唤起了他对生命的欲望。

由于那个夜晚发生的一切，沃尔夫斯凯尔撕毁了他写好的告别信，重新立了他的遗嘱。在他 1908 年去世时，新遗嘱被宣读，沃尔夫斯凯尔家族震惊地发现保罗已经把他财产中的一大部分遗赠作为一个奖，规定奖给任何能证明

费马大定理的人。奖金为 10 万马克①,按现在的币值计算其价值超过 100 万英镑。这是他对这个挽救过他生命的复杂难题的报答方式。

负责掌管这笔钱的是格丁根皇家科学协会,它在同一年正式宣布了沃尔夫斯凯尔奖的竞赛规则:

> 根据在达姆斯塔特去世的保罗·沃尔夫斯凯尔博士授予我们的权力,我们在此设立 10 万马克的奖赏,准备授予第一个证明费马大定理的人。
>
> 下列规定将予以遵守:
>
> (1) 格丁根皇家科学协会拥有绝对的权力决定该奖授予何人。本会拒绝接受任何以参与竞赛获得该奖为唯一目的而写的任何稿件。本会只考虑在定期刊物上以专著形式发表的或在书店中出售的 136
> 数学专题论著,协会要求作者呈交至少 5 本已出版的样本。
>
> (2) 凡以评委会挑选的学术专家不能理解的语言发表的著作不属本竞赛考虑范围。这类著作的作者可以用忠实于原文的翻译本代替原著。
>
> (3) 协会没有责任审查未提请它注意的著作,也不对可能由于著作的作者,或部分作者不为协会所知这个事实而造成的差错承担责任。
>
> (4) 在有多名人员解答了这个问题,或者该问题的解答是由几名学者共同努力所致的情况下,协会保留决定权,特别是对奖金分配的决定权。
>
> (5) 协会举行颁奖不得早于被选中的专著发表后的两年。这段时间供德国和外国的数学家对所发表的解答的正确性提出他们的意见。
>
> (6) 此奖的授予由协会确定后,秘书就以协会的名义立即通知

---

① 德国原货币单位,2002 年 7 月 1 日起停止流通,现被欧元取代。——译者

获奖者,此结果将在上一年曾宣布过这项奖的各地公布。协会对该奖的指派一经决定就不再更改。

(7) 在颁布后3个月内,将由格丁根大学皇家出纳处向获奖者支付奖金。或者由受奖者自己承担风险在他指定的其他地点支付。

(8) 钱款可按协会的意愿以现金或等值的汇票送收。汇票送达即认为已完成奖金的支付,即使在这天结束时汇票的总价值可能不到10万马克。

137 (9) 如果到2007年9月13日尚未颁布此奖,将不再继续接受申请。

格丁根皇家科学协会

1908年6月27日

值得注意的是,虽然委员会将授予第一个证明费马大定理成立的数学家10万马克,但他们对任何能证明它不成立的人则是一分钱也不给。

所有的数学杂志都刊登了设立沃尔夫斯凯尔奖的通告,竞赛的消息迅速传遍欧洲,但尽管有宣传攻势和巨额奖金带来的额外刺激,沃尔夫斯凯尔委员会仍未能唤起正统数学家的很大兴趣。大多数职业数学家把证明费马大定理看作必然会失败的事情,认为不值得浪费时间去干这件蠢事。然而,这个奖确实成功地将这个问题介绍给了一大群新的参与者——一批潜藏着的热心学者,他们愿意投身于这个最艰难的谜,并将沿着一条从未有人走过的道路去接近它。

智力游戏、谜和 Enigma 机的时代

自希腊人开始,数学家们就设法通过把证明和定理改用解数学谜题的形式进行表述来为他们的教科书增添趣味。在19世纪的后半期,这门学科的趣
138 味性处理方法进入了流行的报刊,数字游戏和纵横填字谜及字谜游戏一起出
现在报刊中。业余爱好者们可以仔细琢磨从最简单的谜语到深奥的数学问题

都有的各种各样的游戏，甚至包括费马大定理。在这过程中，逐渐地形成了日益增多的喜爱数学难题的读者。

当时最多产的制谜者大概是亨利·杜登尼（Henry Dudeney），他为几十种报纸和杂志创作谜语，其中包括《斯特兰报》（*Strand*）、《卡塞尔报》（*Cassell's*）、《圣母报》（*the Queen*）、《趣闻杂志》（*Tit-Bits*）、《每周新闻》（*Weekly Dispatch*）和《休假报》（*Blighty*）。维多利亚时代的另一位大制谜家是查尔斯·道奇森教士（the Reverend Charles Dodgson），他是牛津大学基督堂学院的数学讲师，他更为人知的名字是作家刘易斯·卡罗尔（Lewis Carroll）①。道奇森花几年的工夫编撰了一套名为《数学珍品》（*Curiosa Mathematica*）的大型智力游戏手册，虽然没有全部完成但他确实写了好几卷，包括《枕边问题集》（*Pillow Problems*）。

制谜者中最优秀的一位是美国的奇才萨姆·洛伊德（Sam Loyd，1841—1911），当他还是一个十几岁的少年时，就通过制作新谜和改造旧谜赚得一笔可观的钱。他在《萨姆·洛伊德和他的谜：自传性的回顾》（*Sam Loyd and His Puzzles: An Autobiographical Review*）中回忆说，他早期的谜是为马戏团主和魔术师 P. T. 巴能（P. T. Barnum）制作的：

> 许多年以前，当巴能的马戏团的确是“世界上最伟大的表演”时，这位著名的表演家要我为他准备一系列的有奖猜谜用作广告。由于它为正确解答者提供大额奖金，这些谜变得非常出名，被称为“斯芬克司②的问题”。

奇怪的是这本自传写于洛伊德去世十七年后的1928年。洛伊德将他的灵巧和智谋传给了他的名字也叫萨姆的儿子，后者才是这本书的真正作者，他非常清楚任何购买这本书的人都会误以为这本书是更有名的老萨姆·洛伊德写的。

---

① 英国儿童文学家、数学家，真名 C. L. 道奇森（1832—1898）。他的作品《爱丽丝漫游奇境记》已成为世界儿童文学的名著。——译者

② 斯芬克司（Sphinx）为希腊神话中带翼的狮身女怪，传说她常叫过路行人猜谜，猜不出者即遭杀害。——译者

139 洛伊德最著名的创作是“14—15”智力玩具，它相当于维多利亚时代的魔方①，玩具店里现在还可以买到。将编号为1—15的15块塑料片排列在一个4×4的网格中，游戏的目的是滑动这些塑料片，将它们重新排成正确的次序。洛伊德的“14—15”智力玩具出售时塑料片的排列次序如图14所示。洛伊德提供了一笔大奖金，无论谁能通过一连串的塑料片滑动将“14”与“15”交换到它们正常的位置就算完成这个游戏，也就能得到奖金。洛伊德的儿子对这个有形的，但本质上却是数字的智力游戏所引起的狂热做了这样的描写：

140 为这个问题的第一个正确答案提供的1 000美元奖金从未有人得到过，虽然有数以千计的人声称他们做到了所要求的那一步。人们被这个游戏弄得神魂颠倒，有些荒谬可笑的传说讲道，一些店主忘了打开店门；一个很出名的牧师竟会整个冬夜伫立在路灯下，苦苦思索着想回忆出他曾经完成的那一个步骤。这个游戏的一个神秘特点是，似乎没有人能记住移动塑料片的一系列步骤，他们认为按照这种步骤他们肯定成功地解答过这个难题。传说有的轮船驾驶员差一点使他们的船出事。有的火车司机把火车开过了站。一位著名的巴尔的摩编辑讲起过这样一件事：他出去吃午饭，结果当他的紧张万分的同事在午夜过后很久才找到他时，他还在一只盆子里将馅饼片推来推去。

洛伊德却始终坚信他永远不需要付出这1 000美元奖金，因为他知道不可能做到只把两块塑料片调换好而不破坏游戏中其他塑料片之间的次序。采用数学家用来证明某个特定的方程无解所用的同样方法，洛伊德能够证明他的“14—15”难题也是不能解的。

洛伊德的证明首先要定义一个用来衡量游戏中无次序程度的量——错序

① 魔方为匈牙利教师鲁比克(Rubik)发明的一种智力玩具。——译者

图 14　反映萨姆·洛伊德“14—15”游戏引起狂热的一幅卡通片

参数 D_p。一个给定排列的错序参数等于次序错误的塑料片对的个数。所以，对正确的排列，如图 15(a) 中所示，$D_p=0$。因为任何两片之间的次序都是对的。

如果从次序正常的排列开始，然后将塑料片滑动调换，那么达到图 15(b) 中所示的排列是比较容易的。看一下片 12 和 11，它们之间的次序是错的。显然，片 11 应该在片 12 之前，所以这一片对的次序错误。次序错误的片对一共有下面这些：(12,11)(15,13)(15,14)(15,11)(13,11)和(14,11)。这个排列中次序错误的片对有 6 对，所以 $D_p=6$。（注意：片 10 和片 12 彼此相邻，这
141 也是不正确的，但是它们的次序并没有错，因而这种片对在错序参数中不予计算。）

再多做一些滑动，我们就到达图 15(c) 中所示的排列。如果你算一下次序错误的片对的个数，那么你将发现 $D_p=12$。需注意的要点是，在所有的情形(a)(b)和(c)中，错序参数的值均为偶数(0,6 和 12)。事实上，如果你从正确的排列开始，对它进行重新排列，那么上述结论总是对的。只要那个空着的方格在结束时位于右下角，那么不管滑动调换多少次，最后 D_p 总是偶数值。因此，对于从最初的正确的排列出发而得的排列来说，错序参数的值为偶数是一个共同的性质。在数学中，对于所述对象不管施行多少次变换仍然能保持成立的性质称为不变性质或不变量。

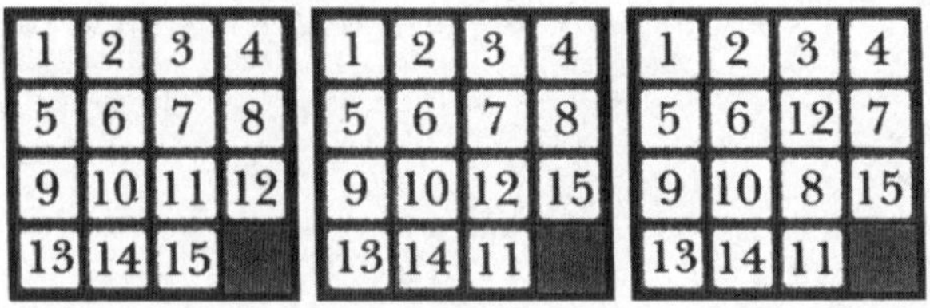

(a) D_p=0　(b) D_p=6　(c) D_p=12

图 15　通过滑动调换各片，可以做出各种各样的错序排列。对每种排列可以用错序参数 D_p 来衡量错序的程度

然而，请仔细研究一下洛伊德出售的那种排列，其中 14 和 15 被调换了次
142 序，所以它的错序参数是 1，即 $D_p=1$，唯一的次序错误的片对是 14 和 15。对

于洛伊德的排列,错序参数是一个奇数值！但是我们知道,从正确的排列出发而得的排列其错序参数值应是偶数。于是,结论是洛伊德的排列不可能是从正确的排列出发得到的,反过来说,也不可能从洛伊德的排列返回到正确的排列——洛伊德的 1 000 美元是安全的。

洛伊德的智力游戏和错序参数展示了不变量的威力。在证明不可能将一个对象变换成另一个对象时,不变量为数学家提供了一种重要的策略。例如,当前活跃的一个领域涉及对扭结(knot)的研究,扭结理论家自然对设法证明一个扭结是否能通过扭曲和打环但不切断的方法变换成另一个扭结的问题很感兴趣。为了回答这个问题,他们试图找出第一个扭结的一种不管做多少次扭曲和打环都不会被破坏的性质——扭结不变量。然后,对第二个扭结计算这个量。如果这两个值是不同的,那么结论就是将第一个扭结变换成第二次扭结必定是不可能的。

在这个方法由库特·雷德马斯特(Kurt Reidemeister)于 20 世纪 20 年代发明之前,要证明一个扭结不能转换成别的扭结是无法做到的。换言之,在扭结不变量被发现以前,不可能证明易散结与方结、反手结甚至根本没有结的环之间是根本不同的。在许多别的数学证明中,不变量的想法也是重要的。像我们将在第五章中看到的那样,费马大定理回到数学的主流也是这个想法起了关键作用。

在 19 世纪和 20 世纪之交,由于像萨姆·洛伊德和他的"14—15"这样的 143
游戏,在欧洲和美国出现了成百万个业余解题者,他们急切地期待着新的挑战。当关于沃尔夫斯凯尔的遗赠的消息在这些崭露头角的数学家们中间传开时,费马大定理就再一次成为世界上最著名的问题。费马大定理比即使算最难解的洛伊德的谜也要复杂不知多少,但是奖金也是多得多。业余爱好者们梦想着他们能找到相对简单的、没有被过去的大教授们发现的巧妙方法。在对数学技巧的了解方面,20 世纪出色的业余爱好者们在很大程度上与皮埃尔·德·费马是不相上下的。挑战则是与费马比试一下在使用他的技术方面的创造性。

在沃尔夫斯凯尔奖宣布后的几个星期内,参赛的论文像雪片似的飞到格丁根大学。毫不奇怪,所有的论文都是令人失望的。虽然每个参赛者都确信他们已经解决了这个世纪难题,但他们都在他们的逻辑中犯了难以捉摸的,有时也不是那么难以捉摸的错误。数学这门艺术是如此抽象,以致极容易离开逻辑的道路漫步乱走而自己却未意识到已经进入荒谬之中。附录 7 展示了急于求成的业余爱好者容易忽视的一个典型错误。

每一份证明,不管是谁送交的,都必须经过严格认真的审查,以防万一有个不出名的业余爱好者碰巧发现了那个数学中众人苦苦寻找的证明。在 1909 年到 1934 年期间,格丁根大学数学系的系主任是埃德蒙·兰道教授,审查沃尔夫斯凯尔奖的参赛论文是他的职责。兰道发现,由于每个月必须处理放在他桌上
144 的几十份烦人的证明,他的研究工作常常被中断。为了应付这种状况,他发明了一种卸去这项工作担子的巧妙方法。教授印制了几百张卡片,上面印着:

> 亲爱的________:
>
> 谢谢您寄来的您关于费马大定理的证明的稿件。
>
> 第一个错误是在:
>
> ________页________行。
>
> 这使得证明无效。
>
> E. M. 兰道教授

然后,兰道把每份新的参赛论文连同一张印好的卡片交给他的一个学生,要求学生填写空白处。

参赛论文的数量多年来持续不见减少,即使在第一次世界大战后由于高通货膨胀率引起沃尔夫斯凯尔奖严重贬值之后也是如此。传闻说今天任何赢得这个竞赛的人所得的奖金几乎不够买一杯咖啡,但是这种说法有点过分夸张。在 20 世纪 70 年代负责处理参赛论文的 F. 施利克汀(F. Schlichting)博士写的一封信里,他解释说奖金在当时仍然值 1 万马克以上。这封信是写给保罗·里本博瓦姆(Paulo Ribenboim)的,并发表在他的《费马大定理十三讲》(*13*

Lectures on Fermat's Last Theorem)一书中。从这封信中可以很好地了解沃尔夫斯凯尔委员会的工作：

亲爱的先生：

迄今为止尚未有对投寄来的“解答”的总数的统计。在第一年(1907—1908)科学院的档案中登记有621份解答，而现在他们已存 145
放了约有3米高的关于费马问题的来往信件。在最近10年中，它们是按下列方式处理的。科学院的秘书将寄来的稿件分成：

(1) 完全无意义的，这些稿件立即被退回；

(2) 看起来有点像数学的稿件。

第二部分的稿件被交到数学系，在那里，阅读、找出错误和做出答复的工作被委托给一位科学助手去做(在德国大学里这些科学助手是大学毕业后攻读博士学位的人)——而当时我正是受害者。每个月大约有3到4封信要答复，其中还包括许多滑稽可笑和稀奇古怪的东西。例如，有个人寄来他的解答的前一半，并且许诺如果我们先预付1 000马克的话就再寄来后一半；再如另一个人，他许诺将他成名后从出版、电台或电视台采访中获取的收益的1%给我，只要我现在支持他，若我不这样做，他威胁说他要把论文寄给苏联的数学研究部门，从而剥夺我们发现他的荣誉。时常会有人出现在格丁根，坚持要求面谈讨论。

几乎所有的“解答”都是在非常初级的水平上(使用中学数学以及可能是数论中某些未经整理的论文中的概念)写成的，但尽管如此，理解起来却是非常复杂。在社会地位方面，寄论文者常常是受过一种专业教育但事业上失败的人，他们试图以证明费马大定理找回成功。我将一些稿件交给了诊断严重精神分裂症的医生。

沃尔夫斯凯尔最终遗愿的一个条件是，科学院必须每年在一些主要的数学期刊上发布关于这个奖的通告。但是在第一年后那些期刊就拒绝刊登这个通告，因为寄来的信件和疯狂古怪的稿件多得使他们无法容纳。

我希望这些消息对你会有用处。

你的诚挚的

F. 施利克汀

146 像施利克汀提到的那样,参赛者还不只限于把他们的“解答”寄给科学院。世界上每个数学研究部门大概都有存放业余数学爱好者送来的所谓证明的小木橱。大多数机构对这些业余证明不予理睬,也有一些收到者以极具想象力的方式来处理它们。数学作家马丁 · 加德纳(Martin Gardner)回想起一个朋友的做法:他回寄一张字条解释说他没有能力研究寄来的证明,作为替代,他向他们提供这个领域中能够帮助做这件事的一位专家的姓名和地址——也就是说,最近寄给他一份证明的业余爱好者的姓名和地址。加德纳则是这样答复:“我有一个很好的证明,可以用来反驳你试图完成的证明,但不幸的是这张纸不够大,以致无法写下。”

虽然全世界的业余数学家们在这个世纪中尝试着证明费马大定理和赢得沃尔夫斯凯尔奖并且都失败了,但专业数学家们则依然对这个问题置之不理。数学家们不再在库默尔和其他的 19 世纪数论家的工作上添砖加瓦,而是开始探索他们自己学科的基础,目的在于提出关于数的一些最基本的问题。20 世纪的一些最优秀的人物,包括伯特兰 · 罗素、大卫 · 希尔伯特和库尔特 · 哥德尔(Kurt Gödel),试图弄清楚数的最深刻的性质以便掌握它们的真实意义和发现哪些问题是数论能回答的,更重要的是发现哪些问题是数论无法回答的。他们的工作将动摇数学的基础,最终也对费马大定理有所影响。

认识的基础

147 几百年来,数学家们一直在使用逻辑证明,从已知世界向未知世界进军。每一代新的数学家都扩大了他们的重大成果并创造了关于数和几何的新概念,取得的进步是非凡的。然而,到了 19 世纪末,数理逻辑学家们不是向前看而是开始回过头来审视作为这一切的支柱的数学基础。他们想要证实数学的基本原理并且严格地从基本原理出发重建一切，以恢复自己对这些基本原理的信心。

需要经过确实绝对的证明才能承认某个结论，对这一点数学家是以其一丝不苟而著称的。伊恩·斯图尔特（Ian Stewart）在《现代数学的观念》（*Concepts of Modern Mathematics*）一书中讲的一个故事清楚地反映了他们的这种声誉：

> 一个天文学家、一个物理学家和一个数学家（据说）正在苏格兰度假。当他们从火车车厢的窗口向外瞭望时，观察到田地中央有一只黑色的羊。"多么有趣，"天文学家评论道，"所有的苏格兰羊都是黑色的！"物理学家对此反驳说："不，不！某些苏格兰羊是黑色的！"数学家祈求地凝视着天空，然后吟诵起来："在苏格兰至少存在着一块田地，至少有一只羊，这只羊至少有一侧是黑色的。"

专门研究数理逻辑的数学家甚至比普通的数学家还要严格。数理逻辑学家开始质疑别的数学家们多年来都认为是理所当然的那些思想。例如，三分律说，每个数或者是负数或者是正数，要不就是零。这似乎是显然的，数学家 148
们心照不宣地认为它是对的，根本没有人想费神去证明它确实是对的。逻辑学家意识到，在三分律被证明是对的之前，它仍有可能是错的。而如果真是错的，那么整幢知识大厦——在这条定律上建立起来的一切东西都将崩坍。对于数学家来说幸运的是，在19世纪末三分律被证明是对的。

自古希腊以来，数学已经积累了越来越多的定理和事实，虽然它们中的大部分已经被严格地证明了，但数学家们仍然担心它们中像三分律这样没被正常地证明过的东西有所增多。某些思想已经成了约定俗成的东西，即使它们确实曾经被证明过，也没有人确切地知道它们最初是怎样被证明的。所以逻辑学家决定从基本原理出发将每一个定理证明一遍。然而，每个真理必须是根据别的真理推断出来的，而那些真理仍然必须根据更为基本的真理来证明。

依次类推下去，最终逻辑学家发现自己正在处理几个最本质的命题，这些命题是如此的基本，以致它们本身不再可能被证明。这些基本的假定就是数学中的公理。

公理的一个例子是“加法交换律”，它直截了当地说：对任何数 m 和 n，

$$m+n=n+m$$

成立。这个公理和另外极少数公理被认为是不证自明的，可以方便地通过具体的数验证它们。迄今为止，这些公理都通过了每一次的验证，已经被承认为数学的基本事实。对逻辑学家的挑战是，从这些公理出发重建所有的数学。
149 附录 8 定义了一套数学公理，并描述了逻辑学家如何开始重建其余的数学。

众多逻辑学家参与了这个缓慢而棘手的只使用个数最少的公理来重建这座无比复杂的数学知识大厦的过程。想法是完全按照最严格的逻辑标准对数学家认为他们已经知道的东西进行整顿。德国数学家赫尔曼·魏尔（Hermann Weyl）对当时的基调做了概括：“逻辑是数学家用来使他的思想保持健康有力的保健法。”除了净化已知的东西外，另一个希望是这种基要主义的研究方法也能把包括费马大定理在内的至今尚未解决的问题搞清楚。

这个计划是在那个时代最杰出的人物大卫·希尔伯特领导下进行的。希尔伯特相信，数学中的一切能够而且也应该根据基本的公理加以证明。这样做的结果，最终将是要证明数学体系中的两个最重要的基本要求。首先，数学应该（至少在理论上）有能力回答每一个问题——这与对完全性的要求是相同的，这种要求在过去曾迫使数学家创造出像负数和虚数这样的新的数。其次，数学不应该有不相容性——那就是说，如果用一种方法证明了某个命题是对的，那么就不可能用另一种方法证明这同一命题是错的。希尔伯特确信，只需承认少数几个公理，就可以回答任何想象得到的数学问题而无须担心会出现矛盾。

1900 年 8 月 8 日希尔伯特在巴黎的国际数学家大会上做了一个历史性的演讲。希尔伯特提出了数学中的 23 个未解决的问题，他相信这些问题是

最迫切需要解决的重要问题。其中某些问题与数学中更一般的领域有关。但大多数问题集中于数学的逻辑基础。提出这些问题是为了集中数学界的 150
注意力并提供一个研究计划。希尔伯特想要激励数学界来帮助他实现他的建立可信的并且相容的数学体系的梦想——他铭刻在他的墓碑上的雄心壮志:

Wir nüsssen wissen,
Wir werden wissen.
我们必须知道,
我们将会知道。

高特洛布·弗雷格(Gottlob Frege)是所谓的希尔伯特计划的主要人物之一,虽然有时候他也是希尔伯特厉害的对手。在十多年中,弗雷格极为投入地从简单的公理出发推导了数以百计的复杂定理,他的成功导致他相信自己已正确地行进在实现非常宏伟的希尔伯特之梦的道路上。弗雷格的重大的突破性工作之一是创造了数的一种定义。例如,我们讲到数字 3 时,它的真实含义是什么?结果发现,为了定义数字 3,弗雷格必须首先定义“倍 3 性”。

“倍 3 性”是包含 3 个对象的对象集合所共有的抽象性质。例如,“倍 3 性”可以用来刻画流行儿歌中瞎眼耗子的集合,或者刻画三角形的边的集合。弗雷格注意到存在许多具有“倍 3 性”的集合,并且用集合的思想定义“3”本身。他创造了一个新的集合,并将所有的具有“倍 3 性”的集合放在其中,而把这个新的集合组成的集合称为“3”。于是,一个集合具有 3 个成员当且仅当它在集合“3”里面。

对于一个我们每天使用的概念来说,这个定义似乎过于复杂了,但是弗雷 152
格对“3”的描述是严格和无可挑剔的,并且对于希尔伯特的不屈不挠的计划是完完全全必要的。

1902 年,弗雷格的艰辛努力似将告一段落,因为他当时准备出版《算术的基本规律》(*Grundgesetze der Arithmetik*)———部庞大的权威性的两卷本著作,

大卫·希尔伯特

意在建立数学中可信性的新标准。就在这同时,也在为希尔伯特的伟大计划做努力的英国逻辑学家伯特兰·罗素却有了一个毁灭性的发现。尽管遵循着希尔伯特的严格规定,罗素还是碰到了一种不相容性。当意识到数学可能生来就有矛盾时罗素回忆他自己的反应时说:

> 最初,我认为我应该能够相当容易地克服这个矛盾,或许是推理时犯了某种微不足道的小错误。然而,逐渐地越来越清楚情况并不是这样……在1901年的整个下半年中,我想解答会是容易的;但是到了年终时,我已经断定这将是一个大工程……每天晚上从11点到凌晨1点,我在公有牧地上荡来荡去,在那段时间里,我终于懂得了欧夜鹰发出的三种不同的呼呼声(大多数人只懂一种呼呼声)。我正努力设法解决这个矛盾。每天早晨,我在一张白纸前坐下,整整一天,除了短暂的午饭时间外,我总是凝视着这张白纸。经常当夜幕降临时,它仍然是白纸一张。

矛盾无法回避。罗素的工作将给建立无怀疑的、相容的和无悖论的数学体系的梦想带来巨大的灾难。他写信告诉弗雷格,当时弗雷格的书稿已经在排印中。这封信使弗雷格的这本融注着他生命的著作变得毫无价值,但是他置这个致命的打击于不顾,仍然出版了他的巨著,只是在第2卷中添加了一个
后记:“正当工作完成时,基础却倒塌了,科学家也许不会遭遇比这更不幸的结 154
局了。当本书即将印刷完毕时,伯特兰·罗素先生给我的一封信使我陷入的正是这种困境。”

具有讽刺意味的是,罗素的矛盾出自弗雷格非常心爱的集合这个概念。许多年以后,在他的著作《我的哲学观的形成》(*My Philosophical Development*)中,罗素回忆那些曾激发起他对弗雷格的工作产生疑问的想法时说:“对我来说,似乎一个类有时候是,而有时候又不是它自身的一个成员。例如,茶匙的类不是另一把茶匙,但是,不是茶匙的物组成的类是一种不是茶匙的物。”正是这种好奇的、表面上无关痛痒的看法导致灾难性的悖论。

伯特兰·罗素

罗素的悖论经常是用一个细心的图书管理员的故事来说明的：一天，当图书管理员在书架间走来走去时，他发现一套目录，其中对小说、参考书、诗集等都有单独的目录册。图书管理员注意到有些目录册把自己也列在其中，而另一些目录册则不将自己列在其中。为了简化目录册体系，图书管理员制作了两本大的目录册，其中一本列出所有的将自己列在其中的目录册，另一本则列出所有不将自己列在其中的目录册。在快完成这项工作的时候，图书管理员发现一个问题：列出所有不将自己列在其中的目录册的那个大目录册是否应该在本身中列出？如果列出的话，那么按照定义，它不应该被列出。然而，如果不列出的话，那么按照定义，它应该被列出。图书管理员处于无论怎么做都不会对的情况。

目录册与弗雷格用作数的基本定义的集合或类非常相似。于是，使得图书管理员毫无办法的不相容性也会在所设想的数学逻辑结构中引起问 155
题。数学不允许不相容性、悖论或矛盾。例如，反证法这个有力工具要依赖于数学中没有悖论这个前提。反证法说，如果一个假定导致荒谬，那么这个假定一定是错的。但是按照罗素的结论，即使公理也可能导致荒谬。因而反证法可以证明一个公理是错的，可是公理是数学的基础，而且被承认是对的。

许多学者对罗素的工作提出质问，他们声称数学明显地是一种成功的、完美无缺的研究。对此，他以下列方式解释他的工作的意义作为回答：

> “但是，”你可能会说，“无论什么都不能动摇我对2加2等于4的信念。”你是正确的，除了极端的情形之外——当你怀疑某只动物是否是一只狗或者某个长度是否比1米短时，这就是极端情形。2一定是指2个某种东西，命题“2加2等于4”除非能被应用否则是无价值的。2只狗加2只狗确实等于4只狗，但是会出现你怀疑其中2只狗是否真是狗的情形。“那么，无论如何有4只动物”，你可能会这样说。但是某些微生物的存在又使人怀疑它们究竟是动物还是植物。“好，那么就算是活的有机体总可以吧”，你说。但是它们又有某种迹

> 象使人怀疑它们是否是活的。你将被迫说:“2 个实体加 2 个实体等于 4 个实体。”但当你告诉我“实体”是什么时,我们又会重新争论起来。

罗素的工作动摇了数学的基础,使数理逻辑的研究处于混乱的状态。逻辑学家们知道潜藏在数学基础中的悖论迟早会冒头并且引起严重的问题。与
156 希尔伯特和其他逻辑学家一起,罗素开始设法补救这种情形,恢复数学的合理性。

这种不相容性是使用数学公理的直接结果,这些公理到目前为止被认为是不证自明的而且足以用来定义剩下来的那部分数学。一种解决方法是,再添加一条公理,规定任何类不能是自身的一个成员。这条公理使得是否应列入由不将自己列在其中的目录册组成的目录册的问题成为多余,从而避免了罗素的悖论。

罗素又花了 10 年的时间考虑数学公理,这正是数学的本质。然后在 1910 年,他与阿尔弗莱德·诺思·怀特海(Alfred North Whitehead)合作出版了 3 卷本的《数学原理》(*Principia Mathematica*)中的第 1 卷,这本书显然是一个成功的尝试,对他自己的悖论所引起的问题给出了部分的回答。在接下来的 20 年中,其他人把《数学原理》当成建立无缺陷的数学大厦的指南,到 1930 年希尔伯特退休时,希尔伯特相信数学已经正常地走上了重建的道路。他的逻辑相容的、有能力回答每一个问题的数学梦想显然正在成为现实。

然而在 1931 年,一位不出名的 25 岁的数学家发表了一篇注定会永远毁灭希尔伯特的希望的论文。库尔特·哥德尔迫使数学家们承认数学永远不可能是逻辑上完美无缺的,他的论文中蕴含着像费马大定理这类问题可能是无法解决的这种观念。

库尔特·哥德尔 1906 年 4 月 28 日出生于摩拉维亚(Moravia,当时是奥匈帝国的一部分,现属捷克共和国)。从很小的时候起他就患有重病,最严重的
157 一次是 6 岁时的风湿热发作。过早地与死亡接触使哥德尔患上了伴随他终身的强迫性疑病症。在 8 岁时读了一本医书后,他确信自己的心脏很虚弱,虽然

他的医生无法找到证据证明这一点。后来,在他生命的晚期,他错误地认为有人在向他投毒,因而拒绝吃东西,几乎使自己饿死。

哥德尔在儿童时代就显示出科学和数学方面的才能,由于他好问的天性家里人给他起了个绰号:为什么先生。他进了维也纳大学,但打不定主意是主修数学还是主修物理。然而,P. 福特凡勒(P. Furtwängler)教授开设的热情洋溢而且富有启发性的数论方面的课程使得哥德尔决心投身于数学。这门课是绝对异乎寻常的,因为福特凡勒从颈部以下全瘫痪了,只能坐在轮椅上不带讲稿讲课,而同时他的助手在黑板上演算。

在 20 岁刚过的头几年里,哥德尔在数学系任职,不过工作之余有时也和同事们一起去参加一个哲学家小组“维也纳之圈”(Wiener Kreis)的聚会,他们一起讨论当时逻辑学方面的重要问题。正是在这期间,哥德尔形成了后来使数学基础产生混乱的那些想法。

1931 年,哥德尔出版了他的书《〈数学原理〉及有关系统中的形式不可判定命题》(*Über formal unentscheidbare Sätze der Principia Mathematica und verwandter Systeme*),其中包含了他的所谓不可判定性定理。当这些定理传到美国时,大数学家约翰 · 冯 · 诺伊曼(John von Neumann)取消了他正在做的关于希尔伯特计划的系列讲座,而将讲座的其余部分替换为讨论哥德尔的革命 159
性工作。

哥德尔证明了要想创立一个完全的、相容的数学体系是一件不可能做到的事情。他的思想可以浓缩为两个命题。

第一不可判定性定理

如果公理集合论是相容的,那么存在既不能证明又不能否定的定理。

第二不可判定性定理

不存在能证明公理系统是相容的构造性过程。

库尔特·哥德尔

本质上，哥德尔的第一个定理说，不管使用哪一套公理，总有数学家不能回答的问题存在——完全性是不可能达到的。更糟的是，第二个定理说，数学家永远不可能确定他们选择的公理不会导致矛盾出现——相容性永远不可能证明。哥德尔已经证明希尔伯特计划是一个不可能完成的计划。

十年以后，在《记忆的写照》(*Portraits from Memory*)一书中，伯特兰·罗素描述了他对哥德尔的发现的反应：

> 我以人们寻求宗教信仰的那种方式寻求确定性。我以为在数学中比在任何别的地方更可能找到确定性。但是我发现许多数学证明(它们是我的老师们希望我接受的)充满了不可靠性，并且如果确定性真的在数学中不能找到，那么它可能藏身于一种新的数学领域中，这种数学有着比迄今为止被认为是可靠的基础更为坚实的基础。但是随着工作的进展，我不断地想起关于大象和乌龟的那个寓言。当构建好一只数学界可以依托的大象后，我发现大象开始踉踉跄跄起 160
> 来，于是赶快去造一只乌龟以便使大象不倒下来。但是乌龟也不见得比大象更可靠。经受了大约 20 年的艰苦劳累之后，我得到的结论是：在使数学成为无可怀疑的知识的道路上我已经没有任何事可做了。

虽然哥德尔的第二个定理说，不可能证明公理系统是相容的，但这并不一定意味着它们是不相容的。在许多数学家的心目中，他们仍然相信他们的数学是相容的，只是用他们的思想无法证明这一点。许多年以后，杰出的数论家安德烈·韦依(André Weil)说："上帝之存在是因为数学是相容的，而魔王之存在是因为我们不能证明数学是相容的。"

哥德尔的不可判定性定理的证明是异常复杂的，事实上第一个定理更严格的叙述应该是：

> 对每一个 ω-相容的形式的递归类 κ，有一个对应的递归类符号

γ,使得 ν Gen γ 和 Neg(ν Gen γ)都不属于 Flg(κ)(这里 ν 是 γ 的自由变量)。

幸运的是,哥德尔的第一个定理除了用罗素的悖论和图书管理员的故事说明以外,也可以用另一个由埃庇米尼得斯(Epimenides)①提出的逻辑上相似的东西来说明,称为克里特人悖论或说谎者悖论②。埃庇米尼得斯是一个克里特人,他愤怒地大叫:

"我是一个说谎者!"

当我们试图确定这句话是真还是假的时候,就发生了悖论。首先让我们弄清楚如果我们承认这句话是真的那么会发生什么事。这句话是真的就隐含着埃庇米尼得斯是一个说谎者,但是我们一开始就承认他讲了一句真话,因而
161 埃庇米尼得斯不是一个说谎者——我们碰到了不相容性。另一方面,让我们弄清楚如果我们承认这句话是假的那么会发生什么事。这句话是假的就隐含着埃庇米尼得斯不是一个说谎者,但是我们一开始就承认他说了一句假话,因而埃庇米尼得斯是一个说谎者——我们碰到了另一个不相容性。无论我们承认这句话是真的还是假的,我们最终总是碰到不相容性,于是这句话既不是真的又不是假的。

哥德尔给说谎者悖论以新的解释并引入了证明的概念。其结果就是下面一行表达的一个命题:

这个命题没有任何证明。

如果这个命题是假的,那么这个命题就会是可以证明的,但是这就与这个

---

① 埃庇米尼得斯,生活于公元前6世纪,克里特预言家、作家。——译者
② 克里特人曾被认为好说谎。——译者

命题矛盾了,于是这个命题必须是真的才能避免这个矛盾。然而,虽然这个命题是真的,它却不能被证明,因为这命题(我们知道它是真的)是这样说的。

由于哥德尔能将上面的命题转换成数学记号,他就能证明在数学中存在虽然是真的但却永不能证明它是真的命题,即所谓的不可判定命题。这对希尔伯特计划是一个致命的打击。

在许多方面,平行于哥德尔的工作的类似发现正在量子物理中出现。就在哥德尔发表他的关于不可判定性的工作成果之前 4 年,德国物理学家维尔纳·海森堡(Werner Heisenberg)揭示了测不准原理。正像数学家能证明的定理有一个基本的限度一样,海森堡证明了物理学家能测量的性质也有一个基本的限度。例如,如果他们想要测量出一个物体的精确位置,那么他们只能以相对来说较差的准确性测量出该物体的速度。这是由于为了测量该物体的位
置,就必须用光子去照射它,但是要准确定出它的精确的位置,光子必须具有 162
巨大的能量。然而,如果物体被高能量的光子击中,那么它自己的速度将受到影响,因而它的速度不可避免地变得不确定。因此,为求得物体的位置,物理学家必须在了解它的速度方面做出某些让步。

当必须进行高精度的测量时,海森堡的测不准原理只是在原子的尺度上有所表现。因而,物理学的许多领域可以毫不在意地继续进行下去,而量子物理学家则忙于深奥的有关了解的限度问题。同样的情况也发生在数学界中。在逻辑学家们关于不可判定性问题进行的非常深奥的争论取得一致看法的同时,数学界的其他人则仍然继续做他们的事。虽然哥德尔证明了存在某些不能证明的命题,但有大量的命题是能够证明的,并且他的发现并没有使过去已经证明的任何结果无效。此外,许多数学家相信哥德尔的不可判定命题只有在数学的最不引人注目和最极端之处才可能发现,因而可能永远也不会碰到。总之,哥德尔只是说这种命题存在,他并不能真正地指出是哪一个。可是到了 1963 年,哥德尔的理论上的噩梦竟然变成了有血有肉的事实。

斯坦福大学的一位 29 岁的数学家保罗·科恩(Paul Cohen)发展了一种可以检验给定的问题是不是不可判定的方法。这个方法只适用于少数非常特殊

的情形。但尽管如此,他是发现具体的确实是不可判定的问题的第一人。完成他的发现之后,科恩立即飞到普林斯顿,带着他的证明,希望由哥德尔本人
163 来证实他的证明。哥德尔当时正处于患妄想狂症的阶段,他稍稍开了一点儿门,一把抢过了科恩的论文,然后砰的一声关上了门。两天后,科恩收到了哥德尔家茶会的邀请,这是一个信号,表明主人已经对他的证明给予权威性的认可。特别具有戏剧性的是,这些不可判定的问题中有一些正是数学的重要问题。科恩证明了大卫·希尔伯特提出的数学中最重要的23个问题之一——连续统假设是不可判定的,这有点令人啼笑皆非。

哥德尔的工作,再加上科恩给出的不可判定的命题,给所有正在坚持尝试证明费马大定理的专业或业余数学家们送去了令人烦恼的信息——或许费马大定理是不可判定的!如果当皮埃尔·德·费马声称已经找到一个证明时犯了一个错误,那又会怎样呢?如果是这样的话,那就存在这个大定理是不可判定的可能性。于是,证明费马大定理就不仅是困难的,它也许是根本不可能的。如果费马大定理是不可判定的,那么数学家们花了几个世纪的时间却是在寻找一个根本不存在的证明。

奇怪的是,如果费马大定理结果是不可判定的,那么这将隐含它必定是对的,理由如下。大定理说方程

$$x^n + y^n = z^n, n > 2 \text{ 时},$$

没有整数解。如果大定理事实上是错的,那么就有可能通过确定一个解(一个反例)来证明这一点。于是,大定理将是可判定的。也就是说,是错的将与不可判定性不相容。然而,如果大定理是对的,这并不必须有一个明确的证明它
164 是对的方法,也就是说,它可能是不可判定的。总而言之,费马大定理可能是对的,但是可能没有方法证明它。

难以克制的好奇心

皮埃尔·德·费马随手写在丢番图的《算术》一书空白处的话变成了历史上最令人头疼的谜。尽管经受了三个世纪的壮烈的失败，而且哥德尔的工作使人想到他们可能一直在追寻一个不存在的证明，一些数学家仍然继续投身于这个问题。大定理就像数学中的塞壬[①]，诱惑天才人物走近它，结果却打破了他们的希望。任何卷入费马大定理的数学家都冒着白白浪费生命的风险，然而任何能做出关键的突破性工作的人也会因解决了世界上最困难的问题而载入史册。

有两个原因使一代又一代的数学家着迷于费马大定理。首先是一种极为强烈的要胜人一筹的意识。大定理是最高的测试，无论谁能证明它，谁就在欧拉、柯西、库默尔以及无数别的人曾经失败过的地方取得了成功。正像费马本人从解决使他的对手难倒的问题中得到很大的乐趣一样，谁能证明大定理，谁就会因自己解决了一个困惑整个数学界长达几百年的问题而感到非常愉快。其次，无论谁能响应费马的挑战，他就会享受到解谜时的那种单纯的满足感。这种来自解答数论中深奥问题的喜悦与思索萨姆·洛伊德的简单智力游戏时的单纯乐趣并无多大差别。有位数学家有一次对我说，他从解数学问题中获得的愉快与填字游戏癖好者获得的乐趣是类似的。在一个特别难做的填字游 165
戏中填入最后一个提示词语时总会使人感到满足，但是想象一下，在花了好多年的时间研究一个世界上还没有人能够解决的难题之后终于想出了它的解答时，那该有多大的成就感！

这些就是安德鲁·怀尔斯会被费马问题强烈吸引住的同样原因："纯粹数学家就是爱好挑战。他们喜欢解答未解决的问题。做数学时会产生一种极好的感觉。你着手解一个使你迷惑的问题，你无法理解它，它是那么复杂，使你

---

① 塞壬（Siren）为希腊神话中半人半鸟的海妖，常以美妙的歌声诱惑经过的海员而使航船触礁沉没。——译者

一点也看不明白。但是后来当你最终解出它时，你会不可思议地感到它是多么美好，它组合得又是多么精巧。最容易使人误解的问题是那种看上去容易，而结果却证明是非常错综复杂的问题。费马大定理就是这类问题中最典型的例子。它正是看上去好像应该有一个解答的，当然，它也是非常特殊的，因为费马讲过他已经有了一个解答。"

数学在科学技术中有它的应用，但这不是驱使数学家们的动力。激励数学家们的是因发现而得到的乐趣，G. H. 哈代在《一个数学家的自白》中试图解释并说明他自己从事数学生涯的理由：

> 我只想说，如果弈棋中的问题（用粗俗的说法）是"无用的"，那么对于绝大多数最出色的数学来说也同样是如此……我从未完成过任何"有用处"的工作。在我做出的发现中没有一个使世界的舒适方便发生过或者可能发生丝毫的变化，不管是直接的还是间接的，有益的还是有害的。从实用的观点来判断，我的数学生涯的价值等于零；在数学圈之外，它不管怎样是没什么价值的。我只有一种选择才能免得被裁决为完全无价值，那就是可以认为我创造了某些值得创造的东西。我创造了某些东西这一点是无可否认的，问题是它们有多大的价值。

166 解答某个数学问题的欲望多半是出于好奇，而回报则是因解决了难题而获得的单纯而又巨大的满足感。数学家蒂奇马什（E. C. Titchmarsh）[1]有一次说过："弄清楚 π 是无理数这件事可能是根本没有实际用处的，但是如果我们能够弄清楚，那么肯定就不能容忍不去设法把它弄清楚。"

费马大定理足以引起我们的好奇心。哥德尔的不可判定性定理已经给这个问题是否可解带来了可疑因素，但是这还不足以吓退真正的费马迷。令人更为泄气的是这样的事实：到了 20 世纪 30 年代，数学家们已经将他们的方法

---

① 蒂奇马什（1899—1963），英国数学家。——译者

差不多都试过了,几乎没有别的方法可用了。需要的是新的工具——某种能提高数学家士气的东西。第二次世界大战恰好提供了所需要的这个东西——自从计算尺发明以来计算能力的又一次大飞跃。

野蛮的力迫法

当1940年G. H.哈代宣称最好的数学大部分是无用的时候,他很快就补充说这并不一定是坏事:"真正的数学对战争并无影响,迄今为止还没有任何人发现数论能为任何与战争有关的目的服务。"哈代的话立即被证明是错的。

在1944年,约翰·冯·诺伊曼与人合作写了一本《对策论和经济行为》(*The Theory of Game and Economic Behavior*),其中他创立了"对策论"①这个术语。对策论是冯·诺伊曼用数学来刻画对策的结构以及人们如何进行操作的一个尝试。他从研究弈棋和扑克游戏着手,然后继续尝试模仿诸如经济学之类的更复杂的对策。在第二次世界大战之后,兰德公司(RAND)认识到冯· 167
诺伊曼的思想的潜力,聘用他研究制定冷战策略。从那时起,数学对策论就成为将军们通过把战役看作复杂的棋局来检验他们的军事策略的基本工具。对策论在战役中的应用可以通过"三人决斗"做简单的说明。

三人决斗类似于二人决斗,只是参加者有3个而不是2个。一天早晨,黑先生、灰先生和白先生决定,通过用手枪进行三人决斗直到只剩下一个人活着为止来解决他们之间的冲突。黑先生枪法最差,平均3次中只有1次击中目标;灰先生稍好一些,平均3次中有2次击中目标;白先生枪法最好,每次都能击中目标。为了使决斗比较公平,他们让黑先生第一个开枪,然后是灰先生(如果他还活着),再接着是白先生(如果他还活着)。周而复始,直至他们中只有一个人活着。问题是:黑先生应该首先向什么目标开枪?你可能会根据直觉来猜,或者更为好一点根据对策论来猜。答案在附录9中讨论。

在战争期间比对策论有更大影响的是破译密码的数学。在第二次世界大

---

① 对策论亦称博弈论。——译者

战期间，盟军认识到只要能足够快地进行计算，那么在理论上数理逻辑可以用来破译德军的信息。挑战性的问题是要找到一种使数学自动化的方法，以便可以用机器进行计算。艾伦·图灵(Alan Turing)是对这次破译密码的努力贡献最大的英国人。

图灵完成了在普林斯顿大学的工作后于1938年回到剑桥。他目睹了哥德尔的不可判定性定理引起的混乱，并且参与了设法补救希尔伯特之梦的工
168 作。特别是，他想要知道是否有一种方法能决定哪些问题是可判定的或不可判定的，并试图发展解答这个问题的一种条理清楚的方法。当时的计算装置是原始的，并且在需要认真解决的数学问题面前显得特别无用。因此，图灵把他的想法建立在一种虚拟的能做无限次计算的机器的概念上。这种有无穷无尽的虚拟工作纸条可供使用并可永远计算下去的假想的机器，就是图灵为探索他的抽象的逻辑问题所需要的全部“工具”。图灵当时没有意识到他的虚拟的用“机械”解答问题的方法最终导致了在真实的机器上进行真实的计算的突破性成就。

尽管战争已经爆发，图灵作为国王学院的研究员继续他的研究工作，直到1940年9月4日他作为剑桥大学研究员的称心如意的生活才突然中断。他被征召到政府编码和密码学校工作，这个学校的任务是破译敌方的密码信息。早在战前，德国已经投入相当大的力量发展最高级的密码系统，这是过去一直能相当容易地破译敌方电文的英国情报部极为担心的事。英国文书局官方的战争历史书《第二次世界大战中的英国情报》(*British Intelligence in the Second World War*)记述了20世纪30年代时的状况：

> 到了1937年，已经可以确定，与日本和意大利的相应部门不一样，德国的陆军、海军，很可能还有空军，再加上其他的国家机构像铁路部门和党卫军，在所有的通信中(除了他们的战术性通信外)都使用了不同型号的同一密码系统——恩尼格玛密码机(Enigma机)。Enigma机在20世纪20年代曾投入市场销售，但德国经过不断改进已使它变得更为安全可靠。在1937年，政府编码和密码学校开始破

艾伦·图灵

> 170 译出改良较小和安全性较差型号的Enigma机，这种机器是德国、意大利和西班牙的民族主义力量正在使用的，但是除了这种型号外，Enigma机仍然没有被破译，而且似乎这种状况还会继续。

Enigma机由一个键盘和一个与它连接的保密装置组成。这个保密装置包括3个独立的变码旋转件。这些变码旋转件的定位决定了键盘上的每个字母将如何被译成密码。使得Enigma密码如此难以破解的原因是这种机器可以按为数极多的方式来设定。首先，机器中的3个变码旋转件可以从5个中挑选，而且可以改变和交换从而迷惑破译密码者。其次，每个变码旋转件的定位方式有26种。这意味着这种机器可以按百万种以上的方式设定。除了变码旋转件提供的各种置换外，机器背后的控制板接头也可用手工改换。这样就产生1.5亿兆种可能的设定方式。为了更进一步增加保密性，这3个变码旋转件连续不断地改变它们的方向，结果每当传出一个字母后，机器的设定方式，以及因之出现的编密码的方式，对下一个字母来说就做了改变。所以"DODO"就会编译成电文"FGTB"——"D"和"O"被传送出两次，但每一次的密码是不同的。

Enigma机被分配给德国陆军、海军和空军使用，甚至还用于铁路和其他政府部门。和这期间使用的所有的编密码系统一样，Enigma机的一个弱点是接收者必须知道发送者的Enigma的设定方式。为了保持秘密，Enigma的设定方式必须每天改动。发送者规则地改变设定方式并使接收者知道的一种方法
171 是，将每天的设定方式印制成一本保密的电码本。这种方法的危险性在于英国人可能会捕获一艘德国潜艇，从而获得载有供下个月中每天使用的全部设定方式的电码本。另一种替代的方法，也是大多数战争中采用的方法是将每天的设定方式在实际电文的开场白中传送，不过要按前一天的设定方式编成密码。

当战争爆发时，英国的密码学校是以古典文学研究者和语言学家为主体的。不久外交部就意识到数论家更有可能找到拆解德国密码的关键，作为开始，9位英国最杰出的数论家被召集到密码学校位于布勒切莱公园的新房子

里,这是在白金汉郡的布勒切莱的一座维多利亚式大楼。图灵不得不放弃他假想的具有无穷多的工作纸条并能计算无穷多次的机器,而做出让步来从事一项资料有限且时间紧迫的实际工作。

密码学是编码者与解码者之间的一场智斗。编码者的任务是,将要输出的电文搅乱并快速拼凑起来达到如果它被敌方截获也无法破译的程度。然而,由于要迅速和有效地发送出电文,对于可能的数学处理在次数上有所限制。德国的 Enigma 编码的威力在于它以非常高的速度使编码电文经历几个层级的加密。解码者的任务是,截取电文并在电文的内容尚未过时的期间解开密码。一份命令击沉一艘英国船只的德方电文必须在该船被击沉之前破译。

图灵领导了一个数学家小组,试图建造 Enigma 机的反转机。图灵将他在战前的抽象思想融合进这些装置中,这样就在理论上可以做到有法可依地测试出所有可能的 Enigma 机的设定方式直至将密码破译为止。这台英国机器 172
有 2 米高和 2 米宽,使用电动机械的继电器来测试可能的 Enigma 设定方式。这些继电器不断发出的嘀嗒声使它们得了个“炸弹”的绰号。尽管它们速度很快,但这些炸弹是不可能在一个适当的时限内将 1.5 亿兆个可能的 Enigma 设定方式中的每一个都测试完的,所以图灵小组必须利用从发送来的电文中他们能够收集到的任何信息来找出一种方法使置换的次数大大地减少。

英国人取得的最重大的突破之一是认识到 Enigma 机永远不可能将一个字母编为它自身的密码,也就是说,如果发送者击打键“R”,那么根据机器的设定方式机器完全可能送出任何别的字母,但是绝不会是字母“R”。这个表面上无足轻重的事实正是为了大量地减少破译电文所花的时间所需要的一切。德国人通过限制他们发送的电文的长度来做对抗。所有的电文都不可避免地含有解码小组所需的线索,电文越长,包含的线索越多。通过把所有的电文限制在 250 个字母以内的办法,德国人希望对 Enigma 机不能将一个字母编为它自身的密码做一些补偿。

为了拆解密码,图灵常常试图猜测电文中的关键词。如果他猜对了,那么就会大大加快拆解其余部分的密码。例如,如果解码者怀疑电文中会有气象报告（这是常见的一类加密报告），他们就会猜测电文中有像“雾”或“风速”之类的词。如果他们是对的，他们就能很快地破译电文，并且由此推断出那天 Enigma 的设定方式。那天的其余时间里，其他更有价值的电文就能容易地破译。

173 当他们没能猜出气象用词时，英国人就会把自己置于德国 Enigma 机操作员的位置来猜别的关键词。粗心的操作员可能会使用名字来称呼接受者，或者操作员已经形成一种为解码者熟知的癖性。当所有别的办法都失败时，或者未检测到德方来往的电报时，据说英国密码学校甚至会请求皇家空军在某个选定的德国港湾布雷。于是，德国港湾的首领马上会发送一份密码电文，而英国方面就会截获这份电文。解码小组可以确信这份电文中含有像“布雷”“躲避”和“地图参照物”之类的词。在破译这份电文后，图灵就会知道那天的 Enigma 设定方式，而以后的任何德方电报通信就很容易被快速破译。

1942 年 2 月 1 日，德国对 Enigma 机的旋转件增加了第 4 个轮子，用来发送特别敏感的信息。这是第二次世界大战期间在编密码方面最大的一次升级，而最终图灵小组通过提高“炸弹”的效能给予了反击。由于密码学校的努力，盟军对敌方的了解要比德国人曾经怀疑的更多。在大西洋德国潜艇的威慑力被大大削弱了，英国人还提前发出了纳粹空军将进攻的警报。解码小组也截获并破译了德国供应船只的确切位置，使得英国可以派出驱逐舰去击沉它们。

整个这段时期，盟军还必须当心他们的规避行动和神出鬼没的攻击不至于泄露他们破译德方电报通信的能力。如果德国人怀疑 Enigma 已经被破译的话，那么他们就会提高编制密码的水平，而英国人可能又得重新回到起点。因此有时候当密码学校将敌方迫在眉睫的攻击通知盟军时，盟军选择了不采
174 取激烈的反措施。甚至有一种谣传说，丘吉尔知道考文垂①是一次毁灭性空袭的目标，但他选择了不采取特别的预防措施，以免德国人怀疑。和图灵一起工作的斯图尔特·米尔纳-巴里（Stuart Milner-Barry）否定了这个谣言，他说关

① 英国城市。——译者

于考文垂的有关信息直到空袭发生时还没能破译。

有节制地利用破译的情报取得了完美的效果。甚至当英国人利用截获的电报使敌人遭受重大损失时，德国人也没有怀疑 Enigma 已被破译。他们相信他们编制密码的水平非常之高，绝对不可能被破译。相反，他们把意外的损失归咎于渗透到他们自己队伍中的英国秘密特务。

由于图灵和他的小组在布勒切莱的工作是完全保密的，他们对战争的胜利所做的巨大贡献从未被公开承认过，即使在战后许多年也是如此。通常认为第一次世界大战是化学家的战争，而第二次世界大战则是物理学家的战争。事实上，从最近几十年披露的信息来看，或许说第二次世界大战是数学家的战争才对——而在第三次世界大战中他们的贡献可能会更加重要。

在从事密码破译工作的期间，图灵从未忘却过他的数学目标。假想的机器已经被真实的机器所替代，但是深奥的问题仍然存在。到“二战”期间，图灵帮助建造了巨人计算机（Colossus）——一台由 1 500 个电子管组成的完全电子化的机器，电子管比原先使用的电动机械的继电器要快得多。Colossus 是现代意义上的电子计算机，由于它的快速和复杂精确，图灵开始将它看成原始的人
脑——它有记忆，能处理信息，而且计算机中的活动状态类似于人脑的状态。 175
图灵已经将他的虚拟的机器转变成第一台真实的计算机。

战争结束后，图灵继续建造越来越复杂的机器，例如自动计算机器（Automatic Computing Engine，简称 ACE）。1948 年他到曼彻斯特大学工作，建造了世界上第一台有电子存储程序的计算机。图灵为英国提供了世界上最先进的计算机，但是他未能活着看到它们进行的最出色的计算。

在战后的年月中，图灵处于英国情报部门的监视之下，他们知道他是一个同性恋者。他们担心这个对英国的密码懂得比任何人都更多的人容易受到敲诈胁迫，决定监视他的任何行动。图灵已经在很大程度上忍受住了被经常盯梢尾随的痛苦，但是在 1952 年他还是因违反英国的同性恋法规而被逮捕。这种羞辱使图灵无法活着忍受下去。图灵传记的作者安德鲁·霍奇斯（Andrew Hodges）描述了导致他死亡的事件经过：

> 艾伦·图灵的去世使认识他的所有人都感到震惊……他是一个不快乐的和紧张的人,他正在一位精神病医生处就诊,并遭受到一次可能也会落到许多人头上的打击——所有这一切是明白无疑的。而过去的两年对他是一个考验,荷尔蒙治疗在一年前结束,他似乎已完全不再需要它了。
>
> 1954 年 6 月 10 日的验尸表明他是自杀的。他被发现整洁地躺
> 在他的床上。在他的嘴边有些泡沫,进行验尸的病理学家立即认定
> 死亡原因为氰化物中毒……在房间里有一瓶氰化钾,还有一罐氰化
> 176 物溶液。在他的床边有半只苹果,已经咬了几口。他们没有化验苹
> 果,所以不能真正地断定这只苹果(看上去似乎非常明显)曾经在氰
> 化物中浸过。

图灵给人们留下了一台机器,它能够进行长得人无法实行的计算,而且完成这种计算只需花几个小时。今天的计算机在几分之一秒中就可以完成比费马毕生做过的还要多的计算。那些仍然为费马大定理而奋斗的数学家们开始用计算机来进攻这个问题,他们改用计算机来进行库默尔在 19 世纪做过的计算。

库默尔发现了柯西和拉梅的工作中的缺陷,并由此揭示在证明费马大定理时最要紧的问题是处理当 n 为非正则质数的情形——对不大于 100 的 n,仅有的非正则质数是 37,59 和 67。同时,库默尔也证明了:从理论上说,所有的非正则质数可以按照逐个解决的方式来处理。唯一的问题是每一次处理都需要做数量巨大的计算。为使人相信他的观点,库默尔和他的同事迪米特里·米里曼诺夫(Dimitri Mirimanoff)花了几个星期的工夫完成了为排除不大于 100 的这 3 个非正则质数所需要的计算。然而,他们以及其他的数学家们不再有精力去着手对后面的介于 100 和 1 000 之间的一批非正则质数做同样的事。

几十年以后,做大量的计算已不再成为问题。随着计算机的出现,费马大定理的许多棘手的问题很快就被解决。在第二次世界大战后,一组组的计算机科学家和数学家对于 500 以内,然后是 1 000 以内,再是 10 000 以内的 n 的

值证明了费马大定理。在20世纪80年代,伊利诺伊大学的萨缪尔·S. 瓦格斯塔夫(Samuel S. Wagstaff)将范围提高到25 000,而最近数学家们已可以断定费马大定理对直到400万为止的 n 的一切值都是对的。

虽然圈外人以为现代技术终于要战胜费马大定理了,可是数学界知道他 177
们的成功仅仅是表面的,即使超级计算机花几十年工夫对 n 的值一个接一个地加以证明,他们也永不能证明完直到无穷的每一个 n 的值,因而他们永远不能宣称证明了整个定理。即使这个定理对直到 $n=10$ 亿也被证明是对的,仍没有理由说它应该对10亿零1也是对的;如果这个定理对直到1兆的 n 被证明是对的,也绝无理由说它应该对1兆零1也是对的;依此类推永无尽头。单靠计算机的蛮力嘎吱嘎吱地碾过一个一个的数是不可能到达无穷的。

戴维·洛奇(David Lodge)在他的著作《常看电影的人们》(*The Picturegoers*)中对相当于这个概念的永恒做了形象生动的描述:"你想想一个有地球那么大的钢球,每隔100万年才偶然有一只苍蝇飞落在它上面,当这个钢球因苍蝇飞落时的摩擦而损耗殆尽时,永恒甚至根本还没有开始。"

计算机能提供的一切只是有利于费马大定理的证据。对于浅薄的观察者来说,证据似乎就是压倒一切的因素,但是再多的证据也不足以使数学家满意,他们是一群除了绝对证明之外其他什么都不接受的怀疑论者。基于从一些数得出的证据就来推断这个结论对于无穷多个数都成立是一种冒险的(也是不可接受的)赌博。

下面的一组特别的质数可以说明这种推断法是难以倚靠的支柱。在17世纪,数学家们经仔细的探究证明了下面的这些数都是质数:

31,331,3 331,33 331,333 331,3 333 331,33 333 331。

这个序列以后的数变得非常大,因而得花很大的工夫才能核对它们是否是质 178
数。当时有些数学家对据此形式做出推断发生了兴趣,认为所有这种形式的数都是质数。然而,这种形式的下一个数333 333 331结果却不是质数:

$$333\,333\,331 = 17 \times 19\,607\,843。$$

另一个说明为什么数学家不为计算机所提供的证据动摇的好例子是欧拉猜想。欧拉声称下面的与费马方程不同的方程

$$x^4 + y^4 + z^4 = w^4$$

不存在解。200 多年来没有人能证明欧拉猜想,但另一方面也没有人能举出反例来否认它。开始是用人工研究,后来用计算机细查,但都未能找到解。没有反例是这个猜想成立的有力证据。然而在 1988 年,哈佛大学的诺姆·埃尔基斯(Naom Elkies)发现了下面的解:

$$2\,682\,440^4 + 15\,365\,639^4 + 18\,796\,760^4 = 20\,615\,673^4。$$

尽管有各种证据,欧拉猜想最终还是不对的。事实上,埃尔基斯证明了这个方程有无穷多个解。这里的教训是,你绝不能使用从开首 100 万个数得出的证据来证明一个涉及一切数的猜想。

但是欧拉猜想捉弄人的程度远不能与高估质数猜想相比。随着搜索的数字范围越来越大,可以清楚地看出,越来越难以找到质数。例如,在 0 和 100 之间有 25 个质数,而在 10 000 000 和 10 000 100 之间只有 2 个质数。1791 年,
179 当时刚好 14 岁的卡尔·高斯就预言了质数在数中的频率衰减的近似方式。这个公式相当准确,但总似乎稍稍高于真正的质数分布情形。对不大于 100 万、10 亿或 1 万亿的质数进行测试也总会显示出高斯的公式有点过于慷慨。这强烈地诱使数学家们相信这种情形对直到无穷的一切数都是对的,从而诞生了高估质数猜想。

然而,在 1914 年,G. H. 哈代在剑桥的合作者李特伍德(J. E. Littlewood)证明了在充分大的数字范围时高斯的公式将会低估质数的个数。在 1955 年,斯奎斯(S. Skewes)显示这种低估在到达数字

$$10^{10^{10\,000\,000\,000\,000\,000\,000\,000\,000\,000\,000\,000}}$$

之前就会发生。这是一个难以想象的数,也是无任何实际应用的数。哈代把斯奎斯的数称为“数学中迄今为止为确定的目的服务过的最大的数”。他计算过,如果一个人以宇宙中的全部粒子(10^{87})作棋子来弈棋,这里走一步棋指交换任何两个粒子,那么可能的局数就大致等于斯奎斯的那个数。

没有理由说费马大定理不会像欧拉猜想或高估质数猜想一样最终证明是靠不住的。

研 究 生

1975 年安德鲁·怀尔斯开始了他在剑桥大学的研究生生活。在以后的 3
年时间里,他致力于他的博士学位论文,以这种方式接受数学训练。每个研究 180
生由一位导师指导和培养,怀尔斯的导师是澳大利亚人约翰·科茨(John Coates),他是伊曼纽尔学院的教授,来自澳大利亚新南威尔士州的波森布拉什。

科茨还记得他是怎样接纳怀尔斯的:“我记得一位同事告诉我,他有一个非常好的、刚完成数学学士荣誉学位第三部分考试的学生,他催促我收其为学生。我非常荣幸有安德鲁这样一个学生。即使从对研究生的要求来看,他也有很深刻的思想,非常清楚他将是一个做大事情的数学家。当然,任何研究生在那个阶段直接开始研究费马大定理是不可能的,即使对资历很深的数学家来说,它也是太困难了。”

在过去的 10 年中,怀尔斯所做的每一件事都是为他迎接费马的挑战而准备的,但是现在他已经加入了职业数学家的行列,他必须更讲求实际一点。他回忆他是怎样暂时放弃他的梦想的:“当我来到剑桥时,我真正地把费马问题搁在一边了。这不是因为我忘了它——它总在我心头——而是我认识到我们所掌握的用来攻克它的全部技术已经反复用了 130 年,这些技术似乎没有真正地触及问题的根本所在。研究费马问题的风险是,你也许会虚度岁月而一无所成。只要研究某个问题时能在研究过程中产生出使人感兴趣的数学,那么研究它就是值得的——即使你最终也没有解决它。判断一个数学问题是否是好的,其标准就是看它能否产生新的数学,而不是问题本身。”

约翰·科茨的责任是为安德鲁找到新的钟情的东西,某种至少能使他在
183 今后 3 年里有兴趣去研究一番的东西:“我认为研究生导师能为学生做的一切就是设法把他推向一个富有成果的研究方向。当然,不能保证它一定是一个富有成果的研究方向,但是也许年长的数学家在这过程中能做的一件事是使用他的实用的常识,他的对何为好的领域的直觉,然后,学生能在这个方向上有多大成绩就确实是他自己的事了。”最后,科茨决定怀尔斯应该研究数学中被称为椭圆曲线的领域。后来证明这个决定是怀尔斯职业生涯的一个转折点,为他提供了他攻克费马大定理的新方法所需要的工具。

“椭圆曲线”这个名称有点使人误解,因为在正常意义上它们既不是椭圆又不弯曲,它们只是如下形式的任何方程:

$$y^2 = x^3 + ax^2 + bx + c\text{,这里 } a, b, c \text{ 是任何整数。}$$

它们之所以有这个名称,是因为在过去它们被用来度量椭圆的周长和行星轨道的长度。为了清晰起见,我将把它们称为“椭圆方程”而不是椭圆曲线。

研究椭圆方程的任务(像研究费马大定理一样)是指出它们是否有整数解,并且如果有解,要算出有多少个解。例如,椭圆方程

$$y^2 = x^3 - 2\text{,这里 } a = 0, b = 0, c = -2,$$

只有一组整数解,即

$$5^2 = 3^3 - 2\text{,即 } 25 = 27 - 2\text{。}$$

证明这个椭圆方程只有一组整数解是非常困难的事情,事实上正是皮埃尔·
184 德·费马发现了这个证明。你可能记得在第二章中正是费马证明 26 是宇宙

安德鲁·怀尔斯在大学期间

约翰·科茨 20 世纪 70 年代是怀尔斯的导师，两人一直保持联系

中仅有的夹在一个平方数和一个立方数之间的数。这等价于证明上面的椭圆方程只有一个解，即 5^2 和 3^3 是仅有的相差 2 的平方数和立方数，因而 26 是仅有的夹在一个平方数和一个立方数之间的数。

椭圆方程之所以特别吸引人，原因在于它们占有一个很有意思的地位——介于别的较简单的几乎是平常的方程与另一些复杂得多甚至是不可能解出的方程之间。通过简单地改变一般椭圆方程中 a，b 和 c 的值，数学家可以产生无穷多种的方程，每一种都有自己的特性，但它们都恰好是可解的。

椭圆方程最初是古希腊数学家研究的，包括丢番图，他把他的《算术》一书的大部分篇章用于揭示椭圆方程的性质。或许是受到丢番图的鼓舞，费马也接过来研究椭圆方程。而因为它们曾经被他心目中的英雄研究过，怀尔斯很乐意进一步探究它们。即使已经过了两千年，对怀尔斯这样的学生来说，椭圆方程依然有着许多艰难的问题要研究："要完全理解它们还差得很远。对那些仍然未解出的椭圆方程，我仍能够提出许多表面上看来简单的问题。甚至费马本人考虑过的一些问题，至今也未解决。所有我完成的数学工作，在某些方面都可以追溯到费马，并不只是费马大定理。"

在怀尔斯做研究生时研究的方程中，决定解的确切个数是非常困难的，因而取得进展的唯一办法是将问题简化。例如，下面的椭圆方程几乎是不可能直接去解决的：

$$x^3 - x^2 = y^2 + y。$$ 185

挑战是断定这个方程有多少个整数解。一个相当平凡的解是 $x = 0$ 和 $y = 0$：

$$0^3 - 0^2 = 0^2 + 0。$$

一个稍微有点意思的解是 $x = 1$ 和 $y = 0$：

$$1^3 - 1^2 = 0^2 + 0。$$

可能还有别的解，但是有无穷多个整数要去研究，在这种情形下要列出这个特定的方程的全体解是一项不可能完成的任务。比较简单的任务是在一个有限多个数的范围（所谓的时钟算术）中寻找解。

以前，我们看到数可以被想象成一条伸展至无穷的数直线上的点，如图 16 所示。为了使数的范围有限，时钟算术采用了截断这条数直线并将它绕回去的方法构成一条环路，形成一个与数直线不同的数环。图 17 展示的是一个 5 格的时钟，其中数直线已经在 5 处被截断并绕回到 0 处成一环路。数 5 消失了，它变成等价于 0，因而在 5 格时钟算术中仅有的数是 0，1，2，3，4。

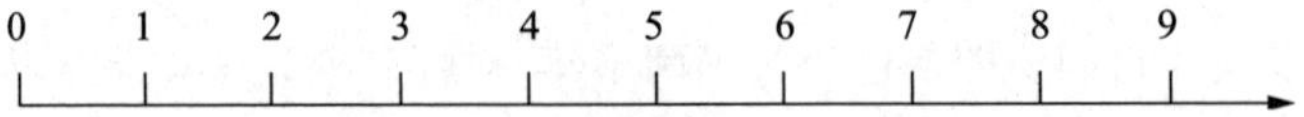

图 16　传统的算术可被设想为在数直线上的左右移动

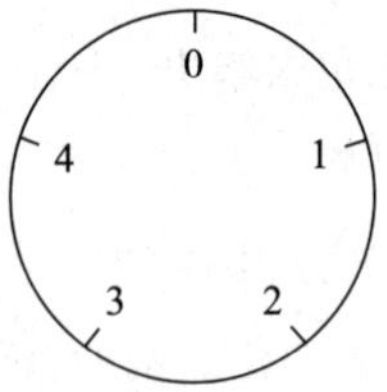

图 17　在 5 格时钟算术中，数直线在 5 处被截断并绕回自身形成环路。数 5 与 0 重合，因而被 0 替代

在正规的算术中，我们可以把加法设想成为沿数直线移动某个数目的间隔。例如，4 + 2 = 6 与下列说法是一样的：从 4 开始，沿数直线移动 2 格，最后到达 6。

然而，在 5 格时钟算术中：

$$4+2=1。$$

这是因为如果我们从 4 开始绕过 2 格，那么我们返回到 1。我们对时钟算术可
186 能不太熟悉，但是事实上，如同它的名称提示的那样，它是人们谈论时间时每天都会用到的。11 时过后的 4 个小时（也就是说 11 + 4）一般不叫作 15 时，而

是 3 时。这就是 12 格时钟算术。

与加法一样,我们可以做所有其他的普通数学运算,比如乘法。在 12 格时钟算术中,$5 \times 7 = 11$。可以如下理解这个乘法:如果你从 0 开始,然后绕过 5 个 7 格,你最后到达 11。这是在时钟算术中思考乘法的一种方式,还有一条加快计算的捷径。例如,为在 12 格时钟算术中计算 5×7,我们可以从算出它的正常结果即 35 开始,然后用 12 去除 35,得出余数,这个余数就是原有问题的答案。35 中包含两个 12 和一个余数 11,因而足以肯定在 12 格时钟算术中 5×7 等于 11。这等价于想象绕时钟转 2 圈而仍有 11 格要通过。

因为时钟算术涉及有限多个格子,对给定的时钟算术算出椭圆方程的所有可能的解就相对容易完成。例如,在 5 格时钟算术中可以列出椭圆方程

$$x^3 - x^2 = y^2 + y$$

的所有可能的解。这些解是: 187

$$x = 0, y = 0,$$
$$x = 0, y = 4,$$
$$x = 1, y = 0,$$
$$x = 1, y = 4。$$

虽然其中某些解在正规算术中是不正确的,但是在 5 格时钟算术中却是可以接受的。例如,第四个解($x = 1, y = 4$)作用如下:

$$x^3 - x^2 = y^2 + y$$
$$1^3 - 1^2 = 4^2 + 4$$
$$1 - 1 = 16 + 4$$
$$0 = 20。$$

但是请记住，在5格时钟算术中20等价于0，因为5除20的余数是0。

由于在无限个数的范围内无法列出一个椭圆方程的所有解，数学家们（包
188 括怀尔斯）就改为在各种不同的时钟算术中求出解的个数。对于上面给定的方程，在5格时钟算术中解的个数是4，因而数学家们就说 $E_5=4$。在别的时钟算术中解的个数也可以算出。例如，在7格时钟算术中解的个数是9，即 $E_7=9$。

为概括这些结果，数学家们把每个时钟算术中解的个数列成一张表，称这张表为这个椭圆方程的 L-序列。这里 L 代表什么已经早被遗忘了，尽管有人说过它是 Gustav Lejeune-Dirichlet（古斯塔夫·勒瑞纳-狄利克雷）中的字母 L，因为勒瑞纳-狄利克雷研究过椭圆方程。为清晰起见，我将使用术语 E-序列——从椭圆方程导出的序列。对前面给出的方程，它的 E-序列如下：

椭圆方程：$x^3-x^2=y^2+y$，

E-序列：$E_1=1$，

$E_2=4$，

$E_3=4$，

$E_4=8$，

$E_5=4$，

$E_6=16$，

$E_7=9$，

$E_8=16$，

⋮

由于数学家们无法说出某个椭圆方程在普通的延伸至无穷的数的范围内有多少个解，所以 E-序列似乎是次一等中最好的东西了。事实上 E-序列浓缩着
189 关于它描述的那个椭圆方程的许多信息。如同生物中的脱氧核糖核酸（DNA）携带着构造生命组织所需的全部信息一样，E-序列携带着椭圆方程的本质要素。数学家们希望通过研究 E-序列这个数学的DNA，最终能够算出他们曾想

要知道的有关椭圆方程的一切。

和约翰·科茨一起工作，怀尔斯很快就作为对椭圆方程及其 E-序列具有深刻了解的数论家而出名。当取得一个个新的成果和发表一篇篇论文时，怀尔斯并没有意识到他正在积累着经验，这种经验许多年后将把他引向证明费马大定理的成功之路。

虽然在当时还没有人觉察，战后日本的数学家们已经做出了一连串的成果，这些成果使椭圆方程与费马大定理结下了不解之缘。由于鼓励怀尔斯研究椭圆方程，科茨已经将后来使怀尔斯得以实现他的梦想的工具交给了他。

谷山丰

第五章　反证法

数学家的模式，像画家或诗人的一样，必须是美的；各种思想，像色彩或辞藻一样，必须以和谐的方式组合在一起。美是首要的标准，丑陋的数学不可能永世长存。

——G. H. 哈代

1954 年 1 月，东京大学的一位极具才智的年轻数学家像往常一样走进系 191
图书馆，志村五郎是为了找一本《数学年刊》(*Mathematische Annalen*)第 124 卷而来的。他特地要找多伊林(Deuring)的关于复数乘法的代数理论的一篇论文，他需要这篇论文帮助他处理一个特别复杂和难以对付的计算。

使他惊愕和失望的是，这一卷已经被人借走了。借书者是谷山丰，志村的一个不太熟悉的校友，住在校园的另一头。志村写信给谷山解释说他迫切地需要这本杂志以完成那个难处理的计算，并客气地问他什么时候可以归还这本杂志。

几天以后，一张明信片出现在志村的桌子上。谷山回信说他正在进行同
一个计算，并且在逻辑上也在同一处卡住了。他建议他们互相交流一下想法， 193
或许还可以在这个问题上合作。一本图书馆的书带来的这个机会引发了他们的合作关系，这个合作将会改变数学历史发展的进程。

谷山于 1927 年 11 月 12 日生于离东京北面几里地的一个小镇上。他的名字的日本字原本读音为“Toyo”，但是他的家族以外的大多数人都把它误读成

志村五郎

"Yutaka"，当谷山长大后也就接受并采用了这个名字。孩童时，谷山的教育经常被中断。他好几次受到疾病的折磨。在十多岁时他患了结核病，不得不在高中期间休学两年。战争的爆发更严重地搅乱了他的学校生活。

志村比谷山大一岁，在战争期间他的教育完全中断。他的学校被关闭，非但不能去上学，还必须在一个工厂里装配飞机部件为战争效劳。每天晚上，他都要设法补上失去的读书时间，他发觉自己被数学深深吸引住了。他说："当然，有许多学科要学，但数学是最方便的，因为我只要看看数学课本就可以学习了。我靠读书学会了微积分。如果我想去钻研化学或者物理的话，那就还需要科学仪器，这些东西我根本没有办法搞到。我从不认为自己是有天分的，我只是对数学特别好奇。"

战争结束后几年，志村和谷山都进了大学。到他们为那本图书馆的书交换明信片的时候，东京的生活已恢复正常，这两个年轻的学者也有能力略为奢侈地享受一两次。他们在酒吧里消磨下午的时光，傍晚在一家以鲸肉为特色
的小饭馆里吃饭，周末他们会在植物园或城市公园里散步。这一切都成了他 194
们讨论最新数学思想的理想所在。

虽然志村天性有点古怪——甚至到现在他还保持着对禅宗偈语的钟爱——他比他那位学问上的伙伴远为保守和传统。志村每天黎明时分就起身并立即投入工作，而这个时候他的同事在彻夜工作之后往往还没入睡。到他房间来的客人常常会发现谷山中午还在呼呼大睡。

志村有点过分讲究，而谷山则是随便到了有点懒惰的程度。出人意料的是这竟成了志村羡慕的一种品质："他天生就有一种犯许多错误，尤其是朝正确的方向犯错误的特殊本领。我对此真有点妒忌，徒劳地想模仿他，结果发现要犯好的错误也是十分不容易的。"

谷山是那种心不在焉的天才人物的缩影，这在他的外表上就有所反映。他无法系好鞋带结，于是他决定与其每天要十余次系鞋带还不如干脆不要系它们。他会老是穿着同一套绿得怪异并带有刺眼的金属光泽的衣服，这套衣服的面料很令人厌憎，他家里的其他人都反对他穿。

当他们在 1954 年相遇时，谷山和志村都刚开始从事数学事业。当时的习

惯做法(现在仍然是这样)是把年轻的研究人员置于一位教授的领导之下,这位教授负责对初出茅庐的年轻人予以指导,但是谷山和志村拒绝这种带徒弟的方式。在战争期间,真正的研究工作处于停顿状态,甚至到20世纪50年代时数学还尚未恢复。按照志村的说法,教授们已经“精疲力竭,不再具有理
195 想”。比较起来,经过战争磨炼的学生对学习显得更为着迷和迫切,他们很快就意识到对他们来说进步的唯一方法是自己教自己。学生们组织起定期的研讨班,参加研讨班使他们能彼此了解、交流最新的技术和突破。尽管谷山在其他方面常常显得没精打采,但他一参加研讨班就成了巨大的推动力。他会激励高年级学生探索未知的领域,而对更年轻的学生他又充当起父辈的角色。

由于他们与外界隔离,研讨班有时会讨论一些在欧洲和美国一般被认为已经“过时”的内容。用学生们的朴实的话来说就是他们在研究西方世界已经抛弃了的方程。其中一个特别陈旧但志村和谷山却非常着迷的论题是模形式(modular forms)的研究。

模形式是数学中最古怪和神奇的一部分。它们是数学中最深奥的内容之一,但是20世纪的数论家艾希勒(Eichler)把它们列为五种基本运算之一:加法、减法、乘法、除法和模形式。大多数数学家会认为自己是前四种运算的大师,但对第五种运算他们仍觉得有点难以把握。

模形式的关键特点是,它们具有非同寻常的对称性。虽然大多数人对日常意义上的对称性的概念是熟悉的,但它在数学中则有特殊的意义:如果某个对象可以按特定方式做变换且经变换后它看上去没有改变,那么这个对象就具有对称性。为了理解模形式具有的丰富的对称性,首先探讨一下较为普通的对象(例如简单的正方形)的对称性可能会有所帮助。

196 在正方形的情况中,一种形式的对称性是旋转对称。这就是说,想象在 x 轴和 y 轴的交点处有一根枢轴,于是图18中的正方形可以旋转四分之一圈,并且旋转后它看上去没有改变。类似地,旋转半圈、四分之三圈和一圈都保持正方形外表没有改变。

除了旋转对称性外,正方形还具有反射对称性。如果我们想象沿 x 轴放置一面镜子,于是正方形的上半部将恰好反射到下半部上,反过来也是如此,

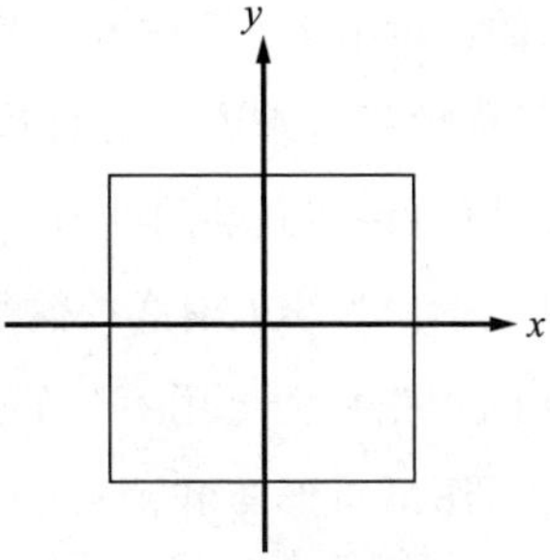

图 18　简单的正方形表现出既有旋转对称性又有反射对称性

所以经过这个变换后正方形看上去保持不变。类似地，我们可以（沿 y 轴和沿两条对角线）放上另外的 3 面镜子，经它们反射后的正方形看上去与原来的完全相同。

简单的正方形是相当对称的，既具有旋转对称性又具有反射对称性，但是它不具有任何平移对称性。这指的是，如果按任何一个方向移动正方形，观察者就会立即测出这个移动，因为它的相对于坐标轴的位置已经改变。然而，如 197
果整个平面用正方形铺设起来，如图 19 所示，那么这个正方形组成的无限集合将具有平移对称性。如果这个铺设好的无限平面上下移动一个或一个以上

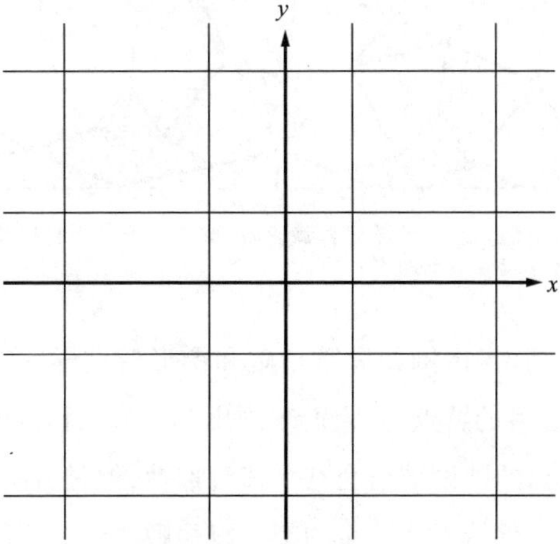

图 19　一张用正方形铺设起来的无限的平面表现出旋转和反射对称性，此外还有平移对称性

的铺设砖位置,那么移动后的铺设结构看上去和原来的一个是一模一样的。

铺设好的平面具有的对称性相对来说是可直接想得到的,但是许多看来
198 似乎是简单的概念之中却隐藏着许多微妙的性质。例如,在 20 世纪 70 年代,
英国物理学家(也是有时把数学作为娱乐消遣的数学家)罗杰·彭罗斯(Roger Penrose)开始有兴趣尝试在同一张平面上用不同的铺设砖来铺设。最后他确定了两种特别有趣的形状,叫作风筝形砖和镖形砖,如图 20 中所示。单用这两种中的一种形状无法铺设好一张平面使得它既不留下空隙也没有重叠的地方,但是可以把它们合起来使用,做出很多种类的铺设式样。风筝形砖和镖形砖可以有无限多种方式组合在一起,并且尽管每一种式样表面上是类似的,但在细微处它们却是不相同的。图 20 展示了风筝形砖和镖形砖组成的一种式样。

图 20　使用两种不同的铺设砖,风筝形砖和镖形砖,罗杰·彭罗斯可以覆盖一张平面。然而,彭罗斯的铺设结构不具有平移对称性

彭罗斯的铺设结构(由例如风筝形砖和镖形砖这样的铺设材料铺成的式
样)的另一个引人注目的特点是,它们表现出非常有限程度的对称性。初看之
199 下,似乎图 20 中展出的铺设结构会有平移对称性,但是,任何将这个式样移动
一下并使得它实际上保持不变的企图都将以失败告终。彭罗斯的铺设结构其实是非对称的,但容易使人上当。这正是它们使数学家着迷并且已经成为一个全新的数学领域的起点的原因。

使人奇怪的是彭罗斯的铺设结构在材料科学中也产生了反响。结晶学家总是认为结晶体必须是按照正方形铺设结构所依据的原则来构成的，即具有高度的对称性。理论上，构成结晶体要依靠高度规则和重复的结构。然而，在1984年科学家发现了一种按照彭罗斯原理构成的由铝和锰组成的金属结晶体，其中铝和锰镶嵌的式样与风筝形和镖形相像，形成一个几乎是规则的，却不完全是规则的结晶体。一家法国公司最近研制了一种彭罗斯结晶体用于长柄平底锅的涂层。

彭罗斯的铺设结构使人着迷的是它们有限的对称性，而模形式使人感兴趣的性质则是它们呈现出无限的对称性。志村和谷山研究的模形式可以按无限多种方式做平移、交换、反射和旋转而仍然保持不变，这使它们成为最对称的数学对象。当博学多才的法国人亨利·庞加莱(Henri Poincaré)在19世纪研究模形式时，他曾利用它们丰富的对称性克服了重大的困难。在完成一种特殊类型的模形式后，他向他的同事们描述说，他在两个星期中天天都非常警觉，试图找出他演算中的错误。在第15天他终于认识到并承认模形式确实是极端对称的。

不幸的是，要画出甚至想象出一个模形式都是不可能的。在正方形铺设 200
结构的情况中，我们碰到的是二维的对象，它的范围是由 x 轴和 y 轴决定的。
模形式也是用两根轴来决定的，但这两根轴都是复合的，即每根轴有一个实的 201
部分和一个虚的部分，因而实际上变成两根轴。于是，第一根复轴必须用两根轴，即 x_r 轴(实的)和 x_i 轴(虚的)来表示；而第二根复轴用两根轴，即 y_r 轴(实的)和 y_i 轴(虚的)来表示。更精确地说，模形式处于这个复空间的上半平面中，但是最需要懂得的是，这是一个四维空间 (x_r, x_i, y_r, y_i)。

这个四维空间被称为“双曲空间”。对于局限于生活在传统的三维世界中的人来说，要理解双曲空间是相当微妙的，但是四维空间在数学上是一个有效的概念，正是这多出来的一维使得模形式具有如此众多的极好的对称性。画家莫里兹·埃歇(Mauritz Escher)为这些数学概念所吸引，尝试在他的一些蚀刻画和油画中表达双曲空间的概念。图21展示了埃歇的《圆极限Ⅳ》(*Circle Limit Ⅳ*)，它把双曲空间嵌入到二维的图中。在真实的双曲空间中，这些蝙蝠和天使应该都是同样大小的，不断出现的重复则是表明高度的对称性。虽然某些对称性在二维的图上也能看出，但当趋近于图的边缘时，这种对称性越来越发生扭曲。

图 21　莫里兹·埃歇的画《圆极限Ⅳ》表达了模形式的某些对称性

双曲空间中的模形式在外形和规模上是各种各样的，但是每一个都是由相同的一些基本要素构造出来的，各个模形式之间的差别在于它包含各种要素的量不同。模形式的要素可以从 1 开始编号到无穷（$M_1, M_2, M_3, M_4, \cdots$），因此一个特定的模形式可能包含 1 个 1 号要素（$M_1 = 1$），3 个 2 号要素（$M_2 = 3$），2 个 3 号要素（$M_3 = 2$），等等。这些刻画了模形式是如何构造的信息
202 可以概括成所谓的模序列，或称 M -序列，即要素及每一要素所需的数量组成的表：

$$
\begin{aligned}
M\text{-序列}: M_1 &= 1,\\
M_2 &= 3,\\
M_3 &= 2,\\
&\vdots
\end{aligned}
$$

正像 E-序列是椭圆方程的 DNA 一样,M-序列是模形式的 DNA。在 M-序列中列出的每个要素的数量起着关键的作用。根据你如何改变(比方说)第一个要素的数量,你可能产生一个完全不同的,但同样是对称的模形式;你也可能完全破坏对称性而产生一种新的不再是模形式的对象。如果每个要素的数量是任意选定的,那么其结果将可能是一个对称性很少或根本没有对称性的对象。

模形式在很大程度上是由于其自身的价值而立足于数学之中的。特别是,它们似乎与怀尔斯在剑桥研究的椭圆方程完全无关。模形式是一种异乎

1955 年,志村五郎和谷山丰参加在东京举行的国际研讨会

寻常地复杂的怪物。之所以要研究它主要是由于它的对称性以及由于它只是在 19 世纪刚被发现，而椭圆方程可追溯至古希腊时代并且与对称性毫无关系。模形式与椭圆方程属于数学世界中完全不同的区域，没有人曾料想到这两者之间会有丝毫的联系。然而，志村和谷山却使数学界震惊地想到椭圆方程和模形式实质上是完全相同的东西。按照这两位有独特见解的数学家的说法，他们能够将模世界与椭圆世界统一起来。

异想天开

203 1955 年 9 月，一个国际学术讨论会在东京举办。对许多年轻的日本研究人员来说，这是一次难得的向国外同行炫耀他们胸中才学的机会。他们联手提供了一份报告，收集了与他们的工作有关的 36 个问题，并附有谦恭的介绍：

> 某些未解决的数学问题：准备尚不充分，因而其中可能有些是平凡的或已经解决的。敬请诸位对这些问题赐教。

204 其中有 4 个问题是谷山提出的，这些问题提示了模形式与椭圆方程之间的某种奇怪的关系。这些有益的问题最终将导致数论的一场革命。谷山看到过一个具体的模形式的 M-序列中开头几项，他认出了这种结构方式，并意识到它与一个熟知的椭圆方程的 E-序列中列出的数是完全相同的。他计算了这两个序列中更多的项，结果模形式的 M-序列依然与椭圆方程的 E-序列完全一致。

这是一个惊人的发现，因为尽管没有任何明显的理由，这个模形式居然能与一个椭圆方程通过它们各自的 M-序列和 E-序列发生联系——这两个序列是完全相同的。形成这两个对象的数学 DNA 是完全相同的。这是有双重意义的深刻的发现。首先，它提示人们在深层次上模形式与椭圆方程这两个来自数学中不同方向的研究对象之间有一种基本的联系。其次，它意味着如果数学家已经知道模形式的 M-序列，那么他就不必再计算对应的椭圆方程

的 E -序列,因为它与 M -序列是相同的。

表面上完全不同的研究方向之间存在的联系对于创造新的成果至关重
要,这一点在数学中与在别的学科中是一样的。这种联系暗示着存在某种深
藏的使这两个方向都更为增色的真理。例如,起初,科学家们曾把电和磁作为
两个完全独立的现象来研究。后来,在 19 世纪,理论家和实验家认识到电和
磁是密切相关的。这样就导致了对这两个现象更为深入的了解。电流产生磁
场,而磁场能使向它靠近的导线带电。这导致了电动机和发电机的发明,并最 205
终发现光本身是电磁场谐振的结果。

谷山又仔细研究了几个不同的模形式,在每一种情形中,M -序列似乎完美地对应着某个椭圆方程的 E -序列。他开始思索是否每一个模形式都可能有一个椭圆方程与之相配。或许每个模形式与某个椭圆方程有着相同的 DNA,或许每个模形式只不过是伪装了的某个椭圆方程?他提交的问题与这个假设是相关联的。

认为每个椭圆方程相关于一个模形式的想法如此地异乎寻常,以致看过谷山的问题的人都认为它们只不过是想入非非而已。尽管谷山已经毫无疑问地证明了有几个椭圆方程可以与特定的模形式相关联,但是他们宣称这不过是偶然的巧合。按照这些持怀疑观点的人的说法,谷山关于这两者之间有更一般的和普遍的关系的主张似乎是很不现实的。这种假设只是根据直觉而不是根据任何真实的证据提出的。

志村是谷山唯一的同盟者,他相信他朋友的深邃有力的思想。在讨论会后,他和谷山一起研究,试图将这个假定推进到新的水平,使其他人再也不能无视他们的工作。志村需要找到更多的证据来支持存在于模世界和椭圆世界之间的这种联系。到了 1957 年,这种合作一度中断,因为当时志村应邀到普林斯顿高等研究院去工作。志村原打算作为客座教授在美国工作两年之后恢复和谷山一起研究,但这已永远不能实现。1958 年 11 月 17 日,谷山自杀身亡。

志村五郎仍然保留着他从朋友兼同事谷山丰那里收到的最后一封信

一个天才之死

志村仍然保存着当年他们因为图书馆的书第一次接触时谷山寄给他的明 207
信片。他也保存着他出国到普林斯顿期间谷山写给他的最后一封信,但是信中一丝一毫也找不到有关就在两个月后发生的那件事的任何暗示。时至今日,志村仍然想不通隐藏在谷山自杀背后的原因是什么:“我那时非常困惑。困惑大概是最好的用词了。当然,我很悲伤,事情太突然了。我在 9 月份收到他的信,而 11 月初他就死了。我根本无法弄清楚这件事。当然,后来我听到过各种各样的传说,我力图使自己从他的死亡中恢复过来。有人说他对自己失去了信心,不过不是在数学方面。”

特别使谷山的朋友们困惑的是,他当时正与铃木美佐子(Misako Suzuki)热恋,并打算在这一年的晚些时候和她结婚。志村五郎在《伦敦数学学会通信》(*Bulletin of the London Mathematical Society*)上发表的对谷山的悼文中回顾了谷山与铃木美佐子的婚约和他自杀前的那几个星期:

> 当我获知他们订婚的消息时,我有点惊奇,因为我模模糊糊地意识到她不属于他那种类型的人,但我并不感到不安。此后有人告诉我,他们已经签约租了一套看上去相当好的住房作为他们的新家,买了一些厨房用具,并一直在为他们的婚礼做准备。对他们和他们的朋友们来说,一切看上去都很乐观。突然,灾难降临到他们头上。
>
> 1958 年 11 月 17 日(星期一)早上,他的住房的主管人发现他死在他的房间里,一封遗书放在书桌上。遗书写在他做学术研究时一直使用的那种笔记本的三页纸上。第一页上写着:
>
> “直到昨天,我还没有决心自杀。但是很多人想必注意到近来我 208
> 无论在体力方面还是心智方面都十分疲乏。至于我自杀的原因,我自己都不十分清楚,但它绝不是由某件小事引起的,也不是出于特别

的原因。我只能说,我陷入了对我的未来失去信心的心境之中。我的自杀可能会使某个人苦恼,甚至对其是某种程度的打击。我衷心地希望这件小事不会使那个人的将来蒙上任何阴影。无论如何,我不能否认这是一种背叛的行为,但是请原谅我这最后一次按自己的方式采取的行动,因为我在整个一生中一直是以自己的方式行事的。"

他十分有条理地继续写他希望怎样处置他的所有物,哪些书和唱片是他从图书馆或朋友那里借来的,等等。他特别提到:"我想把唱片和玩具留给铃木美佐子,假如她不会因为我把它们留给她而生气的话。"他对他正在教的大学生微积分和线性代数课程已经教到哪里做了说明,在结尾处他为这个行为引起的种种麻烦向他的同事们表示歉意。

就这样,一位那个时候最杰出和最具开拓性的学者按照自己的意愿结束了他的生命,就在五天前他刚满 31 岁。

几个星期后,又一个悲剧发生。他的未婚妻铃木美佐子也结束了自己的生命,据报道她留下一张纸条写道:"我们曾彼此允诺,不管我们到哪里我们将永不分开。既然他去了,我也必须和他在一起。"

至善至美的哲学

209 在他短暂的数学生涯中,谷山对数学贡献了许多根本性的想法。他在讨论会上提交的问题包含着他深邃的洞察力,但是它太超前于它的时代,以致他没能活着看到它对数论的巨大影响。人们一定会伤感地怀念起他的充满智慧的创造性,以及他对年轻一代的日本科学家所起的指导作用。志村清晰地记得谷山的影响:"他总是善待他的同事们,特别是比他年轻的人,他真诚地关心他们的幸福。对于许多和他进行数学探讨的人,当然包括我自己在内,他是精神上的支柱。也许他从未意识到他一直在起着这个作用。但是我在此刻比他活着的时候甚至更强烈地感受到他在这方面的高尚的慷慨大度。然而,他在绝望之中极需支持的时候,却没有人能给他以任何支持。一想到这一点,我心中就充满了最辛酸的悲哀。”

在谷山去世以后,志村集中精力于理解椭圆方程和模形式之间的关系。随着岁月的流逝,他继续奋斗,收集了支持这个理论的更多的证据和一些逻辑推理的方法。逐渐地,他越来越确信每一个椭圆方程必定和一个模形式相关。其他的数学家则依然半信半疑。志村回忆起和一位杰出的同事的一次谈话。那位教师询问道:“我听说你提出某些椭圆方程可以和模形式联系起来。”

“不,你搞错了,”志村回答说,“不只是某些椭圆方程,而是每一个椭圆方程!”

志村不能证明情形确实是这样,但每次检验这个假设似乎总是对的。无 210
论如何,它似乎完全符合他的宽容的数学哲学:“我持有这种至善至美的哲学观。数学应该容纳善和美。因此在椭圆方程的情形中,人们可以把一个通过模形式参数化的椭圆方程称为善和美的椭圆方程。我期望所有的椭圆方程都是善和美的。这是一种相当不成熟的哲学观,但是我们可以把它作为一个起步点。然后,毫无疑问,我必须找出使这个猜想成立的各种各样的技术上的理由。我可以说这个猜想起源于这种至善至美的哲学观。大多数数学家是按某种审美观点来做数学的,至善至美哲学观来自我的审美观。”

志村积累的证据逐渐使他的关于椭圆方程和模形式的理论越来越广泛地被人们所承认。他还不能向世界证明它是真的,但是至少它现在已不再是痴心梦想。有足够多的证据说明它值得冠以猜想这个头衔。起初,它被称为“谷山-志村猜想”,以表示对提出它的谷山和全力继续发展它的志村的认可。

在这重要关头,20 世纪数论方面的一位领袖人物安德烈·韦依(André Weil)及时地采纳了这个猜想,并使它在西方得到了公认。韦依研究了谷山和志村的思想,找到了更为坚实可靠的、有利于它的证据。结果,这个假设常被称为“谷山-志村-韦依猜想”,有时候被称为“谷山-韦依猜想”,偶尔也被称为“韦依猜想”。事实上,对这个猜想的正式名称一直存在许多争议。对有兴趣

于组合理论的人来说,这里涉及的3个名字有15种可能的组合方法,很有可
211 能每一种组合都在过去的出版物中出现过。然而,我将用它原来的名称“谷山-志村猜想”来称呼这个猜想。

曾经指导过安德鲁·怀尔斯的约翰·科茨教授本人在谷山-志村猜想成为西方的谈论话题时也还是一个学生:“我在1966年开始从事研究工作,当时谷山和志村的猜想正席卷全世界。每个人都感到它很有意思,并开始认真地看待关于所有的椭圆方程是否可以模形式化的问题。这是一段非常令人兴奋的时期。当然,唯一的问题是它很难取得进展。我认为,公正地说,虽然这个想法是漂亮的,但它似乎非常难以真正地证明,而这正是我们数学家主要感兴趣的一点。”

在20世纪60年代后期,众多的数学家反复地检验谷山-志村猜想。他们从一个椭圆方程和它的E-序列出发,去寻找有完全相同的M-序列的模形式。在每一种情形中,椭圆方程确实有一个相关的模形式。虽然这是对谷山-志村猜想非常有利的证据,但它绝不能算是一种证明。数学家们猜测它是对的,但在有人能发现一个逻辑证明之前,它仍然只是一个猜想。

哈佛大学的巴里·梅休尔(Barry Mazur)教授目睹了谷山-志村猜想的产生。“这是一个神奇的猜想——推测每个椭圆方程伴随着一个模形式——但是一开始它就被忽视了,因为它太超前于它的时代。当它第一次被提出时,它没有被着手处理,因为它太使人震惊。一方面是椭圆世界,另一方面是模世界,这两个数学分支都已被集中地但分别研究过。研究椭圆方程的数学家可
212 能并不精通模世界中的知识,反过来也是这样。于是,谷山-志村猜想出现了,这个重大的推测说,在这两个完全不同的世界之间存在着一座桥。数学家们喜欢建造桥梁。”

数学中的桥有着巨大的价值。它们使生活在孤岛上的各个数学家社团能交流想法,探讨彼此的创造。数学是由未知海洋中的一个个知识孤岛组成的。例如,在那里有一个几何学家占据的孤岛,他们研究形状和形式;也有一个概率论的孤岛,数学家们在那里讨论风险和机遇。有着几十个这样的孤岛,每个孤岛上使用它们各自独特的语言,这种语言别的岛上的居民是不懂的。几何

学的语言与概率论的语言有很大的差异，而微积分中的术语对于那些只讲统计学语言的人是没有意义的。

谷山-志村猜想的巨大潜力在于它将沟通这两个孤岛，使它们第一次能彼此对话。巴里·梅休尔认为谷山-志村猜想是一种类似于罗塞塔石碑①那样的翻译指导。罗塞塔石碑上有古埃及通俗文字、希腊文字和古埃及象形文字。因为通俗文字和希腊文字是大家懂得的，所以它使考古学家们第一次能解读象形文字。“这就像你懂得一种语言，而这个罗塞塔石碑使你一下子懂得另一种语言，”梅休尔说道，“但是，谷山-志村猜想是一块具有某种魔力的罗塞塔石碑。这个猜想有个非常令人高兴的特性，就是模世界中简单的直观能转变成椭圆世界中深刻的真理，反过来也是如此。更重要的是，对椭圆世界中非常难解的问题，有时候可以利用这块罗塞塔石碑将它转变成模世界的问题，并发现在模世界中已有办法和工具来处理这个经过变换的问题，从而使原问题得以 213
解决。如果龟缩于椭圆世界之中，我们对它是束手无策的。”

如果谷山-志村猜想是对的，它将使数学家们能利用通过模世界处理椭圆问题的方法来解决许多世纪以来未解决的一些椭圆问题。希望在于椭圆方程和模形式这两个领域能够统一起来。这个猜想也使人产生这样的希望：在其他的不同数学学科之间可能存在着连接的链环。

20 世纪 60 年代，普林斯顿高等研究院的罗伯特·朗兰兹（Robert Langlands）被谷山-志村猜想所具有的潜力吸引。尽管这个猜想尚未被证明，朗兰兹相信它只不过是一个更为宏伟得多的统一化计划中的一个环节。他确信在所有主要的数学课题之间存在连接的链环，并开始寻找这些统一的链环。几年之后，许多链环开始涌现出来。所有的这些统一化猜想比谷山-志村猜想要弱得多，并且更为不确定，但是它们形成了由存在于许多数学领域之间的假设性联系组成的一个错综复杂的网络。朗兰兹的梦想是看到这些猜想一个接一个地被证明，最终形成一个宏伟的统一的数学。

---

① 1799 年埃及罗塞塔镇附近发现的古埃及石碑，其碑文用古埃及象形文字和通俗文字以及希腊文字制成，该碑的发现为解读古埃及象形文字提供了线索。——译者

朗兰兹详述了他未来的计划,并试图说服其他数学家参加到他这个被称为朗兰兹纲领(Langlands programme)的计划之中,齐心协力来证明他的猜想金字塔。似乎没有明确的方法来证明这种不确定的链环,但是如果这个梦想成为现实的话,那么其回报将是巨大无比的:在某个数学领域中无法解答的任何问题,却可以被转换成另一个领域中相应的问题,而在那里有一整套新武器可以用来对付它。如果仍然难以找到解答,那么可以把问题再转换到另一个
214 数学领域中,继续下去直到它被解决为止。根据朗兰兹纲领,有一天数学家们将能够解决他们的最深奥、最难对付的问题,办法是带着这些问题周游数学王国的各个风景胜地。

对于应用科学和工程技术,这个纲领也有重要的含义。不管是模拟碰撞的夸克之间的相互作用,还是找出组织通信网络的最佳方案,解决问题的关键常常是要做数学计算。在一些科学和技术领域中,这些计算是如此复杂,以至于这个领域的进展遭到严重的阻碍。只要数学家们能证明朗兰兹纲领中的链环猜想,那么就像解决抽象问题一样,也存在解决现实世界问题的捷径。

到了20世纪70年代,朗兰兹纲领已经成了对数学的未来的一份蓝图,但这条通向问题解答者的天堂的道路却被一个简单的事实所阻挡,即对于如何证明朗兰兹的任何一个猜想还没有人有任何切实可行的想法。这个纲领中最强有力的猜想仍然是谷山-志村猜想,但即使是对它,似乎也无法证明。谷山-志村猜想的证明将会是实现朗兰兹纲领的第一步,正因为如此,它成了现代数论中最有价值的猜想之一。

尽管还是个未被证明的猜想,谷山-志村猜想依然成百次地在数学论文中被提到,这些论文探究如果它被证明那么会出现些什么结果。这些论文会以一段清楚的防止误解的说明"假定谷山-志村猜想是对的……"开始,然后接下去概要叙述对某个未解决问题的解答。当然,这些结果本身也只能是假设性
215 的,因为它们依赖于谷山-志村猜想是对的这个前提。这些新的假设性的结果反过来又被组合进别的结果中,最后形成了大量的依赖于谷山-志村猜想的正确性的数学。这一猜想于是成了一幢新的数学大厦的基石,但是在这一猜想被证明之前这幢大厦是极其脆弱的。

那个时候，安德鲁·怀尔斯是剑桥大学的青年研究人员。他回忆20世纪70年代在数学界中蔓延的那阵惊惶："我们构造了越来越多的猜想，它们不断地向前方延伸，但如果谷山-志村猜想不是真的，那么它们全都会显得滑稽可笑。因此我们必须证明谷山-志村猜想，才能证明我们满怀希望地勾勒出来的对未来的整个设计是正确的。"

数学家们已经构造了一座由纸板组成的易倒的房子，他们梦想有一天某个人会给他们的建筑物提供坚实的基础。他们也不得不整天提心吊胆地担心有一天某个人会证明谷山和志村事实上是错的，结果使花了20多年时间所做的研究彻底崩溃。

遗失的链环

1984年秋，一群优秀的数论家聚集在一起参加在德国黑森林州中部的一个小城奥伯沃尔法赫举行的讨论会。他们聚在一起讨论椭圆方程研究中的各种突破性工作，自然也有些演说者会偶尔报告他们在证明谷山-志村猜想上所取得的小进展。其中一位演说者——来自萨尔布吕肯的格哈德·弗赖(Gerhard Frey)虽然没有对如何解决这个猜想提供任何新的想法，但是他确实 216
提出了引人注目的论断，即如果有人能证明谷山-志村猜想，那么他们也立即能证明费马大定理。

当弗赖站起来准备演讲时，他先写下了费马方程：

$$x^n + y^n = z^n\text{，这里 } n > 2\text{。}$$

费马大定理说这个方程不存在整数解，但弗赖则探索如果大定理是错的，即至少有一个解，那么会出现什么结果。弗赖对于他的这个假设的不寻常的解可能是怎样的毫无想法，所以他把这些未知数用字母编号为 A，B 和 C：

$$A^N + B^N = C^N\text{。}$$

然后弗赖开始“重新安排”这个方程。这是一个严格的数学程序，它改变这个方程的外貌但保持它的完整。通过一系列熟练的复杂的演算，弗赖使具有这个假设解的费马方程变成：

$$y^2 = x^3 + (A^N - B^N)x^2 - A^N B^N。$$

虽然这种重新安排似乎与原来的方程非常不同，但它是假设有解的直接结果。也就是说，如果（注意这是一个大假设）费马方程有一个解，即如果费马大定理是错的，那么这个重新排列得到的方程也一定存在。起初，弗赖的听众并未对他的重新排列特别留神，但接着，他指出这个新方程事实上是一个椭圆方程，
217 尽管它相当复杂和古怪。椭圆方程的形式为：

$$y^2 = x^3 + ax^2 + bx + c,$$

但如果我们令

$$a = A^N - B^N, b = 0, c = -A^N B^N,$$

则很容易理解弗赖方程的椭圆性质。

通过将费马方程转变为一个椭圆方程，弗赖将费马大定理和谷山-志村猜想联系了起来。然后，弗赖向他的听众指出，他的由费马方程的一个解做出的椭圆方程是非常稀奇古怪的。事实上，弗赖声称他的椭圆方程是如此不可思议，以至于它的存在产生的影响将毁灭谷山-志村猜想。

记住弗赖的椭圆方程只不过是一个虚拟的方程，它的存在是以费马大定理是错的这个事实为条件的。然而，如果弗赖的椭圆方程确实存在，那么它是如此古怪，以至于它似乎不可能与一个模形式相关。但是谷山-志村猜想断言每一个椭圆方程必定与一个模形式相关。于是，弗赖方程的存在就否定了谷

山-志村猜想。

换言之,弗赖的推理如下:

(1) 当(且仅当)费马大定理是错的,弗赖的椭圆方程存在。

(2) 弗赖的椭圆方程是如此古怪,以至它绝不可能被模形式化。

(3) 谷山-志村断言每一个椭圆方程必定可以模形式化。

(4) 因而,谷山-志村猜想必定是错的!

另一种选择,也是更重要的,弗赖能够反方向进行他的推理: 218

(1) 如果谷山-志村猜想能被证明是对的,那么每一个椭圆方程必定可以模形式化。

(2) 如果每一个椭圆方程必定可以模形式化,那么弗赖的椭圆方程就不可能存在。

(3) 如果弗赖的椭圆方程不存在,那么费马方程不能有解。

(4) 因而费马大定理是对的!

格哈德·弗赖最终得到了戏剧性的结论:费马大定理的真实性将是谷山-志村猜想一经证明之后的直接结果。弗赖断言,如果数学家能证明谷山-志村猜想,那么他们将自动地证明了费马大定理。几百年来第一次,世界上最坚硬的数学问题看起来变得脆弱了。根据弗赖的说法,证明谷山-志村猜想是证明费马大定理的唯一障碍。

虽然弗赖的杰出见解给听众们以深刻的印象,但他们也因他的逻辑中的一个初级错误而愣住了。除了弗赖本人之外,演讲厅里的几乎每一个人都觉察到了这一点。这个错误似乎并不严重,不过由于它的存在,弗赖的工作是不完全的。谁能首先纠正这个错误,谁就赢得将费马和谷山-志村联系起来的荣誉。

弗赖的听众们冲出演讲厅,奔向复印室。一个报告的重要性常常可以从等待复印讲稿的队伍的长短得出结论。一旦他们拿到一份完整的弗赖的论证纲要,他们就回到各自的研究所,开始设法填补这个缺陷。

弗赖的论证依赖于这个事实:他的从费马方程导出的椭圆方程是如此古怪,以至它不可能模形式化。他的工作是不完全的,因为他并没有十分清楚地 219

证明他的椭圆方程是足够古怪的。只有当某人能证明弗赖的椭圆方程有绝对的古怪性,那么谷山-志村猜想的证明才会隐含着费马大定理的证明。

起初,数学家们相信证明弗赖的椭圆方程的古怪性应该是相当常规的。乍看之下,弗赖的错误似乎是初级的,并且当时在奥伯沃尔法赫的每个人都认为弥补它将只是一场看谁能最快地改组代数的比赛。人们期待的是几天之内会有人发出一封电子邮件,描述他们已经如何证明了弗赖的椭圆方程的真正的古怪性。

一个星期过去了,没有这种电子邮件出现。几个月过去了,期望着的一场疯狂的数学冲刺正在变成一场马拉松长跑。仿佛费马依然在嘲弄和折磨着他的后继者。弗赖概要地叙述了一种诱人的证明费马大定理的策略,但甚至连初等的第一步,即证明弗赖假设的椭圆方程不能模形式化,也难住了全世界的数学家们。

为了证明一个椭圆方程不能模形式化,数学家们正在寻找与第四章中描述的那些不变量相类似的不变量。扭结不变量可以证明一个扭结不能转变成另一个扭结,洛伊德的智力游戏中的不变量可以证明他的14—15游戏盘不可能变换到正确的排列。如果数论家们能发现一个适当的不变量来刻画弗赖的椭圆方程,那么他们能证明:不管对它做什么变换,它永远不能变换成一个模形式。

221 在那些辛勤地证明和完成谷山-志村猜想和费马大定理之间的联系的人当中,有一位是加利福尼亚大学伯克利分校的教授肯·里贝特(Ken Ribet)。自从目睹了奥伯沃尔法赫的演讲之后,里贝特一直痴迷于尝试证明弗赖的椭圆方程太古怪以至不能模形式化这一点。经过18个月的努力,他和其他所有人一样没有得到任何结果。后来,在1986年的夏天,里贝特的同事巴里·梅休尔教授访问伯克利并出席国际数学家大会。这两位朋友因为到斯特拉达咖啡店喝卡布奇诺咖啡而碰巧遇到,并开始谈论一些不走运的人和事,抱怨起数学的现状来。

渐渐地他们开始谈论起关于各种各样的企图证明弗赖的椭圆方程的古怪性的最新消息,里贝特开始解释他一直在探索的试验性策略。这种方法模模糊糊地似乎有点前途,但他还只能证明它的非常小的一部分。他回忆说:“我

肯・里贝特

与巴里坐在一起，告诉他我正在做的事。我提到了我已经证明了非常特殊的情形，但是我不知道下一步该做什么将它推广以得到整个证明。”

梅休尔教授一边啜饮着他的卡布奇诺咖啡，一边听着里贝特的想法。突然，他停止了啜饮，怀疑地凝视着肯：“难道你还不明白？你已经完成了它！你还需要做的一切只是加上一些 M-结构的 γ-0，然后再做一遍你的论证，这就行了。它会给出你所需要的一切。”

里贝特看着梅休尔，再看看他的咖啡，又回头看梅休尔。这是里贝特数学生涯中最重要的时刻。他十分细致地回忆起这个时刻：“我说，你是绝对正确的，当然，我怎么会不明白这一点。我完全惊呆了，因为我从未想到过添加额外的 M-结构的 γ-0，听上去如此简单。”

222 应该注意到，虽然加上 M-结构的 γ-0 对于肯·里贝特听起来很简单，但它是逻辑上深奥的一步，世界上只有少数的数学家能在随便喝一杯咖啡的时间里想出这一步。

里贝特事后说：“它是我一直在思念着的关键的要素，却原来它一直就在我面前凝视着我。我高兴得像上了天似的漫步回到我的住所，满脑子想着：天啊！这难道真是对的吗？我完全被迷住了，我坐下来，开始在笔记本上飞速地写起来。大约一个小时或两个小时后，我已经写完了一切，确信我已掌握了关键的步骤，并且它与其余部分完全协调一致。我通读了我的论证，然后对自己说，对，这绝对行得通。国际数学家大会当然有成千的数学家参加，我有点随便地对几个人提到我已经证明了谷山-志村猜想隐含费马大定理。这消息像野火般传了开来，立刻一大群人都知道了，他们向我跑来并问我：‘你已经证明弗赖的椭圆方程不能模形式化，这确确实实是真的吗？’我不得不考虑1分钟，然后，突然地，我叫道：是的，我已经证明了。”

费马大定理现在已经不可摆脱地与谷山-志村猜想联系在一起了，如果有人能证明每一个椭圆方程是模形式，那么这就隐含费马方程无解，于是立即证明了费马大定理。

三个半世纪以来，费马大定理一直是孤立的问题，一个在数学的边缘上使人好奇的、无法解答的谜。现在，肯·里贝特在格哈德·弗赖的启示下已经把它带到重要的舞台上来了。17 世纪的最重要的问题与 20 世纪最有意义的问题结合在一起，一个在历史上和感情上极为重要的问题与一个可能引起现代数学革命的猜想联结在一起了。事实上，现在数学家能通过采用矛盾的策略 223
来征服费马大定理。为了证明费马大定理成立，数学家可以在开始时假设它不成立。费马大定理不成立意味着谷山-志村猜想不成立。然而，如果谷山-志村猜想能被证实，那么这将与费马大定理不成立矛盾，也就是说，大定理必须是成立的。

弗赖已经清楚地规定了人们面前的任务。如果数学家能首先证明谷山-志村猜想，那么他们就自动地证明了费马大定理。起初，希望重又燃起，但接着事情的真相逐渐明朗。30 年来数学家们一直试图证明谷山-志村猜想，但都失败了。为什么他们现在会取得进展呢？怀疑论者相信现在连一丁点儿证明谷山-志村猜想的希望都消失了。他们的逻辑是，任何可能导致解决费马大定理的事情根据定义是根本不可能实现的。

甚至连已经做出关键的突破性工作的肯·里贝特也很悲观：“绝大多数人相信谷山-志村猜想是完全无法接近的，我是其中的一个。我没有真的费神去试图证明它，我甚至没有想过要去试一下。安德鲁·怀尔斯大概是地球上敢大胆梦想可以实际上证明这个猜想的极少数几个人之一。”

1986 年，安德鲁・怀尔斯意识到，可以通过谷山-志村猜想来证明费马大定理

第六章　秘密的计算

一个高超的问题解答者必须具备两种不协调的素质——永不安分的想象和极具耐心的执拗。

——霍华德·W. 伊夫斯

安德鲁·怀尔斯回忆说:“那是1986年夏末的一个傍晚,当时我正在一个朋友的家中啜饮着冰茶。谈话间他随意地告诉我,肯·里贝特已经证明了谷山-志村猜想与费马大定理之间的联系。我感到极大的震动。我记得那个时刻,那个改变我的生命历程的时刻,因为这意味着为了证明费马大定理,我必须做的一切就是证明谷山-志村猜想。它意味着我童年的梦想现在成了体面的值得去做的事。我懂得我绝不能让它溜走。我十分清楚我应该回家去研究谷山-志村猜想。” 225

自从安德鲁·怀尔斯发现那本激励他去迎接费马挑战的图书馆的书以来已经20多年过去了,但是现在,第一次,他望见了一条实现他童年梦想的道路。怀尔斯回忆他对谷山-志村猜想的看法是如何在一夜之间改变的:“我记得有一个数学家曾写过一本关于谷山-志村猜想的书,并且厚着脸皮建议有兴趣的读者把它当作一个习题。好,我想,我现在真的有兴趣了!”

自从师从约翰·科茨教授在剑桥取得他的博士学位以后,怀尔斯就横 226
渡大西洋来到了普林斯顿大学,现在他本人已是这所大学的教授了。多亏科茨的指导，怀尔斯或许比世界上任何别的人都更懂得椭圆方程，但他也很清楚地意识到即便以他的广博的基础知识和数学修为，前面的任务也是极为艰巨的。

其他大多数数学家，包括约翰·科茨，相信做这个证明会劳而无功。科茨说："我自己对于这个存在于费马大定理与谷山-志村猜想之间的美妙的链环能否实际产生有用的东西持悲观态度，因为我必须承认我认为谷山-志村猜想是不容易证明的。虽然问题很美妙，但真正证明它似乎是不可能的。我必须承认我认为在我有生之年大概是不可能看到它被证明的。"

怀尔斯意识到他的机会不大，但即使最终他没能证明费马大定理，他也觉得他的努力不会白费："当然，已经很多年了，谷山-志村猜想一直没有被解决。没有人对怎样处理它有任何想法，但是至少它属于数学中的主流。我可以试一下并证明一些结果，即使它们并未解决整个问题，它们也会是有价值的数学。我不认为我在浪费自己的时间。这样，吸引了我一生的费马的传奇故事现在和一个专业上有用的问题结合起来了。"

顶楼中的勇士

在世纪交替的时刻，有人问伟大的逻辑学家大卫·希尔伯特为什么他不
227 去尝试证明费马大定理。他回答说："在开始着手之前，我必须花 3 年的时间做深入细致的研究，而我没有那么多时间去浪费在一件可能会失败的事情上。"怀尔斯清楚地知道，为了有希望找到证明，他必须全身心地将自己投入这个工作中。但是与希尔伯特不一样，他准备冒这个风险。他阅读了所有的最新杂志，然后反复操练最新的技巧方法，直到它们成为他的第二本能为止。为了为将来的战斗收集必要的武器，怀尔斯花了 18 个月的时间使自己熟悉以前曾被应用于椭圆方程或模形式的，以及从它们推导出来的全部数学。这些还是比较小的投资，要记住他全面地估计过，任何对这个证明的认真尝试很可能需要 10 年的专心致志的努力。

怀尔斯放弃了所有的与证明费马大定理没有直接关系的工作，不再参加

没完没了的学术会议和报告会。由于他仍然承担着普林斯顿大学数学系的工作,怀尔斯继续参加研讨班,给大学生上课和指导研究生。任何时候只要可能,他就回避作为教师会碰到的那些分心事而回到家里工作。在家里他可以躲进他顶楼的书房,在那里他要尝试使已经掌握了的那些技巧变得更有力量。他希望制订出对付谷山-志村猜想的策略。

他回忆说:“我习惯于到楼上我的书房去,着手尝试寻找一些模式。我设法做一些计算来解释某一小段数学,设法使它符合某些以前对某部分数学的泛泛的概念性理解,这有助于澄清我正在思考的具体问题。有时候还得去书上查找,以便弄明白在那里它是怎么完成的。有时候只是对它做一点补充计算,进行一点修改,而有时候我发觉以前所做的事情根本没用,于是我就必须 228
找出一些全新的东西——它从哪里冒出来的? 这件事有点神秘。

“基本上说,它还是思维的结果。你常常会写下一些话来阐明你的想法,但并不一定如此。特别是当你真的进入死胡同的时候,当有一个真正的问题需要你去征服的时候,那种循规蹈矩的数学思维对你来说毫无用处,以至那一类新的想法必须经过长时间的对那个问题的极其专注的思考,不能有任何分心。这之后似乎有一段松弛期,在这期间潜意识出现,占据了你的脑海。正是在这期间,某种新见解冒出来了。”

从他开始着手证明的时刻起,怀尔斯就做了一个重大的决定:要完全独立和保密地进行研究。现代数学已经发展成一种合作性的文化,因此,怀尔斯的决定似乎使他返回到以前,仿佛他正在仿效最著名的数学隐士费马本人的方式。怀尔斯解释说,他决定秘密工作的部分原因是他希望自己的工作不受干扰:“我意识到与费马大定理有关的任何事情都会引起太多人的兴趣。你确实不可能很多年都使自己精力集中,除非你的专心不被他人分散,而这一点会因旁观者太多而做不到。”

怀尔斯保密的另一个动机想必是他对荣誉的渴望。他害怕会出现这样的局面:他已经完成证明的主要部分,但仍然未找到最后部分的演算。而就在这个时候,如果他的突破性工作的消息走漏出去,那就无法阻止对手在怀尔斯的工作的基础上继续前进,完成证明,并将奖励据为已有。 229

在后来的几年中，怀尔斯取得了一系列不寻常的结果，而在他的证明完成之前，他没有与人讨论或发表其中的任何一个成果。甚至关系密切的同事也没有留意到他的研究工作。约翰·科茨能回想起与怀尔斯的这段交往，在这期间他对怀尔斯正在进行的事情毫不知情：“我记得在许多场合对他讲过，‘与费马大定理的这种联系确实是非常好的，但是要想证明谷山-志村猜想仍然是毫无希望的’，而他当时只是对我笑笑。”

是肯·里贝特完成了费马与谷山-志村之间的链环，但他也不完全知道怀尔斯暗中进行的工作：“这大概是我知道的仅有的一个例子，一个人进行了这么长时间的研究而不公开他在做什么，也不谈论他正在取得的进展。在我的经历中，这是前所未闻的。在我们这个团体中，人们总是分享他们的想法。数学家们在会议上聚在一起，互访并做报告，他们互相传送电子邮件，电话交谈，征求对方的看法，寻求反馈——数学家们总是在交流。当你对别人说话时，你会得到鼓励；人们会告诉你哪些你已完成的工作是重要的，他们给你各种想法。这有点像补充营养。而如果你把自己与此隔绝起来，那么你是在做从心理学观点来看或许是非常古怪的事情。”

为了不引起怀疑，怀尔斯设计了一个狡猾的策略，使他的同事们无从觉察。在20世纪80年代早期，他一直在从事对特殊类型的椭圆方程的重要研究，他本来打算将这方面的结果完整地发表，但里贝特和弗赖的发现使他改变
230 了主意。怀尔斯决定一点一点地发表他的研究成果，每隔6个月左右发表一篇小论文。这些看得见的成果会使他的同事们相信他仍然在继续他平常的研究。只要能够维持这种论文游戏，怀尔斯就能继续从事他真正着迷的研究而不透露出他的任何突破性工作。

唯一知道怀尔斯秘密的人是他的妻子内达(Nada)。在怀尔斯开始着手这个证明后不久他们就结婚了。当演算取得进展时，他就向她并且只向她一个人透露。在此后的几年中，他的家庭算是唯一使他分心的事。他说：“我的妻子是唯一知道我一直在从事费马问题研究的人，度蜜月时我告诉了她，那时我们结婚才几天。我的妻子也听说过费马大定理，不过那个时候她一点也不知道它对于数学家所具有的那种传奇式意义，不知道它在这么长的岁月中一

直是不断使人苦恼的事。”

与无穷决斗

为了证明费马大定理，怀尔斯必须证明谷山–志村猜想：每一个椭圆方程可以关联一个模形式。即便在它与费马大定理联系起来之前，数学家们也曾徒劳地试图证明这个猜想，但每一次尝试都以失败告终。怀尔斯对寻找证明会遇到的巨大困难有非常清醒的认识：“一件人们最终可能会天真地去尝试并且也确实尝试过的事就是去数一下有多少个椭圆方程，再数一下有多少个模形式，然后证明它们的个数是相同的。但是迄今还没有找到任何一种做这件事的简单方法，主要的问题是它们每一个都有无穷多个，而你是无法数无穷多次的。人根本不可能有办法完成它。”

为了寻找解法，怀尔斯采取了他通常解难题时的处理方式：“我有时候在 231
纸上潦草地写上几笔，或者说乱涂。它们不是什么要紧的东西，只是下意识的乱涂乱写。我从不用计算机。”在这种情况下，如同处理数论中的许多问题一样，计算机不会有任何用处。谷山–志村猜想适用于无限多个方程，虽然计算机能够在几秒钟内核对一个给定的情形，但是它永远不能核对完所有的情形。这里所需要的倒是一个能有效地说明理由并解释为什么每一个椭圆方程必定是可模式化的步步相接的逻辑论证。怀尔斯单单靠一张纸、一支笔和他的头脑来寻找证明：“基本上整段时间里萦绕在我脑海中的就是这件事。早晨醒来想到的第一件事就是它，我会整天一直在思考它，在梦中我也会思考它。只要没有分心的事，我会整天一直在脑海中翻来覆去想这同一件事。”

经过一年的仔细思考，怀尔斯决定采用称为归纳法的一般方法作为他证明的基础。归纳法是一种极有效的证明形式，因为它允许数学家通过只对一种情形证明某个命题的办法，来证明该命题对无限多个情形都成立。例如，设想数学家需要证明某个命题对直至无穷的每一个自然数都是对的。第一步是证明该命题对数 1 是对的，假定这一步完成起来相当简单。下一步是证明如果该命题对数 1 是对的，那么它的对数 2 一定也是对的；再接着，如果它的对数2是对的,那么它的对数3一定是对的;如果它的对数3是对的,那么它的对数4一定是对的……更一般地,数学家必须证明:如果命题对任何数 n 是对的,那么它对下一个数 $n+1$ 一定是对的。

232 归纳法证明基本上是一个两步过程:

(1) 证明该命题对第一个情形是对的。

(2) 证明如果该命题对任何一个情形是对的,那么它一定对下一个情形是对的。

对归纳法证明的另一种思考方式是,将无限多个情形想象成排成一行的无限多块多米诺骨牌。为了证明每一个情形,必须找出一种击倒每一块多米诺骨牌的方法。一块一块地击倒它们将花费无限多的时间和力气,而归纳法允许数学家只要击倒第一块就可以将它们全部击倒。如果多米诺骨牌是经过精心排列的,那么击倒第一块多米诺骨牌就会击倒第二块多米诺骨牌,而这又依次击倒第三块多米诺骨牌,一直下去直至无穷。归纳法证明会产生多米诺效应。这种形式的数学上的多米诺倒塌效应允许通过只证明第一个情形来证明无限多个情形。附录10展示了如何使用归纳法来证明一个比较简单的关于一切自然数的数学命题。

怀尔斯面临的挑战是,构造一个归纳性的论证来证明无穷多个椭圆方程中的每一个都能和无穷多个模形式中的每一个相配对。他不得不以某种方式把证明拆解为无穷多个个别情形,然后证明第一个情形。接着,他必须证明:只要证明了第一个情形,所有其他的情形也会成立。最后,他发现他的归纳法证明中的第一步隐藏于19世纪法国的一位悲剧性的天才人物的工作之中。

埃瓦里斯特·伽罗瓦1811年10月25日(正好是法国大革命后22年)生于巴黎正南方的一个小城雷纳堡。当时拿破仑·波拿巴正处于其权力的巅
234 峰,但是接下去的一年发生了灾难性的俄国战役,1814年他被放逐并由路易十八接替皇位。1815年拿破仑潜逃出厄尔巴岛,进入巴黎并重新掌权。但是在百日之内他在滑铁卢被击败,被迫再次让位于路易十八。伽罗瓦像索菲·热尔曼一样成长于一个大动乱时期,但热尔曼闭门在家,远离法国大革命的动乱并专心于数学,而伽罗瓦则屡次置身于政治冲突的中心,这不仅使他不能专心

埃瓦里斯特·伽罗瓦

进行他杰出的数学创造，而且还导致了他的英年早逝。

除了冲击着每个人生活的总的社会动乱外，伽罗瓦对政治的兴趣还受到他父亲尼古拉-加布里埃尔 · 伽罗瓦（Nicolas-Gabriel Galois）的影响。在埃瓦里斯特刚好4岁时，他的父亲当选为雷纳堡的市长。当时正是拿破仑凯旋重新掌权的时期，他父亲的强烈的自由主义倾向与民族的精神状态十分一致。尼古拉-加布里埃尔 · 伽罗瓦是一位有教养的仁慈的长者，在他任市长的早期，他获得了市民的普遍尊敬，因此，即使当路易十八重新掌权时，他也保住了市长的位置。除政治外，他主要的兴趣似乎是写一些措辞巧妙的韵文。他会将这些作品在市民集会上朗读使选民们高兴。许多年后，这种善于作讽刺短诗的迷人才能导致了他的垮台。

12岁时，埃瓦里斯特 · 伽罗瓦进入了他的第一所学校路易 · 勒格兰皇家中学，这是一所声望很高但相当专制的学校。一开始他并未接触任何数学课程，他的学习成绩相当优秀但并不突出。然而，在第一学期中发生了一件将
235 影响他生活进程的大事。皇家中学以前曾是一所耶稣会学校。当时开始有谣言四传，称这所学校将重新由牧师们来管理。在这期间，共和主义者和僧侣之间为影响路易十八与平民代表之间的力量对比不断发生斗争，而牧师们日益增长的影响则表明权力正从人民手中转移到国王手中。皇家中学的学生大部分是同情共和主义的，他们策划了一次反叛，但是学校校长贝托德（Berthod）先生发现了这个秘密计划并立即开除了10名为首分子。第二天，当贝托德要求其余的高年级学生表示效忠时，他们拒绝为路易十八祝酒，为此又有100多名学生被开除。伽罗瓦因为太年轻而未卷入这次失败的反叛，所以仍留在皇家中学。然而，看到他的同学们被如此羞辱反倒点燃了他的共和主义倾向。

直到16岁伽罗瓦才被准许读他的第一门数学课程。在他的老师们看来，这门课使他从一个循规蹈矩的小学生转变为一个难以驾驭的学生。他的学业报告单表明，他对所有别的课程都不重视，而单单专心致志于他新找到的这门心爱的学科：

> 该生只宜在数学的最高领域中工作。这个孩子完全陷入了对数学的狂热之中。我认为，如果他的父母允许他除了数学不再学习任何东西，将对他是最有好处的。否则，他将在这里浪费时间，并且他所做的只是使他的教师们痛苦，而他自己则会被惩罚压垮。

伽罗瓦对数学的渴求立即超出了他的老师的能力范围，因此，他直接向当
代大师们写的最新著作学习。他迅速地汲取那些最复杂的思想，到 17 岁时就 236
在《热尔岗年刊》(*Annales de Gergonne*)上发表了他的第一篇论文。对于这位奇才，前面的道路似乎是畅通的，除非他自己杰出的才华成为他进步的最大障碍。虽然伽罗瓦懂得的数学显然足以通过皇家中学的考试要求，但他的解答却常常是很富有创新精神的和精妙的，以至于他的考官们赏识不了。使事情变得更糟的是伽罗瓦把大量的演算放在他的头脑里进行，而不屑于在纸上把论证写清楚，因而使平庸的考官们更为茫然不知所措和沮丧。

他脾气急躁和鲁莽，使他不被他的老师和碰到他的任何人喜欢，而这位年轻人的天资却无助于改变这种状况。当伽罗瓦报考综合工科学校这所全国最有声望的学院时，他在口试时不愿做解释，并显得无礼，结果没被录取。伽罗瓦极其渴望进入这所学校，不只是因为它的学术水平高，而且还由于它享有共和主义者活动中心的名声。一年以后他重新报考，不料他在口试时逻辑上的跳跃又使他的考官迪内特(Dinet)先生感到困惑。由于意识到自己将遭到第二次失败，以及对自己的才华未被认可感到沮丧，伽罗瓦大发脾气，把一块黑板擦掷向迪内特，直接击中了他。伽罗瓦从此再也没有进入这所综合工科学校的圣殿。

伽罗瓦并未被这两次拒绝吓倒，仍然相信自己的数学才能，继续进行他独立的研究。他主要的兴趣在于寻求方程的解，例如二次方程的解。二次方程的形式为

$ax^2+bx+c=0$，这里 a,b,c 可取任何值。 237

任务是找出 x 的值使得二次方程成立。数学家宁可得到一个求解公式而不愿意通过反复试验来找解。幸运的是这种公式是存在的：

$$x=\frac{-b\pm\sqrt{b^2-4ac}}{2a}。$$

直接将 a,b 和 c 的值代入上面的公式,就可算出 x 的正确值。例如,我们可以应用这个公式来解下面的方程：

$$2x^2-6x+4=0,\text{这里 } a=2,b=-6,c=4。$$

将 a,b 和 c 的值代入公式,解就是 $x=1$ 和 $x=2$。

二次方程是被称为多项式的更大的一类方程中的一种。稍微复杂一点类型的多项式是三次方程：

$$ax^3+bx^2+cx+d=0。$$

该方程多出的一项 x^3 增加了复杂性。再加上一项 x^4,我们就得到高一次的多项式方程,称为四次方程：

$$ax^4+bx^3+cx^2+dx+e=0。$$

到 19 世纪时,数学家们也已得到了用来解三次和四次方程的公式,但还不知道解五次方程

$$ax^5+bx^4+cx^3+dx^2+ex+f=0$$

238 的方法。伽罗瓦一心想找出解五次方程的方法,这在当时是一个很重大的挑

战。17 岁时他已经取得很好的进展,向法国科学院提交了两篇研究论文。被指定审查论文的是奥古斯汀·路易斯·柯西,柯西在许多年后和拉梅就费马大定理的一个最终发现有缺陷的证明发生了争论。柯西为这个年轻人的工作所震惊,他的结论是他值得去角逐科学院的数学大奖。为了取得参赛的资格,这两篇论文还要以专题论文的形式重新提交,所以柯西将它们退回给伽罗瓦并等待他重新提交。

在遭受过综合工科学校的拒绝和他的老师们的批评之后,伽罗瓦的才华即将得到承认,但是在接下来的 3 年中,一系列个人的和事业上的悲剧严重打击了他的雄心壮志。1829 年 6 月,一个新的耶稣会牧师来到雷纳堡这个小城,伽罗瓦的父亲仍然是那里的市长。这个牧师反对市长对共和主义者的同情,并通过散布旨在中伤他的谣言发动一场将他撤职的运动。特别是,这个诡计多端的牧师利用了尼古拉-加布里埃尔·伽罗瓦善作灵巧的韵文的名声。他写了一系列庸俗的嘲弄社区成员的韵文并签上市长的名字。老伽罗瓦不能忍受由此而遭受的羞辱和非难,他认定唯一的能保持名誉的选择就是自杀。

埃瓦里斯特·伽罗瓦回家参加了父亲的葬礼,亲身感受到牧师在小城里制造的分裂。当棺木徐徐下落到墓穴中时,正在主持仪式的耶稣会牧师与市长的支持者(他们认识到确有阴谋在谋害市长)之间爆发了一场混战。牧师头 239
上被割了一道深长的伤口,混战变成了一场动乱,而棺木被随便地丢进了墓穴。目睹法国教会羞辱和毁灭了他的父亲,反而增强了伽罗瓦对共和主义事业的热情支持。

一回到巴黎,伽罗瓦就赶在参赛截止期限之前将他的研究论文改写成一篇专题论文并送交科学院秘书约瑟夫·傅里叶(Joseph Fourier),按规定他将把论文再转交审查委员会。伽罗瓦的论文并没有提供五次方程的解法,但是它确实具有远见卓识,包括柯西在内的许多数学家认为它很可能得奖。使伽罗瓦和他的朋友们震惊的是,他不仅未能得奖,而且甚至未能正式参赛。傅里叶在评审之前几个星期就去世了,虽然一堆参赛论文被转交给委员会,但伽罗瓦的参赛论文却不在其中。这篇专题论文再也没有找到过,有一份法国杂志记载了这件不公正的事：

> 去年3月1日之前，伽罗瓦先生将一篇关于求解数值方程的专题论文交给了科学院的秘书。这篇论文应该已入选参加数学大奖的竞赛。它应该得奖，因为它能解决一些拉格朗日未能解决的困难。柯西先生已就这篇论文给予了作者最高赞扬。而结果怎样呢？这篇专题论文被遗失了，而大奖在这位年轻的学者没能参加的情况下颁发了。

伽罗瓦感到他的专题论文是被政治上有偏见的科学院故意丢失的。这个
240 信念一年以后变得更坚定了，当时科学院拒绝了他投的下一篇稿件，声称“他的论证既不够清楚又没有充分展开，使我们不能判断它是否严密”。他认为存在着一个要将他排除出数学界的阴谋，这种想法的后果是他放松了自己的研究工作而去从事支持共和主义事业的斗争。这时他是声望稍低于综合工科学校的高等师范学校的学生，在高等师范学校，伽罗瓦作为闹事者的坏名声超过了他作为数学家的名声。在1830年七月革命期间这一表现达到了顶点，当时查理十世逃离法国，各个政治派别展开了对巴黎街区控制权的争夺。高等师范学校的校长吉尼约特(Guigniault)先生是一个君主制度的拥护者，他意识到他的大多数学生是激进的共和主义者，所以不准他们离开宿室并关闭了学院的大门，这样伽罗瓦就无法与他的弟兄们一起进行战斗。当共和主义者最终被击败时，他的愤怒和受挫感交织在一起。在机会到来时，他发表了一通严厉攻击校长的言论，指责他的懦弱和胆怯。不出人们所料，吉尼约特开除了这个不听话的学生。伽罗瓦正式的数学生涯就到此结束了。

12月4日，这位受挫的天才参加了国民警卫队的炮兵部队，试图成为一名职业反叛者。国民警卫队是共和主义者的民兵组织，被称为“人民之友”。12月底，新国王路易·菲利普担心有新的叛乱，就取消了国民警卫队的炮兵部队。伽罗瓦处于贫困和无家可归的状态。全巴黎最杰出的年轻天才正处处遭受困扰和迫害，这使得他以前的一些数学界同行越来越担心他的境况。索

菲·热尔曼是当时法国数学界的一位不抛头露面的年长的女活动家,她向利 241
布里-卡鲁奇伯爵家的朋友表达了她的关心:

> 确实发生了一场使每一个接触数学的人都担心的灾难。傅里叶先生的逝世对这个学生伽罗瓦是个致命的打击,尽管他桀骜不驯,但他的确显示了有目共睹的聪明才智。他已经被高等师范学校开除,他身无分文,他的母亲也几乎没有钱财,他却不改他得罪人的习性。大家说他会彻底地疯狂,我担心真的会这样。

只要伽罗瓦对政治的激情继续不减,他的命运就会进一步恶化,这是不可避免的。这个事实有法国大作家小仲马的记录佐证。当时小仲马在一家名叫"勃艮第葡萄"的饭店里碰巧遇上了为庆贺 19 名共和主义者被宣告阴谋活动罪名不成立而举行的庆祝宴会:

> 突然,在我和旁边的人进行私下谈话中间,路易·菲利普的名字夹着五六声呣哨声传入我的耳朵。我往四下一看,在离我 15 个到 20 个座位远的地方正发生着极为生动的一幕。在巴黎要找到 200 个比那些在午后 5 点聚在这家饭店花园底层长廊里的人们更敌视政府的人大概是非常困难的。
>
> 一个一只手同时高举杯子和一把出鞘短剑的年轻人正力图使人们听清他的话——埃瓦里斯特·伽罗瓦是最激进的共和主义者之一。嘈杂声如此强烈,以致丝毫也听不清他在讲些什么。我能察觉到的是这里有一种威胁,并且提到路易·菲利普的名字:那把出鞘短剑使意图变得十分清楚。
>
> 这已不是我自己的共和主义者观点所能接受的。我向我左边的
> 邻座的催促做了让步,他是国王的一位喜剧演员,不想被连累。我们 242
> 越过窗台跳进花园。我有点忧心忡忡地回到家里。很清楚这场闹剧会自食其果的。事实上,两三天后埃瓦里斯特被逮捕了。

在圣佩拉吉监狱被扣押一个月后，伽罗瓦被控犯有威胁国王生命罪而受审。虽然根据他的行为几乎毫无争议伽罗瓦是有罪的，但当时宴会喧闹的环境意味着没有人能真正地确认他们听到他发出过任何直接的威胁，富有同情心的陪审团和反叛者未成熟的年龄——他还只有 20 岁——使伽罗瓦最终被无罪释放。然而次月他再一次被捕。

在 1831 年 7 月 14 日的巴士底日，伽罗瓦穿着已被查禁的炮兵警卫队制服在巴黎游行。尽管这仅仅是表示一种蔑视，他还是被判处 6 个月的监禁，回到了圣佩拉吉监狱。在此后的几个月中，这个绝对戒酒的年轻人在其周围无赖们的教唆下开始喝酒。因拒绝接受路易·菲利普授予的荣誉十字勋章而被囚禁的植物学家、激进的共和主义者弗朗索瓦·拉斯帕伊（François Raspail）记述了伽罗瓦第一次喝酒的经过：

> 他抓住小酒杯，就像苏格拉底充满勇气地拿起提炼出来的毒药一样，一口把酒全部吞下，眼也不眨一下，也没有任何苦相。第二杯一点也不比第一杯难就空了，接着是第三杯。这个第一次喝酒的年轻人开始摇摇晃晃起来。成功了！向狱中的巴古科斯[1]致敬！你终于灌醉了一个机灵聪明的灵魂，他在恐怖中接纳了酒。

一星期后，一个狙击手从监狱对面的屋顶层向牢房开了一枪，击伤了伽罗
243 瓦隔壁的人。而伽罗瓦相信这颗子弹本来是朝他打的，政府有阴谋要杀死他。对政治迫害的担忧使他惊恐不安，与亲朋的分离以及他的数学成果遭到拒绝使他陷于抑郁的状态。在一次喝醉后神志不清时他企图自戕，但拉斯帕伊和其他人设法制止了他并说服他放弃了自杀的念头。拉斯帕伊回忆起就在试图自杀前片刻伽罗瓦说的话：

> 你知道我缺少什么吗？我的朋友，我只把它告诉你一个人：他

---

① 酒神狄俄尼索斯的别名。——译者

是我最爱的但只能在精神上爱的一个人。我已经失去了我的父亲，再也没有人能代替他。你在听我讲吗？……

在1832年3月伽罗瓦刑满前一个月，一场传染病霍乱在巴黎蔓延开来，圣佩拉吉的囚犯们被放了出来。对此后几个星期内伽罗瓦做了些什么，人们长期来一直在探究，不过可以肯定的是这段时期里的事件主要与一位神秘女性的风流韵事有关，她就是来自莫泰尔的斯特凡妮-费利西安·波特林（Stéphanie-Félicie Poterine），一位受尊敬的巴黎医生的女儿。虽然关于这件事怎么开始的没有任何线索可查，但是有关这个事件的悲剧性结局的细节却有完备的文字记录。

斯特凡妮已经和一个名叫佩舍·德埃比维尔（Pescheux d'Herbinville）的绅士订婚。德埃比维尔发现了未婚妻的不忠，非常愤怒，作为法国一名最好的枪手，他毫不犹豫地立即向伽罗瓦挑战，在拂晓时分进行决斗。伽罗瓦很清楚他的挑战者的名声。在决斗的前一晚，他相信这是他把他的思想写在纸上的最后机会了，就给他的朋友写信解释了他的处境：

我请求我的爱国同胞们，我的朋友们，不要指责我不是为我的国家而死。我是作为一个不名誉的风骚女人和她的两个受骗者的牺牲品而死的。我将在可耻的诽谤中结束我的生命。噢！为什么要为这么微不足道、这么可鄙的事去死呢？我恳求苍天为我作证，只有武力和强迫才使我在我曾想方设法避免的挑衅中倒下。 245

尽管献身于共和主义事业并牵涉到风流韵事，伽罗瓦始终保持着对数学的爱好。他最担心的一件事是，他的已被科学院拒绝过的研究成果会永远消失。他彻夜工作，写出了所有的定理，绝望地试图使它们得到承认，他相信这些定理全面地阐明了有关五次方程的疑难之处。图22展示了伽罗瓦写的一些最后的手稿，纸上绝大部分是他的已经投交给柯西和傅里叶的那些研究成果的简要叙述，但是在复杂的代数式中不时地可以看到隐藏于其间的“斯特凡

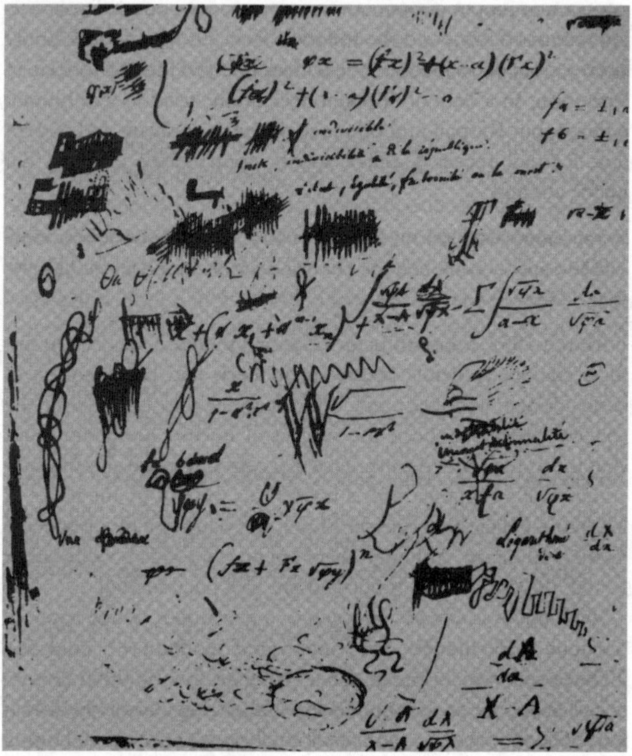

图 22(a)　在决斗的前夜,伽罗瓦力图写下他所有的数学思想。然而,别的一些感慨也出现在笔记中。在这一页上,在左下方的中心处,有“一个女人”的字样,第二个字被草草划掉,可以认为这是指成为这次决斗关键的那个女人

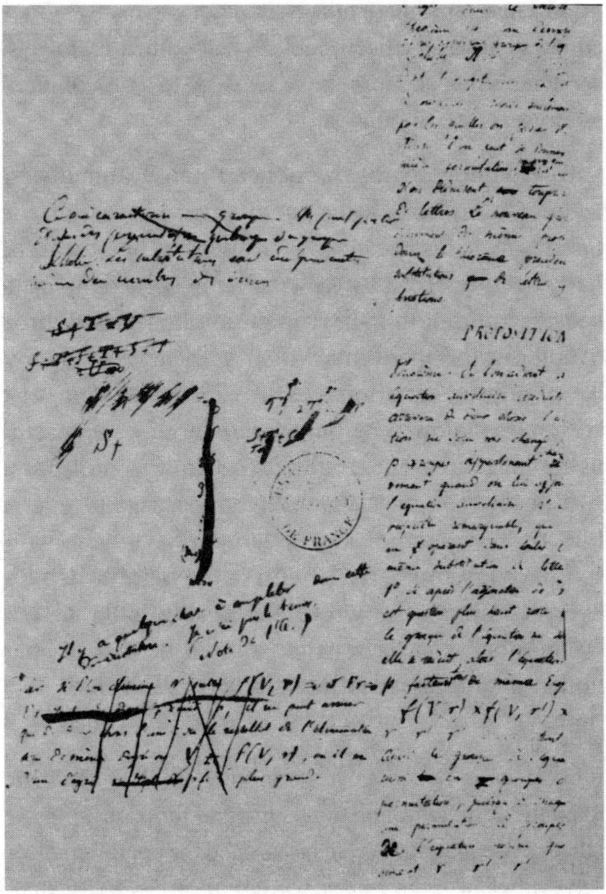

图22(b)　当伽罗瓦绝望地试图在致命时刻到来之前把一切都写下来时,曾出现过担心自己可能来不及完成这项任务的念头。在这一页的左下部分的两行的末端可以看到"je n'ai pas le temps"(我没有时间了)的字样

妮"或"一个女人"等字迹以及绝望的感叹——"我没有时间了,我没有时间了!"在夜尽时分,他的演算完成了。他写了一封对这些做一说明的信给他的朋友奥古斯特·谢瓦利埃(Auguste Chevalier),请求道,如果他死了,就把这些论文分送给欧洲最杰出的一些数学家。

我亲爱的朋友:

我已经得到分析学方面的一些新发现。第一个涉及五次方程的理论,其余的则涉及整函数。

在方程的理论方面,我已经研究了用根式解方程的可解性条件,这使我有机会深化这个理论,并刻画对一个方程可能施行的所有变换,即使它不是可用根式来解的。所有的这方面的工作可以在三篇专题论文中找到……

在我的一生中,我常常敢于预言当时我还不十分有把握的一些命题。但是我在这里写下的这一切已经清清楚楚地在我的脑海里形
247 成一年多了,我不愿意使人怀疑我宣布了自己未完全证明的定理。

请公开请求雅可比(Carl Jacobi)[①]或高斯就这些定理的重要性(不是就定理的正确与否)发表他们的看法。然后,我希望有人会发现将这一堆东西整理清楚会是很有益处的一件事。

热烈地拥抱你

E. 伽罗瓦

第二天,也就是1832年5月30日(星期三)的早晨,伽罗瓦和德埃比维尔面对面站在一块偏僻的田野里,两人相距25步远,都带着手枪。德埃比维尔有一个同伴,而伽罗瓦只是孤身一人。他没有将他的决斗告诉任何人:他派出的给他兄弟阿尔弗雷德(Alfred)送信的信使不可能将这个消息在决斗结束之前送到,而他的朋友几天之后才会收到昨天夜里他写的信。

① 雅可比(1804—1851),德国数学家。——译者

手枪举了起来,接着是射击。德埃比维尔仍然站着,伽罗瓦却腹部中弹。他无望地倒在地上,没有人来帮助他。没有外科医生在场,而胜利者则悄然离去,听任受伤的对手死去。几个小时后阿尔弗雷德到达现场,把他的兄弟送进了柯庆医院。不过为时已晚,腹膜炎已经形成,第二天伽罗瓦就死了。

他的葬礼几乎与他父亲的葬礼一样是一场闹剧。治安当局相信它将是一次政治集会的中心,在前一晚逮捕了 30 个他的同志。尽管如此,还是有 2 000 多名共和主义者参加了葬礼,在伽罗瓦的伙伴们和赶来控制局势的政府人员之间最终爆发了一场混战。

送葬的人群非常愤怒,因为大家越来越相信德埃比维尔并不真是一个戴绿帽子的未婚夫,而只是政府的一个特务;斯特凡妮也不是一个真正的情人,
而是一个狡诈的勾引男人的女人。诸如伽罗瓦在圣佩拉吉监狱时有人朝他开 248
枪这样的一些事情,已经暗示有一个暗杀这个年轻闹事者的阴谋存在。因而,他的朋友们得出结论:他因受骗而堕入风流韵事之中,而那是一个意图置他于死地的政治阴谋的一部分。历史学家们曾争论过这场决斗是一个悲惨的爱情事件的结局还是出于政治动机,但无论是哪一种,一位世界上最杰出的数学家在他 20 岁时被杀死了,他研究数学才只有 5 年。

在分送伽罗瓦的论文之前,他的兄弟和奥古斯特·谢瓦利埃将它们重写了一遍,目的是把那些解释整理清楚。伽罗瓦阐述他的思想时总是急于求成,不够充分,这种习性无疑会因他只有一个晚上的时间来概要叙述他多年的研究而更为严重。虽然他们很尽职地将论文抄本送交卡尔·高斯、卡尔·雅可比和其他一些人,但此后 10 多年,直到约瑟夫·刘维尔(Joseph Liouville)在 1846 年得到一份之前,伽罗瓦的工作一直未得到承认。刘维尔领悟到这些演算中迸发出的天才思想,他花了几个月的时间试图解释它的意义。最后他将这些论文编辑发表在他的极有影响的《纯粹与应用数学杂志》(*Journal de Mathématiques pures et appliquées*)上。其他的数学家对此做出了迅速和巨大的反响,因为事实上伽罗瓦已经对如何去寻找五次方程的解做了完整透彻的叙述。首先,伽罗瓦将所有的五次方程分成两类:可解的和不可解的。然后,对可解的那类方程,他设计了寻找解的方法。此外,伽罗瓦探讨了高于五次的,

包括 x^6, x^7 等在内的高次方程,并且能够判定它们中哪些是可解的。这是19世纪数学中由一位它的最悲惨的英雄创造的一件杰作。

249 在对论文的介绍中,刘维尔对为什么这位年轻数学家会被他的长辈们拒绝,以及他本人的努力怎样使伽罗瓦重新受到注意做了反思:

> 过分地追求简洁是导致这一缺憾的原因。人们在处理像纯粹代数这样抽象和神秘的事物时,应该首先尽力避免这样做。事实上,当你试图引导读者远离习以为常的思路进入较为困惑的领域时,清晰性是绝对必需的,就像笛卡尔说过的那样:"在讨论超前的问题时务必空前地清晰。"伽罗瓦太不把这条箴言放在心上,而我们可以理解,这些杰出的数学家想必认为,通过他们审慎的忠告所表现的苛刻,设法使这个充满才华但尚无经验的初出茅庐者转回到正确的轨道上来是合适的。他们苛评的这位作者,在他们看来是勤奋和富有进取心的,他可以从他们的忠告中获益。
>
> 但是现在一切都改变了,伽罗瓦再也回不来了!我们不要再过分地做无用的批评,让我们把缺憾抛开,找一找有价值的东西……
>
> 我的热心得到了好报。在填补了一些细小的缺陷后,我看出了伽罗瓦用来证明这个美妙的定理的方法是完全正确的,在那个瞬间,我体验到一种强烈的愉悦。

推倒第一块多米诺骨牌

伽罗瓦的演算中的核心部分是称为"群论"的思想,他将这种思想发展成一种能攻克以前无法解决的问题的有力工具。从数学上来说,一个群是一些
250 元素的一个集合,这些元素可以使用某种运算(例如加法或乘法)结合起来,并且这种运算满足某些条件。用来定义群的一个重要性质是:当它的任何两个元素用这种运算结合时,其结果仍是群中的一个元素。这个群被称为在该运算下是封闭的。

例如,整数在“加法”运算下构成一个群。一个整数和另一个整数在加法运算下得出第三个整数,例如

$$4 + 12 = 16$$

在加法运算下所有可能的结果仍在整数中间,因此数学家们说“整数在加法下是封闭的”或“整数在加法下构成一个群”。另一方面,在“除法”运算下,整数不构成一个群,因为一个整数被另一个整数除不一定得出整数,例如,

$$4 \div 12 = \frac{1}{3},$$

分数$\frac{1}{3}$不是一个整数,不在原来的群之中。然而,如果考虑更大一些的包括分数在内的群,即所谓的有理数,那么封闭性可以重新获得:“有理数在除法下是封闭的。”在这样说的时候,仍然需要很当心,因为用元素零去除的时候结果成为无穷大,这是数学中害怕出现的结果。由于这个原因,更正确的说法是:“有理数(除了零以外)在除法下是封闭的。”在许多方面,封闭性类似于前面几章中描述过的完全性。

整数和分数构成有无限多个元素的群,人们可能会认为,群越大,它产生的数学就越有趣。然而,伽罗瓦持有“少即多”的哲学观,他证明小的、精细地构造起来的群可以显示出它们独有的丰富内涵。不利用那些无限群,伽罗瓦 251
反过来从一个具体的方程着手,用这个方程的为数不多的解来构造他的群。正是这个由五次方程的解构造的群,使得伽罗瓦能够推导出他关于这些方程的结果。一个半世纪以后,怀尔斯将利用伽罗瓦的工作作为他证明谷山-志村猜想的基础。

为了证明谷山-志村猜想,数学家们必须证明:无限多个椭圆方程中的每一个可以和一个模形式相配对。他们曾尝试先证明某一个椭圆方程的全部

DNA(即 E -序列)可以与一个模形式的全部 DNA(即 M -序列)相配,然后他们再移向下一个椭圆方程。虽然这是一种完全可以想得到的处理方式,但是还没有人找到一种能对无限多个椭圆方程和模形式反复地重复这个过程的方法。

怀尔斯以一种根本不同的方式来对付这个问题。他不去尝试将某个 E -序列和一个 M -序列的所有元素配对起来,然后再转到下一个 E -序列和 M -序列,而是设法使所有的 E -序列和 M -序列的某一个元素配对,然后再转到下一个元素。换言之,每一个 E -序列有一张由无限多个元素组成的表,即由一个个基因组成整个 DNA,而怀尔斯想要证明的是,每一个 E -序列中的第一个基因可以和每一个 M -序列中的第一个基因配对。然后他将继续去证明,每一个 E -序列中的第二个基因可以和每一个 M -序列中的第二个基因配对,依此类推。

在传统的处理方法中,要处理的是一个无限问题,它就是:即使你能证明某一个 E -序列的所有元素可以和一个 M -序列的所有元素配对,但仍然有无限多个其他的 E -序列和 M -序列需要去配对。怀尔斯的处理方法仍然涉及
252 对付无限性,因为即使他能证明每一个 E -序列的第一个基因可以和每一个模形式的第一个基因配对,仍然有无限多个其他的基因需要去配对。然而,怀尔斯的处理方式较之传统的处理方式有一个很大的优点。

在旧的方法中,一旦你证明了某一个 E -序列的全部元素与一个 M -序列的全部元素可以配对,那么你就必须要问:哪一个 E -序列和 M -序列是我接着要尝试配对的?这无限多个 E -序列和 M -序列并没有自然的次序,因而,接着选择哪一个来处理有很大的任意性。在怀尔斯的方法中,极为关键的是 E -序列中的基因确实有自然的次序,因而在证明了所有的第一个基因配对 $(E_1 = M_1)$ 后,下一步显然就是证明所有的第二个基因配对 $(E_2 = M_2)$,依此类推。

这种自然的次序恰恰是怀尔斯为建立一个归纳法证明所需要的。一开始他必须证明:每一个 E -序列的第一个元素可以与每一个 M -序列的第一个元素配对。然后他必须证明:如果第一个元素可以配对,那么第二个元素也可

以配对;如果第二个元素可以配对,那么第三个元素也可以,依此类推。他必须推倒第一块多米诺骨牌,然后他必须证明任何一块倒塌的多米诺骨牌也会推倒自身后面的一块多米诺骨牌。

当怀尔斯认识到伽罗瓦的群的力量时,他实现了第一步。每一个椭圆方程的一小部分解可以用来构成一个群。经过几个月的分析,怀尔斯证明了这个群会导致一个不可否认的结论——每一个 E-序列的第一个元素确实可以和一个 M-序列的第一个元素配对。多亏伽罗瓦,怀尔斯已经能推倒第一块多米诺骨牌。他的归纳法证明的下一步要求他找到一个方法来证明:如果 E-序列的任一个元素和该 M-序列的对应元素配对,那么下一个元素必定也可以配对。

达到这个程度已经花去 2 年的时间,还没有任何迹象表明还需要多少时 253
间才能找到推进证明的方法。怀尔斯很明白他面前的任务:“你可能会问我,怎么能够决心把无法预料其限度的时间投入一个可能根本无法解决的问题中去。回答是,我就是喜欢研究这个问题,我被迷住了。我乐意用我的智慧与它相斗。此外,我一直认为我正在思考的这种数学,即使它不是有力到足以证明谷山-志村猜想,因此也不能证明费马大定理,但是总会证明某些别的东西。我并不是在走向一个偏僻的小胡同,它肯定是一种好的数学,这一直是真的。确实有可能我将永远证明不了费马大定理,但是绝不存在我完全在浪费我的时间这样的问题。”

“费马大定理解决了?”

虽然这仅仅是向着证明谷山-志村猜想走出的第一步,怀尔斯的伽罗瓦策略却是一个辉煌的、数学上的突破性工作,本身就值得发表。由于他自己设定的闭关自守做法,他不能够向世界宣布他的结果,但同样他也毫不清楚是否可能有别的什么人也在做同样重要的突破性工作。

怀尔斯回忆起他对任何潜在的竞争对手所持的富有哲理的态度:“真的,显然没有人愿意花几年工夫去尝试解决某个后来发现其他人就在你完成之前几个星期已把它解决了的问题。但是奇怪的是,因为我正在尝试的是一个被认为不可能解决的问题,所以我并不真正地太担心竞争。我简直不认为我或任何别的人会对怎样做这件事有任何切实可行的想法。”

254 1988年3月8日,怀尔斯读到宣布费马大定理已被证明的头版标题,大吃一惊。《华盛顿邮报》和《纽约时报》宣称东京大学38岁的宫冈洋一(Yoichi Miyaoka)已经发现了这个世界头号难题的解法。当时,宫冈还未发表他的证明,而只是在波恩的马克斯·普朗克数学研究所的一次报告会上描述了它的大概。唐·扎席尔(Don Zagier)是听众之一,他总结了数学界的乐观情绪:“宫冈的证明非常令人兴奋,某些人感到有很大可能它是行得通的。它仍然未被肯定,但到目前为止看上去很顺利。”

在波恩,宫冈描述了他怎样从一个全新的角度,即从微分几何学的角度出发来处理这个问题的。几十年来,微分几何学家已经对数学图形的形状,特别是对曲面的性质有了许多了解。在20世纪70年代,S.阿拉基洛夫(S. Arakelov)教授领导的一个俄罗斯数学家小组试图在微分几何学中的问题与数论中的问题之间建立相对应的关系,这是朗兰兹纲领的一个组成部分。他们的希望是,可以通过考察微分几何学中对应的已被解答的问题来解决数论中未解答的问题。这被称为“并行论哲学”。

尝试解决数论中问题的微分几何学家被称为“算术代数几何学家”。1983年,他们宣告了他们的第一个重大胜利,当时普林斯顿高等研究院的格尔德·法尔廷斯(Gerd Faltings)对理解费马大定理做出了一个重要的贡献。记得费马声称方程

$$x^n + y^n = z^n, \text{当 } n > 2 \text{ 时},$$

255 没有任何整数解。法尔廷斯相信,通过研究与不同的 n 值相联系的几何形状,他可以在证明大定理的方向上取得进展。与每一个方程相对应的几何形状是不同的,但是它们确实有一个共同之处——它们都有刺破的洞。这些几何形状是四维的,相当像模形式,图23中显示的是它们中的两个二维视觉形象。

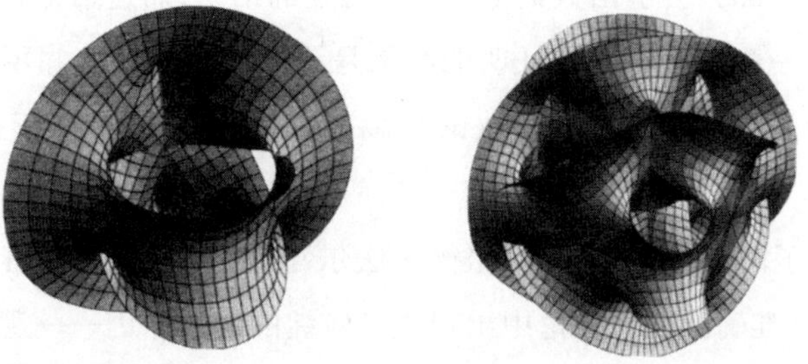

图 23　这些曲面是使用计算机程序 Mathematica 绘制的。它们是方程 $x^n + y^n = 1$ 的几何表示，左图是 $n = 3$ 的图像，右图是 $n = 5$ 的图像。这里 x 和 y 被看作复变量

所有的这些形状都像多维的硬果，有着几个洞而不只是一个洞。方程中的 n 的值越大，在对应的形状中洞越多。

法尔廷斯能够证明，由于这些形状总是有一个以上的洞，相联系的费马方程只能有有限多个解。而有限多个数可以是从零个解（这是费马自己断言的）到 100 万个解或 10 亿个解中的任一种情况，只要是有限个解都可以，所以法尔廷斯并没有证明费马大定理，但他至少已经能够排除有无限多个解的可 256
能性。

五年以后，宫冈宣称他更进了一步。他在 20 岁刚出头时就提出了一个有关所谓的宫冈不等式的猜想。已经清楚的是，他自己的这个几何猜想得到证明，将表明费马方程解的个数将不仅仅是有限的，而只能是零。宫冈的处理方式和怀尔斯的处理方式相似之处在于，他们都试图通过把大定理与另一个不同数学领域中的基本猜想联系起来加以证明。这个数学领域在宫冈的情形中是微分几何，而对怀尔斯来说则是椭圆方程和模形式。对于怀尔斯来说不走运的是，在他仍为证明谷山-志村猜想而努力时，宫冈宣布了关于他自己的猜想的一个完整的证明，因而也是对费马大定理的一个证明。

宫冈在波恩宣布了他的发现两个星期后，公布了详细说明他的证明的共 5 页的代数式，接着对它的详尽研究就开始了。世界各地的数论家和微分几何学家逐行地研究这个证明，寻找逻辑中最细微的缺陷和错误假设的蛛丝马迹。几天之内就有几位数学家察觉到证明中似乎有令人担心的矛盾。宫冈

的工作中有一部分会引出数论中的一个特别的结论，而这结论转换回微分几何学中时与一个早些年已经证明的结果是矛盾的。虽然这并不一定会全盘否定宫冈的证明，但它的确同数论与微分几何学之间的平行论哲学是抵触的。

又过去了两个星期，这时格尔德·法尔廷斯（他的工作为宫冈铺平了道路）宣布他已准确找出平行论中出现明显破绽的确切原因——逻辑上的一个
257 缺陷。这位日本数学家本质上是一位几何学家，他没有能做到绝对严格地将他的思想转换到他不够熟悉的数论领域。一支数论家的大军试图帮助宫冈补救错误，但他们的努力终告失败。从最初的声明算起两个月后，一致的意见是原来的证明注定是失败的。

像过去也有过的几次失败的证明一样，宫冈还是做出了新的有趣的数学成果。他的证明中的许多独特的部分，作为微分几何学在数论中的精妙应用，具有其本身的存在价值，后来被一些别的数学家进一步发展，用于证明其他的一些定理，不过绝不是费马大定理。

对费马大定理的争论不久就结束了，报界刊登简短的最新更正，说明这个300多年的谜依然没有解决。毫无疑问是由于受到各种媒体报道的影响，在纽约的第八街地铁车站出现了乱涂在墙上的新的俏皮话：

> $x^n + y^n = z^n$：没有解
> 对此，我已经发现一种真正美妙的证明，
> 可惜我现在没时间写出来，因为我的火车正在开来。

黑暗的大厦

没有人知道，这时的怀尔斯终于松了一口气。费马大定理仍然没有被征服，他又可以继续他的通过谷山-志村猜想来证明费马大定理的战斗了。他说："大部分时间我会坐在书桌旁进行演算，但有时候我会把问题归结为非常

特别的某种东西——一条线索,某种我感到奇怪的东西,某种就在纸下但我却 258
不能真正指出它的东西。如果有某个特别的东西不断地使我感到兴奋,那么我就不需要任何写字的工具,也不需要任何书桌来在它上面工作,相反我会出去沿湖边散步。当我走着的时候,我发现我能够专心地思考问题的某一个非常特别的方面,全身心地贯注于其中。我总是准备好一支笔和一张纸,因此如果我有了一个想法,我就能在长凳上坐下,开始飞快地写下去。"

经过3年不间断的努力,怀尔斯做出了一系列的突破性工作。他将伽罗瓦群应用于椭圆方程,他将椭圆方程拆解成无限多个项,然后他证明了每一个椭圆方程的第一项必定是模形式的第一项。他已经推倒了第一块多米诺骨牌,现在正在钻研可能会引起所有的多米诺骨牌倒塌的技巧。事后看来,这似乎像是一个证明的必由之路,但是能走到这么远的地步,确实需要有巨大的决心来克服长期的自我怀疑。怀尔斯借用穿越一幢漆黑的未经探测的大厦的经历来描述他在做数学研究时的感受。"设想你进入大厦的第一个房间,里面很黑,一片漆黑。你在家具之间跌跌撞撞,但是逐渐你搞清楚了每一件家具所在的位置。最后,经过6个月或再多一些的时间,你找到了电灯开关,打开了灯。突然整个房间充满光明,你能确切地明白你在何处。然后,你又进入下一个房间,又在黑暗中摸索了6个月。因此,每一次这样的突破,尽管有时候只是一瞬间的事,有时候要一两天的时间,但它们实际上是这之前的许多个月里在黑暗中跌跌撞撞的最终结果,没有前面的这一切它们是不可能出现的。"

1990年,怀尔斯发现自己正处在似乎是所有房间中最黑暗的一间中。他
在其中探索了差不多2年之久。他仍然无法证明如果椭圆方程的一项是模形 259
式的项,那么下一项也应如此。将公开发表的文献中的各种方法和技术都尝试过后,他发现它们都不足以解决问题。他说:"我真的相信我的思路是正确的,但这并不意味着我一定能达到我的目的。很可能解决这个特殊问题所需要的方法是现代数学无法实现的,或许我为完成这个证明所需要的方法再过100年也不会被发现。因此,即使我的思路是正确的,我却生活在一个错误的世纪中。"

怀尔斯并不气馁,他又坚持了一个年头。他开始研究一种被称为岩泽理

论(Iwasawa theory)的技术。岩泽理论是分析椭圆方程的一种方法,怀尔斯在剑桥当约翰·科茨的学生时已经学过。虽然这个方法本身不足以解决问题,但他希望能够修改它,使它变得足够有力,能产生多米诺骨牌效应。

自从利用伽罗瓦群做出首次突破以来,怀尔斯遭受的挫折越来越多。每当压力变得太大时,他会转向他的家庭。从 1986 年开始研究费马大定理以来,他已两次当了父亲。他放松一下情绪的唯一方式是和"孩子们在一起。年幼的孩子们对费马毫无兴趣,他们只需要听故事,他们不想让你做任何别的事情"。

科利瓦金-弗莱切方法

到了 1991 年的夏天,怀尔斯感觉到他改进岩泽理论的努力已经失败。他必须证明: 每一块多米诺骨牌,如果它本身被推倒,则将推倒下一块多米诺骨牌,即如果椭圆方程的 E-序列中的一个元素与模形式的 M-序列中的一个元
260 素相配,那么下一个元素也应如此。他还必须能保证每一个椭圆方程和每一个模形式都是这种情形。岩泽理论不可能给予他所需要的这种保证。他再一次查遍了所有的文献,仍然找不到一种可替代的技术来帮助他实现他所需要的突破。在普林斯顿当了实际上的隐士达 5 年之后,他认定现在是重返交流圈以便了解最新的数学传闻的时候了,或许某地的某人正在研究一种创造性的新技术,而由于某种原因迄今还未公开。他北上波士顿去出席一个关于椭圆方程的重要会议,在那里他肯定会遇见这门学科中的一些主要研究者。

怀尔斯受到来自世界各地的同行们的欢迎,他们很高兴在他这么长时间不参加各种会议之后又见到他。他们仍然不知道他一直在从事什么研究,而怀尔斯也小心翼翼地不露出任何迹象。当他向他们询问有关椭圆方程的最新动态时,他们对他的别有用心毫不起疑。起初的一些反馈对于怀尔斯的困境并无帮助,但是与他以前的导师约翰·科茨的见面却是非常有益的:"科茨向我提及他的一个名叫马瑟斯·弗莱切(Matheus Flach)的学生正在写一篇精妙的分析椭圆方程的论文。他是用最近由科利瓦金(Kolyvagin)设计的方法来做

的，看上去仿佛他的方法完全是为我的问题特制的。它似乎恰恰是我需要的，虽然我知道我还必须进一步发展这种所谓的科利瓦金-弗莱切方法。我把我一直在试用的旧的处理方法完全丢在一边，夜以继日地专心致志于扩展科利瓦金-弗莱切方法。”

理论上，这个新方法可以将怀尔斯的论证从椭圆方程的第一项扩展到椭 261
圆方程的所有各项，并且有可能它对每一个椭圆方程都有效。科利瓦金教授设计了一种极其强有力的数学方法，而马瑟斯·弗莱切将它进一步改进，使得它更具潜力。他们两个谁也没有意识到怀尔斯打算把他们的工作用到世界上最重要的证明中去。

怀尔斯回到了普林斯顿，花了几个月时间熟悉他新发现的技术，然后开始改造和使用它的庞大工程。不久，对一种特殊的椭圆方程，他已经使归纳证明奏效——他能推倒所有多米诺骨牌。不幸的是，科利瓦金-弗莱切方法对一种特殊的椭圆方程能行得通，但不一定对别的椭圆方程行得通。他最终认识到所有的椭圆方程可以分类为不同的族。一旦科利瓦金-弗莱切方法经修改后对某个椭圆方程奏效，那就对那一族中所有的别的椭圆方程都奏效。任务是要改造科利瓦金-弗莱切方法使得它对每一族都能奏效。虽然有些族比其他族更难对付，怀尔斯却坚信他能按自己的方法一个接一个地解决它们。

经过 6 年的艰苦努力，怀尔斯相信胜利已经在望。每个星期他都有进展，证明了更新、更大族的椭圆曲线一定是可模形式化的。看来好像做完那些尚未解决的椭圆方程只是个时间的问题了。在这个证明的最后阶段，怀尔斯开始认识到他的整个证明依靠的是他几个月前刚刚发现的技术。他开始对自己是否正在以完全严格的方式使用科利瓦金-弗莱切方法提出质疑。

怀尔斯说：“那一年我工作得异常努力，试图使科利瓦金-弗莱切方法能成
功，但是它涉及许多复杂的我并不真正熟悉的方法。其中有许多很艰深的代 263
数，需要我去学许多新的数学。于是，大约在 1993 年 1 月份的上半月，我决定有必要向一个人吐露秘密，而他应该是一位我正在使用的那一类几何方法方面的专家。我需要非常小心地挑选这个我要告知秘密的人，因为他必须保守住秘密。我选择了向尼克·凯兹吐露秘密。”

尼克·凯兹

尼克·凯兹教授也在普林斯顿大学数学系工作,认识怀尔斯已经有好几年。尽管他们关系密切,凯兹已经记不得当时在走廊里所讲的每一句话了。他努力回忆起怀尔斯吐露他的秘密时的种种细节:"有一天怀尔斯在饮茶休息时走到我身边,问我是否能一起到他的办公室去——他有些事想和我谈谈。我一点也不知道他会和我谈什么。我和他一起到了他的办公室,他关上了门。他说他认为他将能够证明谷山-志村猜想。我大吃一惊,目瞪口呆——这真是异想天开。

"他解释说证明中有一大部分是依靠他对弗莱切和科利瓦金的工作所做的扩展,但是它是非常专门性的。他对证明中这一高度专门性的部分确实感到没有把握。他想和某个人一起讨论这一部分,因为他需要保证它是正确的。他认为我是帮助他核对的正确人选,但是我认为他特别选中我还有另一个原因。他相信我会守口如瓶,不会告诉别人有关这个证明的事。"

在6年的孤军奋战之后,怀尔斯终于吐露了他的秘密。现在凯兹的工作是要勉力对付这一大堆极为壮观的基于科利瓦金-弗莱切方法做出的演算。实际上怀尔斯完成的每一件事都是革命性的,关于彻底检查它们的途径凯兹提出了许多想法:"安德鲁必须解释的内容既多又长,要想在他的办公室里通 264
过非正式谈话解释清楚是不可能的。对于像这样的大事情,我们确实需要以正式的每周定时的讲座方式来进行,否则事情会搞糟的。所以这就是我决定设立讲座的原因。"

他们认定最好的策略是宣布举行一系列面向系里研究生的讲座。怀尔斯将讲授一个课程,而凯兹将会是听众之一。这个课程将有效地包括需要核对的那部分证明,但是研究生们是不会知道这一点的。以这种方式将核对证明这件事伪装起来,其优点在于这将迫使怀尔斯一步接一步地去解释每一件事而又不会引起系里的任何怀疑。就其他人而言,这只不过是又一门研究生课程。

"于是安德鲁宣布这个讲座的名称为'椭圆曲线的计算',"凯兹俏皮地一笑,回忆说,"完全是一个泛泛而谈的标题——它可以随便代表什么。他没有提到费马,也没有提到谷山-志村,他一开始就进入专门性的计算。世界上不可能有人能猜到这种计算的真正目的。它是以这样一种方式来进行的,除非你知道这是做什么用的,否则这种计算看起来好像非常专门,并且冗长乏味。而如果你不知道这些数学是做什么用的话,你就不可能懂得它。即使你知道它是做什么用的,它也是很难搞懂的。不管怎样,研究生们一个接一个地逐渐消失,几个星期后我就成了留在听众席中仅有的一个人。"

凯兹坐在演讲厅中,仔细地听着怀尔斯的演算中的每一步。到这个课程结束时,他的评价是科利瓦金-弗莱切方法似乎是完全可行的。系里没有别的
265 人意识到这里一直在进行着的事。没有人怀疑怀尔斯正处于摘取数学中最重要的奖的边缘。他们的计划是成功的。

系列讲座一结束,怀尔斯就专心致志于努力完成证明。他成功地将科利瓦金-弗莱切方法应用于一族又一族的椭圆方程,到这个阶段,只剩下一族椭圆方程拒绝向这个方法让步。怀尔斯描述了他怎样试图完成证明的最后一步:"5 月末的一个早晨,内达和孩子们一起出去了,我坐在书桌旁思考着这剩下的一族椭圆方程。我随意地看了一下巴里・梅休尔的一篇论文,恰好其中有一句话引起了我的注意。它提到一个 19 世纪的构造,我突然意识到我应该能够使用这个结构来使科利瓦金-弗莱切方法也适用于这最后的一族椭圆方程。我一直工作到下午,忘记了下去吃午饭。到了下午三四点钟的时候,我真正地确信这将解决最后剩下的问题。当时已到饮茶休息的时候,我走下楼去,内达非常惊奇我来得这么迟。然后我告诉她——我已经解决了费马大定理。"

世纪演讲

经过 7 年的专心努力,怀尔斯完成了谷山-志村猜想的证明。作为一个结果,经历了 30 年对它的梦想,他也证明了费马大定理。现在是将它向全世界公布的时候了。

"这样,到了 1993 年 5 月,我确信我已经掌握了整个费马大定理,"怀尔斯
266 回忆说,"我仍然需要再核对一下证明,但是 6 月末在剑桥有一个会议要举行,我想这也许是宣布这个证明的好地方——它是我古老的家乡,我曾经是那里

的一个研究生。”

会议在牛顿研究所举行。这次研究所打算举办一个数论方面的工作报告会,名称有点晦涩,叫作“L-函数和算术”。组织者之一是怀尔斯的博士生导师约翰·科茨:“我们聚集了来自世界各地的对这个广泛的问题做研究的人,当然,安德鲁也是我们邀请的人之一。我们安排了一个星期的集中性演讲,因为有许多人要求做演讲,所以我们本来只给安德鲁做两次演讲的时间。但是后来我了解到他需要第三次演讲机会。因此,事实上我放弃了我自己的演讲时间安排给他做第三次演讲。我知道他有某个大结果要宣布,但是我不知道它是什么。”

当怀尔斯到达剑桥时,距离他的演讲开始还有两个半星期。他想要好好利用这段时间:“我决定要和一两位专家一起来核对这证明,尤其是科利瓦金-弗莱切的那部分。我把证明交给的第一个人是巴里·梅休尔。我记得我对他说:‘我这里有一篇证明某一个定理的手稿。’有一会儿,他看上去非常困惑,接着我说:‘那么,看一下它吧。’我想他当时花了点时间将它过目了一下。他似乎愣住了。无论如何,我告诉他我希望在会议上讲到它,并且我真的想要他设法核对一下。”

数论方面最杰出的人物开始一个接一个地来到了牛顿研究所,其中包括肯·里贝特,他在 1986 年的工作鼓舞着怀尔斯经受了 7 年的严峻考验。他说:“我参加了这个讨论 L-函数和椭圆曲线的会议,直到人们开始告诉我他们听到有关安德鲁·怀尔斯提出的系列演讲的神秘传闻之前,会议似乎没有任 267
何异乎寻常的事。传闻说他已经证明了费马大定理,我只认为完全是瞎讲。我想这不可能是真的。在数学界这样的情形发生过多次,当时谣传四处扩散,特别是通过电子邮件扩散,经验表明你不必过分相信它们。但是这次的谣传非常执着,而安德鲁拒绝回答任何有关的问题,他的行为非常非常古怪。约翰·科茨对他说:‘安德鲁,你究竟证明了什么?我们要不要告诉新闻界?’安德鲁只是微微地摇了下他的头,依然紧闭他的双唇。他确实在为高度戏剧性的场面做准备。

“然后一天下午,安德鲁走到我身边,开始问我有关我在 1986 年做的工作和有关弗赖思想的一些历史。我心里想，这真是不可思议，他一定是已经证明了谷山-志村猜想和费马大定理，否则他不会问我这些事情。我没有直接问他这是否是真的，因为我知道他目前是不肯表态的，因而我不会得到直截了当的回答。所以我只是说了句：'嗯，安德鲁，如果你有机会讲到这个工作，这些就是发生过的事。'我看了他几眼，好像我知道什么似的，但是我真的不知道发生了什么事情。我仍然只是猜猜而已。”

怀尔斯对传闻和日益上升的压力的反应是简单的：“人们想把话题引向我的演讲，他们要问我的恰恰是我准备要讲的那些东西，因此我说，好，来听我的演讲吧，一切都会明白的。”

回顾 1920 年，当时 58 岁的大卫·希尔伯特在格丁根做了一个关于费马大定理的公开演讲。当被问及是否这个问题会被解决时，他回答说他可能活
268 不到看见这一天，但是也许在座的年轻人会亲眼看到答案。希尔伯特对解答的日期所做的估计证明是相当准确的。怀尔斯的演讲和沃尔夫斯凯尔奖在时间上也很相称。保罗·沃尔夫斯凯尔按他的遗愿规定了截止日期为 2007 年的 9 月 13 日。

怀尔斯的系列演讲的标题为“模形式、椭圆曲线和伽罗瓦表示”。如同他在这一年的早些时候为尼克·凯兹开设的研究生课程使用的名称那样，这一次的演讲题目也是如此地朦胧，一点没有透露出这个演讲的最终目的是什么。怀尔斯的第一次演讲显然是一般性的，目的是为在第二次和第三次中解决谷山-志村猜想做准备工作。大部分他的听众完全不知晓流言传闻，对这个演讲的重要性并不理解，对细节也很少注意。那些知道内情的人则寻找着有可能使谣传可信的哪怕是极细微的线索。

在第一次演讲结束后，谣言机器立即更猛烈地开动起来，电子邮件飞向世界各地。怀尔斯以前的一个学生卡尔·鲁宾（Karl Rubin）教授向他在美国的同行们发回报告：

日期：1993 年 6 月 21 日，星期一，13 点 33 分 6 秒

标题：怀尔斯

各位，安德鲁今天做了他的第一次报告。他没有宣布对谷山-志村猜想的证明，但是他正在向那个方向前进。他还有两次报告。关于最后的结果他仍然非常保密。

我最好的猜测是，他打算证明：如果E是Q上的一条椭圆曲线，并且在E的3次点上的伽罗瓦表示满足某个假设，那么E是模椭圆曲线。根据他所说的，似乎他不会证明整个猜想。我尚不清楚的是， 269
这是否适用于弗赖曲线，并因此对了解费马问题有所帮助。我会保持与你们的通信。

卡尔·鲁宾

俄亥俄州立大学

到了第二天，更多的人听说了这些流言蜚语，因此第二次演讲的听众大量地增加。怀尔斯讲了过渡性的演算，这些演算表明他十分明确地意图要解决谷山-志村猜想，但是听众仍然搞不清楚他是否已经做到足以证明它并从而征服费马大定理。新的一大堆电子邮件通过卫星发送到各地。

日期：1993年6月22日，星期二，13点10分39秒

标题：怀尔斯

今天的报告中无更多的实质性内容。安德鲁叙述了我昨天猜到的方向上关于提升伽罗瓦表示的一般定理。它似乎并不适用于所有的椭圆曲线。但精妙之处将出现于明天。

我真的不知道为什么他要以这种方式进行。很清楚他知道明天准备讲什么。这是他多年来一直从事的规模非常宏大的工作，他似乎对此很自信。我会告诉你们明天的情况。

卡尔·鲁宾

俄亥俄州立大学

“6月23日，安德鲁开始了他的第三次，也是最后一次的演讲，”约翰·科茨 270

回忆道,“值得注意的是,每一个对促成这个证明的那些思想做出过贡献的人实际上都在现场的房间里,包括梅休尔、里贝特、科利瓦金以及许许多多别的人。”

到那个时候,谣传已经达到如此逼真的程度,以至剑桥数学界的每一个人都来听这最后一次演讲。运气好的人挤进了演讲厅,而其他的人只能等在走廊里,踮起脚站在那儿,透过窗子往里凝视。肯·里贝特采取行动确保他不会错过这个20世纪最重要的数学成果的宣布:“我到得比较早,和巴里·梅休尔一起坐在前排。我带着照相机以便记录这个重大事件。当时的气氛充满了激情,人们非常兴奋。大家肯定都意识到我们正在参与一个历史性的事件。在演讲之前和演讲过程中人们的脸上都绽露着笑容。经过这几天气氛已逐渐紧张起来。现在,美妙的时刻即将到来,我们正在走向费马大定理的证明。”

巴里·梅休尔已经得到怀尔斯给的一份这个证明的复印件,但即使这样,他也依然对这个演讲感到惊讶:“我从未见过如此辉煌的演讲,充满了如此奇妙的思想,具有如此戏剧性的紧张,准备得如此之好。”

经过7年的努力,怀尔斯准备向世界宣布他的证明了。奇怪的是,怀尔斯已经无法很详细地回忆起演讲的最后时刻的情景,而只能回想起当时的气氛:“虽然新闻界已经听到些有关演讲的风声,很幸运他们没有来听演讲。但是听众中有许多人拍摄了演讲结束时的镜头,研究所所长肯定事先就准备了一瓶香槟酒。当我宣读证明时,会场上保持着特别庄重的寂静,然后当我写完费马
271 大定理这个命题时,我说:‘我想我就在这里结束。’接着会场上爆发出一阵持久的鼓掌声。”

事 后

奇怪的是怀尔斯对演讲有一种矛盾的心理:“很显然这是一次难得的机会,但是我的心情很复杂。7年来这已成了我的一部分:它曾一直是我的整个的工作所在。我是如此投入这个问题,我真实地感到我与它已密不可分。但是现在我失去了它,这种感觉就如我放弃了我自己的一部分。”

怀尔斯的同行肯·里贝特却没有这种不安:“这是一个极其非凡的事件,

我的意思是,你去参加一个会议,那里有一些很平常的演讲、一些好的演讲,还有一些非常特殊的演讲,但在一生中你只有一次听到演讲者宣告他解决了一个长达350年的问题的演讲。人们彼此对望着,喊道:‘我的天啊!要知道我们刚才目睹了一个多么伟大的事件。’然后,人们对证明的技术细节以及它对其他方程的可能的应用问了一些问题,接着又是更久的寂静,之后,突然爆发出第二轮的掌声。下一位报告人是一个名叫肯·里贝特的人,就是鄙人。我做了演讲,人们做了笔记,鼓了掌,可是在场的每一个人,包括我自己,对我在演讲中讲了些什么都没有丝毫的印象。”

在数学家们通过电子邮件传诵着好消息时,其他的人只能等待晚间新闻或第二天的报纸。电视台工作人员和科学新闻记者们大批地来到牛顿研究所,要求采访“20世纪最杰出的数学家”。《卫报》疾呼“数论因数学的最后之 272
谜而看涨”,《世界报》的头版报道说“费马大定理获得解决”。各地的记者们向数学家请教他们对怀尔斯的工作的专家意见,尚未从震惊中恢复过来的教授们被要求对这个迄今最复杂的数学证明做简短的解释,或提供能阐明谷山-志村猜想的谈话。

志村教授是在他阅读《纽约时报》的头版报道——《终于欢呼“我发现了!”,久远的数学之谜获解》时第一次了解到有关对他自己的猜想的证明。在他的朋友谷山丰自杀35年后,他们一起提出的猜想现在被证明是正确的。在许多专业数学家看来,证明谷山-志村猜想是比解决费马大定理更为重要的成就,因为它对许多别的数学定理有巨大的影响。而报道这一事件的记者们则倾向于集中注意力于费马,即便要提也只是顺便地提到一下谷山-志村。

志村是一位谦虚而文雅的人,他并未因他在费马大定理的证明中所起的作用未被注意而过分烦恼,但是他对志村和谷山从名词降为形容词颇为在意。“非常奇怪,人们写与谷山-志村猜想有关的事,却没有人写到过谷山和志村。”

自宫冈洋一在1988年宣布他的所谓证明以来,这是数学家第一次占据头条新闻。唯一的差别是这一次报道量要比前次多达两倍并且没有人表示对此证明有任何怀疑。一夜之间,怀尔斯变成世界上最著名的,事实上是唯一著名的数学家,《人物》(*People*)杂志甚至将他与戴安娜王妃和奥普拉·温弗里

"All the News That's Fit to Print"

The New York Times

Late Edition

NEW YORK, THURSDAY, JUNE 24, 1993

At Last, Shout of 'Eureka!' In Age-Old Math Mystery

SENATORS TAKE UP CLINTON'S BUDGET WITH ACID DEBATE

G.O.P. ALTERNATIVE BEATEN

Two Parties Relish the Stage, Trading Vitriolic Speeches on How to Trim Deficit

Split in Japan's Ruling Party Is Rearranging Political Map

House Retains Space Station In a Close Vote

Cutback in U.S. Funds to Reduce Summer Jobs for New York Youths

S.& L. Woes Impinge on Privileged Haven

Budget Debate: A Primer

Cutting Through Claims and Counterclaims As Senate Ponders Ways to Curb the Deficit

U.S. Reports Setback On Russian Aid Plan

INSIDE

Economic Ramblings

在怀尔斯的演讲之后，世界各地的报纸都报道了他对费马大定理的证明

(Oprah Winfrey)一起列为“本年度25位最具魅力者”之一。最后的赞赏来自 274
一家国际制衣大企业,他们请这位温文尔雅的天才为他们的新系列男装做广告。

在各种媒体继续报道和数学家们成为注意的中心的同时,认真核对这个证明的工作也在进行。与所有的科学学科中的做法一样,每一个新的成果必须经过仔细的检查才可能被承认是准确和正确的。怀尔斯的证明必须经受审查者的严格审查。虽然怀尔斯在牛顿研究所的演讲已经向世界提供了他的演算纲要,但这不能作为正式的审查。科学的程序要求任何数学家将完整的手稿送交一个有声望的刊物,然后这个刊物的编辑将它送交一组审稿人,他们的职责是逐行地审查证明。怀尔斯只能焦急地度过一个夏天,等待审稿人的审稿意见,祈求最终能得到他们的祝福。

安德鲁·怀尔斯和肯·里贝特在牛顿研究所的历史性演讲之后

第七章　一点小麻烦

值得解决的问题会以反击来证明它自己的价值。

——皮特·海因(Piet Hein)

剑桥的演讲一结束,沃尔夫斯凯尔委员会就已经知道有关怀尔斯的证明 277
的消息。但他们不能立即颁奖,因为竞赛规则明确要求该证明需经别的数学家证实,并且正式发表:

> 格丁根皇家科学协会……只考虑在定期刊物上以专著形式发表的或在书店中出售的数学专题论著……协会举行颁奖不得早于被选中的专著发表后的两年。这段时间供德国和外国的数学家对发表的解答的正确性提出他们的意见。

怀尔斯将他的手稿投交《数学发明》(*Inventiones Mathematicae*)杂志,该杂志收到手稿后,它的编辑巴里·梅休尔立即开始挑选审稿人的工作。怀尔斯的论文涉及大量的数学方法,既有古代的也有现代的,所以梅休尔做出了一个
特别的决定,不是像通常那样只指定两个或三个审稿人,而是六个审稿人。每 278
年全世界各种杂志上发表的论文约有3万篇,但是怀尔斯的论文无论是它的篇幅还是它的重要性都表明它应该经受极其严格周密的审查。为使审稿易于

进行，200 页的证明被分成 6 章，每一位审稿人负责其中一章。

第三章由尼克·凯兹负责审查，他在年初已经核查过怀尔斯的证明中的这一部分："那个夏季我恰好在巴黎为高等科学研究所工作，我把全部 200 页证明都带在身边——我负责的那一章有 70 页长。当我到达那里时，我认为我有必要得到认真的技术上的帮助。于是在我的坚持之下，当时也在巴黎的吕克·伊卢齐(Luc Illusie)成了这一章的合作审稿人。在那个夏季里我们每周碰头几次，基本上是互相讲解，设法弄懂这一章。确切地说，我们只是逐行审阅原稿，想办法确保不存在错误。有时候有些东西我们搞不清楚，所以每天，有时是一天两次，我会发电子邮件告诉安德鲁某个问题——我不理解你这一页上讲的东西，或者这一行似乎是错的，等等。通常我同一天或隔一天会得到澄清这件事的回答，然后我们就继续下一个问题。"

这个证明是一个特大型的论证，由数以百计的数学计算通过数以千计的逻辑链环错综复杂地构造而成。只要有一个计算出差错或一个链环没衔接好，那么整个证明将极有可能失去其价值。怀尔斯那时候已经回到普林斯顿，他焦急地等待审稿人完成他们的任务："在我的论文完全不用我操心之前，我不会尽兴地庆祝。在此期间我中断了我的工作，以处理审稿人在电子邮件中提出
279 的问题。我仍然很自信这些问题不会给我造成很大的麻烦。"在将证明交给审稿人之前，他已经一再核对过了。因此，除了由语法或打印的错误造成的数学上的错误以及一些他能够马上改正的小错误外，他预料不会再有什么问题了。

"在 8 月之前，这些问题一直都是比较容易解决的，"凯兹回忆说，"直到我碰到一个似乎仅仅是又一个小问题的东西。8 月 23 日左右，我发电子邮件给安德鲁，但是这次的问题稍微复杂一点，所以他给我发回一个传真。但是这份传真似乎没有回答问题，所以我又发电子邮件给他。我接到另一份传真，不过我仍然不满意。"

怀尔斯认为这个错误就像所有别的错误一样浅显简单，但是凯兹的执着态度迫使他认真地加以考虑："我无法立即解答这个看上去非常幼稚的问题。初看之下，它似乎与别的问题属于同一级别的难度，但是后来到了 9 月份的某个时候，我开始认识到这完全不是一个无足轻重的困难，而是一个重大的缺

陷。它是与科利瓦金-弗莱切方法有关的论证的关键部分中的一个错误,但它是如此微妙,以致在这之前我完全忽略了它。这个错误很抽象,无法用简单的术语真实地描述它,即使是向一个数学家做解释,也需要这个数学家花两三个月时间详细地研究那部分原稿。"

这个问题的实质是,无法像怀尔斯原来设想的那样保证科利瓦金-弗莱切方法行得通。原本期望能将证明从所有的椭圆方程和模形式的第一项扩展到包括所有的项,这样就提供了将多米诺骨牌一块接一块推倒的方法。原始的科利瓦金-弗莱切方法只在有特殊限制的情形下才有效,但怀尔斯相信他已经将它改造并加强到足以适合于他的所有需要。在凯兹看来,情况并不一定如 280
此,其后果是戏剧性的,有很大的破坏性。

这个错误不一定意味着怀尔斯的工作无法补救,但它的确意味着他必须加强他的证明。数学的绝对主义要求怀尔斯无可怀疑地证明他的方法对每一个 E -序列和 M -序列的每一项都行得通。

把地毯铺贴切

当凯兹意识到他觉察出的错误的严重性时,他开始问自己在春季时怎么会漏过这一点的。当时怀尔斯曾为他做报告,唯一的目的就是要确认出任何错误:"我想答案是当你听讲时确实有一种紧张心理,不知该弄懂每一件事还是让演讲者继续讲下去。如果你不断地插话——我这儿不懂,我那儿不懂——那么演讲者就无法阐明任何东西,而你也不会有所得。另一方面,如果你从不插话,你就会有几分迷惘,你有礼貌地点着头,但是你实际上没有核对过任何东西。提问得太多与提问得太少之间的分寸确实很难把握,到了那些报告结束的时候(那正是这个问题滑过去的地方),很明显我犯了问得太少的错误。"

只不过几个星期以前,全球的报刊把怀尔斯誉为世界上最杰出的数学家,数论家们在经受了350年的失败后相信他们最终比皮埃尔·德·费马更强一些。现在怀尔斯面对必须承认他犯了个错误的羞辱。在承认出了错误之前, 281
他决定试一下,集中精力填补这个缺陷:"我不能放弃,我被这个问题迷住了。

我仍然相信科利瓦金-弗莱切方法只需要一点儿调整。我只需要小规模地修改它,它就会很好地起作用。我决定直接回到我过去的状态,完全与外面的世界隔绝。我必须重新聚精会神起来,不过这一次是在困难得多的情形下。在相当长的一段时间中,我认为补救办法可能就在近旁,我只是忘记了某件简单的事,也许第二天一切都会完美的。当然事情并没有像想象的那样发生,相反随着时间的推移问题似乎变得越来越棘手。”

他希望能在数学界知道证明中有错误之前将这个错误改正好。怀尔斯的妻子目睹了他长达 7 年的已经贯注于原来的证明之中的努力,现在又得看着她丈夫与一个可能会毁坏一切的错误苦斗。怀尔斯忘不了她的乐观态度:“在 9 月份内达对我说,她唯一想要的生日礼物是一个正确的证明,她的生日在 10 月 6 日。要交出这个证明我只有两个星期的时间,我失败了。”

对于尼克·凯兹来说这也是一段紧张的时期:“到 10 月份时,知道这个错误的人总共只有我本人、伊卢齐、另外几章的审稿人和安德鲁——原则上就这么一些人。我的态度是作为审稿人我应该保守秘密。我确实认为我不应该和安德鲁以外的任何人讨论这件事,所以我对此没有向外说过一个字。我的感觉是他表面上看上去很正常,但是在这一点上他向世人保守着秘密,我认为他
282 对此一定是很不安的。安德鲁的态度是只要再有一天他就会解决它,但是当秋季来临时稿件仍然还未通过,于是关于证明有问题的议论开始流传。”

特别是,另一个审稿人肯·里贝特开始感到保守秘密带来的压力:“出于某些纯粹偶然的原因,我开始被人称为‘费马信息咨询所’。最初是在《纽约时报》上的一篇文章,其中讲到安德鲁要我代表他和记者谈话,这篇文章中有‘里贝特充当安德鲁·怀尔斯的发言人……’或者相当于这个意思的话。此后,形形色色对费马大定理感兴趣的人都被吸引到我这里来了,既有数学圈内的也有圈外的。人们通过新闻媒体打电话来,简直是来自世界各地,因而在这两三个月里我做了许多次的报告。在这些报告中,我着重讲了这个证明的巨大成就,我也概略地介绍了证明本身,也谈论过我最了解的那部分,但是不久人们开始变得不耐烦了,开始问一些棘手的问题。

“你知道怀尔斯已经发表过非常公开的声明,但是除了非常少的一组审稿

人外，还没有人看到过这篇论文，所以数学家们一直在等待安德鲁在6月份的最初的声明后几星期时曾承诺过的这篇论文。人们说：‘好，既然这个定理已经被宣布过——我们想知道现在它怎么样了。他在做什么？为什么我们没有他的任何消息？’人们有点恼火的是他们被蒙在鼓里，一点也不知道内情，他们就是想知道后来发生了什么。以后，情况变得更糟，因为慢慢地怀疑的阴影集中到证明本身上了，人们不断告诉我这些谣传，说在第三章有缺陷。他们问我知道些什么，我真的不知道如何回答才好。”

随着怀尔斯和审稿人否认证明有缺陷，或者至少是拒绝评论，外界的猜测 283
开始变得放肆起来。在失望之中，数学家们开始互相发送电子邮件，希望得到这个神秘事件的内部消息。

标题：怀尔斯证明中有缺陷吗？

日期：格林尼治标准时1993年11月18日21点4分49秒

有许多谣传议论怀尔斯的证明有一个或更多个缺陷。这种缺陷指的是瑕疵、裂缝、裂口、大深沟还是地狱？谁有可靠的消息？

约瑟夫·李普曼(Joseph Lipman)

普渡大学

在各个数学系的饮茶休息室中，围绕着怀尔斯的证明的流言蜚语逐步升级。在答复这些谣传和这些推测性的电子邮件时，有些数学家试图使数学界重新保持平静的意识。

标题：回答：怀尔斯证明中有缺陷吗？

日期：格林尼治标准时1993年11月19日15点42分20秒

我没有第一手信息，我也没有时间去讨论第二手的信息。我认为对每个人最好的忠告是保持平静，让正在仔细核对怀尔斯论文的那些非常有能力的审稿人做他们的事。他们会在他们有明确的东西要讲的时候报告他们的发现。任何写过论文或审查过论文的人都熟

知这样的事实：问题常常是发生在检验证明的过程中。对于一个通
284 过漫长的艰难证明得到的如此重要的成果，如果不出现这种情形那
倒是令人惊奇的。

伦纳德·埃文斯(Leonard Evens)

西北大学

尽管呼吁平静，电子邮件仍在持续增加。除了讨论那个假定存在的错误外，数学家们现在还争论起抢先透露审稿人意见的做法在道德方面的问题。

标题：更多的费马闲聊

日期：格林尼治标准时 1993 年 11 月 24 日 12 点 0 分 34 秒

我不同意那些说我们不应该闲聊怀尔斯的费马大定理证明是否有缺陷的人的意见，这一点我想是很明白的，我完全赞成这一类的议论，只是不要过于认真地看待它。特别是因为，不管怀尔斯的证明有无缺陷，我确实认为他完成了某种世界级的数学。

这儿是我今天得到的一些信息，第 n 手……

鲍勃·西尔弗曼(Bob Silverman)

标题：回复：关于费马漏洞

日期：格林尼治标准时 1993 年 11 月 22 日，星期一，20 点 16 分

在上周牛顿研究所的一次演讲中科茨说，在他看来，证明的“几
何欧拉系统”部分有一个缺陷，要补上它“可能要花 1 星期，或者可能
285 要花 2 年的时间”。我已经和他谈过好几次，但是仍然不能肯定他有
什么根据这样讲。他并没有论文的复印件。

就我所知，剑桥仅有的一份复印件是在理查德·泰勒那里，他是作为《数学发明》的审稿人拥有的。在所有的审稿人达成共同的结论之前，他一直坚持不做评论，所以情况使人迷惑不解。我本人不能理解在这种情形下怎么可以把科茨的观点当作权威性的意见，我打算

等着听理查德·泰勒的意见。

理查德·平奇(Richard Pinch)

在外界对他的证明迟迟不露面产生的愤怒日益增长的同时,怀尔斯尽力不理睬争论和推测:“我真的把自己关闭起来,因为我不想知道人们在说我什么。我只是想隐居起来,但是我的同事彼得·萨纳克(Peter Sarnak)会不时地对我说:‘你不知道外面正在刮风暴吗?’我听着,但是就我自己来说,我确实需要完全地与世隔绝,只将精力全部集中于那个问题。”

彼得·萨纳克和怀尔斯同时进入普林斯顿数学系工作,在那些年中他们成了密友。在这段紧张不安的时期里,萨纳克是怀尔斯信任的几个人中的一个。萨纳克回忆说:“嗯,我从不知道确切的细节,但是有一点是清楚的,即他正在想法解决这一严重的问题。但是每次他修改了计算中的这一部分,它就会引起证明中其他部分的某种别的困难。这就像他在一个房间里铺放一张比房间大的地毯那样,安德鲁可以使地毯贴合任何一个角落,但一定会发现地毯在另一个角落却鼓了起来。是否能够将地毯在房间里铺放贴切不是他能够决 286
定得了的。你听我说,即使有错误,安德鲁也已经跨出了伟大的一步。在他之前,没有人有任何方法对付谷山-志村猜想,但是现在人人都真的很兴奋,因为他向我们展示了许多新的想法。它们是以前还没有人考虑过的基本的、新的东西。因此,即使它不能被修改好,这也是非常重大的进展——不过当然费马大定理将仍然是未解决的问题。”

最后,怀尔斯认识到他不能永远保持沉默。这个错误的解决办法并不是唾手可得的,现在是结束种种推测的时候了。经过一个凄凉失败的秋季后,他给数学信息公告栏发了下面的电子邮件:

标题:费马状况

日期:格林尼治标准时1993年12月4日1点36分50秒

鉴于存在着对我的关于谷山-志村猜想和费马大定理的工作状况的种种推测,我将对情形做一简短说明。在检验过程中发现许多问题，大部分已经解决，但是有一个特别的问题我还没有解决。（大部分场合下）将谷山-志村猜想归结到计算塞尔默群（Selmer group）这一关键性的做法是正确的。然而，在（相伴于模形式的对称平方表示的）半稳定的情况中，塞尔默群的精确上界的最后计算还没有像所
287 说的那样是完全的。我相信在不远的将来我能够使用我在剑桥演讲中解释过的想法完成它。

原稿上有许多工作尚待完成，这个事实使得将它作为预印本发送还不适宜。在普林斯顿我于2月份开始的一门课程中，我将对这个工作给出一个详细的说明。

安德鲁·怀尔斯

很少有人对怀尔斯的乐观抱有信心。差不多6个月已经过去了，而错误仍未改正，也没有任何理由可以认为在未来的6个月中事情会有什么变化。况且，如果他真的能够“在不远的将来完成这项工作”，那么为什么要费心发这个电子邮件？为什么不再保持几个星期的沉默然后交出完整的论文？他在他的电子邮件中提到的2月份的课程并没有给出所允诺的任何细节。数学界怀疑怀尔斯只是在设法为他自己争取更多的时间。

报刊再一次对这件事大做文章，这使数学家们回想起1988年宫冈失败的证明。历史正在重复它本身。数论家们现在正等待着下一份电子邮件解释为什么证明的缺陷是无法挽救的。少数数学家早在夏季就对证明表示过怀疑，现在他们的悲观似乎已经被证明是有理由的。有个故事讲剑桥大学的艾伦·贝克（Alan Baker）教授曾以100瓶酒对1瓶酒打赌说这个证明在1年之内会被证明是无效的。贝克否认了这则轶闻，但是自豪地承认曾经表示过一种“健康的怀疑态度”。

288 怀尔斯在牛顿研究所演讲后不到6个月，他的证明已破绽百出。多年的秘密演算给他带来的愉悦、激情和希望被烦恼和失望替代。他回忆说他童年的梦想已经变成一场噩梦：“在我从事这个问题的研究的头7年中，我很喜欢这种暗中进行的战斗。不管它曾是多么艰难，不管它看上去是怎样地不可逾

越,我与我心爱的问题密不可分。它是我童年时代的恋情,我绝不能放下它,我一刻也不想离开它。后来我公开地谈论它,在谈论它时确实有某种失落感。这是一种非常复杂的感情。看到其他人对证明做出反应,看到这些论证可能改变整个数学的方向,真是美妙极了,但是与此同时我却失去了我个人的追求。现在它已向世界公开,我已不再拥有我一直在编织着的个人的梦想。然后,在它出了问题以后,就有几十、几百、几千的人要使我分心。以那种过分暴露的方式做数学肯定不是我擅长的,我一点也不喜欢这种非常公开的做事方式。”

世界各地的数论家们对怀尔斯的处境表示同情。肯·里贝特自己在8年前也经历过同样的噩梦,当时他试图证明谷山-志村猜想和费马大定理之间的联系:“我在伯克利的数学科学研究所做了一个关于这个证明的演讲,听众中有人说:‘嗯,等一下,你怎么知道这样那样是正确的?’我马上答复并讲出我的理由,而他们说:‘那并不适合现在这个情形。’我顿时感到一阵恐慌,似乎感到有点出汗。我对此非常心烦意乱。然后我意识到只有一种做法有可能说明它
是正确的,那就是返回到这个论题的基础工作,搞清楚它在类似的情形中是怎 289
样完成的。我查阅了有关的论文,并弄清楚这个方法的确真的适用于我的情形。在一两天中我把所有的东西都搞好了,在我下一次演讲时我已能够讲出它成立的理由。尽管如此,你总是会担心:如果你宣布某个重要的结果,可能会被发现有基本的错误。

“当你发现原稿中有一个错误时,局势可能会以两种方式发展。有时候,大家会很快相信没有多大困难证明就可以重新改正;而有的时候情况会截然相反。这是非常令人不安的。当你认识到自己犯了一个基本的错误并且没有办法补救它时,会有一种往下沉没的感觉。当一个漏洞变大时,很可能定理真的就彻底地崩溃了,因为你越是想补上它,你遇到的麻烦就越多。但是从怀尔斯的情形来看,他的证明中的每一章本身就是很有意义的论文。这份手稿包括了7年的工作,它基本上是几篇重要的论文组合而成的,这些论文中的每一篇都有大量的成果。错误出现在其中一篇,即第三章中,但是即使你去掉第三章,剩下的部分仍然是绝对优秀的。”

但是没有第三章就没有谷山-志村猜想的证明,也就没有对费马大定理的

证明。数学界有一种受挫的感觉，就是这两个大问题的证明濒临绝境。此外，在等待了6个月后，除了怀尔斯和审稿人外，仍然没有人能看到这份手稿。要求把事情进一步公开，使人人都能自己搞清楚错误的细节的呼声日益增长。人们寄托的希望是，某个人可能会看清楚怀尔斯所缺少的某些东西，像变魔术似的做出演算，修补好证明中的缺陷。有些数学家声称，这个证明太有价值
290 了，因此不应该只保存在一个人的手中。数论家们成了其他数学家嘲弄的对象，他们挖苦地质问数论家是否懂得“证明”这个概念。本来应该是数学史上最值得骄傲的一件事，现在却正在变成一个笑话。

不顾外界的压力，怀尔斯拒绝公开手稿。经过7年全力以赴的努力，他不准备垂手眼看着别人完成证明并攫取荣誉。证明费马大定理的人并不是投入心血最多的人；提交最终的完整的证明的人，才算是证明费马大定理的人。怀尔斯知道一旦手稿在还存在缺陷的情形下公开，他就会淹没在那些可能成为补缺者的人所提出的有待澄清的各种问题和要求之中，这些分心的事会毁灭他自己改进证明的希望，而同时却给别人提供了线索。

怀尔斯试图重新回到他做出原先那个证明时的孤独状态，恢复了他在自己的顶楼里认真研究的习惯。偶尔他也会在普林斯顿湖边闲逛，就像他过去所做的那样。那些以前经过他身旁时只简单地挥手致意的慢跑者、骑自行车者和划船人，现在都会停下来问他那个缺陷是否有所改进。怀尔斯曾在世界各地的报刊头版上出现过，《人物》杂志为他做过特写，甚至有线新闻电视网也曾采访过他。去年夏天怀尔斯成为世界上第一号数学名人，可是现在他的形象已经失去了光彩。

与此同时，在数学系里闲言碎语仍然继续着。普林斯顿的数学家约翰·H. 康韦(John H. Conway)回想起系里的饮茶休息室中的气氛：“我们在下午3点聚集在一起喝茶，匆匆吃点饼干。有时候我们讨论数学问题，有时候议论辛
291 普森案件①，有时候则谈论安德鲁的进展。因为没有人实际上愿意出头去问

① 即20世纪90年代初轰动全美国的前橄榄球明星O. J. 辛普森被控谋杀前妻案。——译者

他证明进行得怎么样了,所以我们的举动有点像苏联问题专家那样。有人会说:‘我今天早上看见安德鲁了。’——‘他笑了没有?’——‘嗯,是的,不过他看上去并不太高兴。’我们只能从他的脸色来判定他的情绪。”

噩梦般的电子邮件

渐入严冬季节,突破的希望已成泡影,更多的数学家认为怀尔斯有责任公开手稿。传闻继续着,有一家报纸的文章宣称怀尔斯已经放弃了,证明已经不可挽回地失败了。虽然这有点言过其实,但是有一点确实是真的,那就是怀尔斯已经把几十种可能会巧妙地改正这个错误的办法都用上了,他看不到还有别的什么可能的解决办法。

怀尔斯向彼得·萨纳克承认情况已面临绝境,他准备承认失败。萨纳克向他暗示困难的一部分来自怀尔斯缺少一个他可以信赖的进行日常讨论的人;没有他能够与其探讨想法的人,也没有能鼓励他利用一些侧面的处理方法的人。萨纳克建议怀尔斯寻找一个他信得过的人,再试一次弥补这个缺陷。怀尔斯需要一位能运用科利瓦金-弗莱切方法的专家,而且这个人还要能够对问题的细节保守秘密。对这件事做了长时间的考虑后,他决定邀请剑桥的一位讲师理查德·泰勒到普林斯顿和他一起工作。

泰勒是负责验证这个证明的审稿人之一,也是怀尔斯以前的学生。正因为如此,他无疑可以得到信任。去年他曾坐在牛顿研究所的听众席上注视着他以 293
前的导师讲述这个世纪性的证明,现在帮助挽救出差错的证明成了他的使命。

到1月份,在泰勒的帮助下,怀尔斯再一次孜孜不倦地使用科利瓦金-弗莱切方法,试图解决这个问题。偶尔经过几天的努力之后他们会进入新的境地,但是最终他们会发现又回到了他们出发的地方。在经历了比以前更为深入的探索并一再失败以后,他们俩都认识到他们已经到了一个无比巨大的迷宫的中心。使他们最感到恐惧的是这个迷宫无边无际却没有出口,他们可能将不得不在其中做无目的、无休止的徘徊。

就在1994年的春季,就在事情看起来像是糟到极点的时候,下面的电子

理查德·泰勒

邮件突然出现在世界各地的计算机屏幕上：

日期：1994 年 4 月 3 日

标题：又是费马！

现在关于费马大定理真的出现了使人惊奇的进展。

诺姆·埃尔基斯(Noam Elkies)宣布了一个反例，因而终于证明费马大定理是不成立的！他今天在研究所里宣告了这件事。他构造的这个对费马问题的解答涉及一个无比巨大的质数指数(大于 10^{20})，但它是可以构造出来的。主要的想法似乎是某一类赫格内尔点(Heegner point)结构，再结合非常巧妙的从模曲线过渡到费马曲线的方法。论证中真正困难的部分似乎是证明解的定义域(按先验假 294
设，是虚二次域的某个环类域)实际上落在 Q 中。

我无法讲出所有的细节，它是十分复杂的……

因此，似乎谷山-志村猜想是不对的。专家们认为它仍然可以得到补救，办法是延拓“自同构表示”这个概念，并引入一种“反常曲线”的概念，这个概念仍然会产生“拟自同构表示”。

亨利·达蒙(Henri Darmon)

普林斯顿大学

诺姆·埃尔基斯是哈佛大学的一位教授，早在 1988 年他已经发现了欧拉猜想的一个反例，由此证明它是错的：

$$2\,682\,440^4 + 15\,365\,639^4 + 18\,796\,760^4 = 20\,615\,673^4。$$

现在他显然发现了费马大定理的一个反例，证明它也是不对的。这对怀尔斯是一个悲惨的打击——他无法修改好证明的原因原来在于所谓的错误是费马大定理的不正确直接造成的后果。对于整个数学界它甚至是更大的打击，因为如果费马大定理是错的，那么弗赖已经证明这将导致有“非”模形式化的椭圆方程,这直接与谷山-志村猜想相矛盾。埃尔基斯不仅仅发现了费马的一个反例,而且也间接地发现了谷山-志村猜想的一个反例。

295 谷山-志村猜想的消亡将会在数论中产生破坏力极大的影响。因为20多年来数学家们已经默认它是对的。在第五章中讲到过数学家们曾写过几十个以“假定谷山-志村猜想是对的”为开头的证明,但现在埃尔基斯指出这个假定是错的,于是所有的那些证明一股脑儿都崩溃了。数学家们立即开始要求得到更多的材料,向埃尔基斯发出连珠炮似的问题,但是没有回音,关于他为什么保持沉默也没有任何解释。没有人能找到这个反例的精确细节。

经过一两天的骚动后,有些数学家重新看了一下这封电子邮件,开始认识到虽然它署的日期确实是4月2日或4月3日,但这是已经第二次或第三次收到它所造成的结果。最初的那份内容发出的日期应是4月1日①。这份电子邮件是加拿大数论家亨利·达蒙设计的叫人上当的恶作剧。这封捉弄人的电子邮件对那些有关费马大定理的流言蜚语的制造者们可以算是一个合适的教训。一下子,大定理、怀尔斯、泰勒和被毁灭的证明又恢复了平静。

那个夏季怀尔斯和泰勒没有取得进展。经过8年不间断的努力和一生的迷恋,怀尔斯准备承认失败。他告诉泰勒他看不出继续进行他们修改证明的尝试有什么指望。泰勒已经计划好在普林斯顿过完9月份后回剑桥,因此他不顾怀尔斯的泄气,建议他们再坚持一个月。如果到9月底还没有什么能修改好的迹象,那么他们就放弃,公开承认他们的失败并发表那个有缺陷的证明,使其他人有机会研究它。

生日礼物

296 虽然怀尔斯与世界上最难的数学问题的搏斗似乎注定要以失败告终,但是他可以回顾这过去的7年并为他的工作中的大部分仍然是有效的而感到宽心。首先,怀尔斯对伽罗瓦群的使用已经使所有的人对这个问题有了一种新

① 4月1日是愚人节,根据西俗,在这一天可以对别人耍恶作剧。——译者

的见解。他已经证明每一个椭圆方程的第一项可以与一个模形式的第一项配对。然后,面临的挑战就是证明如果椭圆方程的一项是模形式的项,那么它后面的项也同样如此,这样的话,它们全体都是模形式的项。

在中间的那几年里,怀尔斯仔细考虑过扩展这个证明的想法。他当时试图完成一个归纳方法,仔细考虑过岩泽理论,希望这能证明如果一块多米诺骨牌倒塌,那么所有的多米诺骨牌都会倒塌。开始时,岩泽理论似乎非常有效,足以产生所需要的多米诺效应,但是最终它未能完全实现他的期望。他花了2年的努力,却走进了一条数学的死胡同。

在郁闷中度过了一年之后,怀尔斯在1991年夏天发现了科利瓦金-弗莱切的方法。他放弃了岩泽理论而采用这个新的技术。第二年他在剑桥宣布了他的证明,他被称颂为一位英雄。不到2个月,科利瓦金-弗莱切方法又被发现是有缺陷的,此后情况只是变得更坏,任何修改科利瓦金-弗莱切方法的企图都失败了。

除了涉及科利瓦金-弗莱切方法的最后一部分外,怀尔斯的全部工作仍是
很有价值的。虽然还没有证明谷山-志村猜想和费马大定理,但他给数学家们 297
提供了一大套新的技术和策略,他们可以用来证明别的定理。怀尔斯的失败绝不是羞耻的事,他开始适应受到打击后的境遇。

作为安慰,他至少想要了解他失败的原因。当泰勒重新探索和检验一些替换的方法时,怀尔斯决定在9月份最后一次检视一下科利瓦金-弗莱切方法的结构,试图确切地判断出它不能奏效的原因。他生动地回忆起那些最后的决定性的日子:“9月19日,一个星期一的早晨,当时我坐在桌子旁,检查着科利瓦金-弗莱切的方法。这倒不是因为我相信自己能使它行得通,而是我认为至少我能够解释为什么它行不通。我想我是在捞救命稻草,不过我需要使自己放心。突然间,完全出乎意料,我有了一个难以置信的发现。我意识到,虽然科利瓦金-弗莱切方法现在不能完全行得通,但是我只需要它就可以使我原先采用的岩泽理论奏效。我认识到科利瓦金-弗莱切方法中有足够的东西使我原先的三年前的工作中对这个问题的处理方法取得成功。所以,对这个问题的正确答案似乎就在科利瓦金-弗莱切的废墟

之中。”

单靠岩泽理论不足以解决问题，单靠科利瓦金-弗莱切方法也不足以解决问题，它们结合在一起却可以完美地互相补足。这是怀尔斯永远不会忘记的充满灵感的瞬间，当他详细叙述这些时刻时，记忆如潮澎湃，激动得泪水夺眶而出：“它真是无法形容的美，它又是多么简单和明确。我无法理解我怎么会没有发现它，足足有20多分钟我呆望着它不敢相信。然后到了白天我到系里
298 转了一圈，又回到桌子旁指望搞清楚情况是否真是这样。情况确实就是这样。我无法控制自己，我太兴奋了。这是我工作经历中最重要的时刻，我所做的工作中再也没有哪一件会具有这么重要的意义。”

这不仅仅是圆了童年时代的梦想和8年潜心努力的终极，而且是怀尔斯在被推到屈服的边缘后奋起战斗向世界证明了他的才能。这最后的14个月是他数学生涯中充满了痛苦、羞辱和沮丧的一段时光。现在，一个高明的见解使他的苦难走到了尽头。

怀尔斯回忆说：“所以，这是我感到轻松的第一个晚上，我把事情放到第二天再去做。第二天早晨我又核对了一次，到11点时我完全放心了，下楼告诉我的妻子：‘我已经懂了！我想我已经找到它了。’她根本没有料到有这样的事，以为我正在谈论孩子的玩具或其他事情，所以她说：‘找到了什么？’我说：‘我已经把我的证明搞好了，我已经懂了。’”

在下一个月里，怀尔斯已经能补偿他去年未能兑现的允诺：“当时，内达的生日又快来临，我记得上次我未能送给她她想要的礼物。这一次，在她生日晚宴后一会儿，我把完成了的手稿送给了她。我想她对那份礼物比我曾送给她的任何别的礼物更为喜欢。”

299 标题：费马大定理的最新情况

日期：1994年10月25日11点4分11秒

到今天早晨为止，2份手稿已经送出：

《模椭圆曲线和费马大定理》

作者：安德鲁·怀尔斯

《某些赫克代数的环论性质》

作者：理查德·泰勒和安德鲁·怀尔斯

第一篇论文(长)，除了别的结论外，宣布了费马大定理的一个证明，它的关键的一步有赖于第二篇论文(短)。

正如你们中的大多数人知道的那样，怀尔斯在他的剑桥演讲中描述的论证结果是有严重缺陷的，即欧拉系统的构造有严重的缺陷。在试图修补那个构造失败后，怀尔斯回到一种不同的处理方法，这种方法他以前试过，但由于想用欧拉系统而放弃了。他在假定赫克(Heck)代数是局部完全交的条件下已经完成证明。这个结果以及怀尔斯剑桥演讲中的其余结果总结在第一篇论文中。在第二篇论文中，泰勒和怀尔斯共同证明了赫克代数的必要性质。

整个论证的概要与怀尔斯在剑桥描述的相似。由于不再用欧拉 300
系统，新的处理方法结果比原来的要大为简单和快捷。(事实上，在看到这些手稿后，法尔廷斯已经对那部分论证提供了进一步的重大简化。)

已经有一小部分人在几星期前拿到了这些手稿的复印件。尽管再谨慎地等待一会儿是明智的，但肯定有理由持乐观的态度。

卡尔·鲁宾

俄亥俄州立大学

安德鲁·怀尔斯

第八章　大统一数学

一个草率的年轻人来自缅甸，
发现了费马定理的证明，
从此他整天忧心忡忡，
生怕发现错误，
他怀疑怀尔斯的证明是否更可靠。

——费尔南多·高维(Fernando Gouvea)

这一次对证明不再有怀疑了。这两篇论文总共有 130 页,是历史上核查 303
得最彻底的数学稿件,最终发表在《数学年刊》(*Annals of Mathematics*)上(1995
年 5 月)。

怀尔斯再一次出现在《纽约时报》的头版上,不过这一次的标题《数学家称经典之谜已解决》与另一则科学报道《宇宙年龄的发现提出新的宇宙之谜》比较就有点相形见绌了。虽然这次记者们对费马大定理的热情稍稍有所减退,但数学家却并未忽视这个证明的真正的重要意义。“用数学的术语来说,这个最终的证明可与分裂原子或发现 DNA 的结构相比,”约翰·科茨发表看法说,“对费马大定理的证明是人类智力活动的一曲凯歌,同时,不能忽视的事
实是它一下子使数论发生了革命性的变化。对我来说,安德鲁的成果的美和 304
魅力在于它是走向代数数论的巨大的一步。”

在怀尔斯经受严峻考验的八年中，他实际上汇集了20世纪数论中所有的突破性工作，并把它们融合成一个万能的证明。他创造了全新的数学技术，并将它们和传统的技术以人们从未考虑过的方式结合起来。通过这样的做法，他开辟了处理为数众多的其他问题的新思路。按照肯·里贝特的说法，这个证明是现代数学的完美综合，并将对未来产生影响："我想假如有人被遗弃在一个无人的荒岛上，而他只带着这篇论文，那么他会有大量的精神食粮。随意翻到某一页，上面可能是对德利涅（Deligne）的某个基本定理的简明描述；再翻到另一页，也许是赫勒古阿切（Hellegouarch）的一个定理——所有这些内容都只被短暂地使用一下就继续转向下一个环节。"

在科学记者们颂扬怀尔斯对费马大定理的证明的同时，他们当中几乎没有人对与它密不可分地关联着的谷山-志村猜想的证明发表过评论；他们当中也几乎没有人费神提及谷山丰和志村五郎的贡献，这两位日本数学家早在20世纪50年代就为怀尔斯的工作播撒了种子。虽然谷山在30多年前已经自杀，他的同事志村却活着目睹了他们的猜想被证实。当被问及对这个证明有何感想时，志村微微一笑，以克制和自尊的态度平静地说："我对你们说过这是对的。"

306 和他的许多同事一样，肯·里贝特感到证明谷山-志村猜想这件事已经改变了数学："它有一种重要的、心理上的影响，那就是现在人们已有能力着手处理以前不敢研究的其他一些问题。对前景的看法不同了，你知道了所有的椭圆方程可以模形式化，因而在你证明一个椭圆方程的定理时你也在解决模形式的定理，反过来也是如此。你可以从不同的角度理解正在研究的东西，你对处理模形式也不会有多大的畏惧，因为本质上你只是在处理椭圆方程。当然，当你写关于椭圆方程的论文时，我们现在可以直接说：我们已知谷山-志村猜想是对的，所以某某结果必定是对的；而不必像过去那样说：我们尚不清楚，所以我们打算假定谷山-志村猜想是对的，然后看看利用它可以做些什么。这是一种非常非常愉快的感觉。"

通过谷山-志村猜想，怀尔斯将椭圆曲线和模形式统一了起来，这种做法为数学提供了实现许多别的证明的捷径——一个领域中的问题可以通过并行

Chapter 1

This chapter is devoted to the study of certain Galois representations. In the first section we introduce and study Mazur's deformation theory and discuss various refinements of it. These refinements will be needed later to make precise the correspondence between the universal deformation rings and the Hecke rings in Chapter 2. The main results needed are Proposition 1.2 which is used to interpret various generalized cotangent spaces as Selmer groups and (1.7) which later will be used to study them. At the end of the section we relate these Selmer groups to ones used in the Bloch-Kato conjecture, but this connection is not needed for the proofs of our main results.

In the second section we extract from the results of Poitou and Tate on Galois cohomology certain general relations between Selmer groups as Σ varies, as well as between Selmer groups and their duals. The most important observation of the third section is Lemma 1.10(i) which guarantees the existence of the special primes used in Chapter 3 and [TW].

1. Deformations of Galois representations

Let p be an odd prime. Let Σ be a finite set of primes including p and let $\mathbf{Q}_\Sigma$ be the maximal extension of $\mathbf{Q}$ unramified outside this set and ∞. Throughout we fix an embedding of $\overline{\mathbf{Q}}$, and so also of $\mathbf{Q}_\Sigma$, in $\mathbf{C}$. We will also fix a choice of decomposition group D_q for all primes q in $\mathbf{Z}$. Suppose that k is a finite field of characteristic p and that

$$(1.1) \qquad \rho_0\colon \operatorname{Gal}(\mathbf{Q}_\Sigma/\mathbf{Q}) \to \operatorname{GL}_2(k)$$

is an irreducible representation. In contrast to the introduction we will assume in the rest of the paper that ρ_0 comes with its field of definition k. Suppose further that $\det \rho_0$ is odd. In particular this implies that the smallest field of definition for ρ_0 is given by the field k_0 generated by the traces but we will not assume that $k = k_0$. It also implies that ρ_0 is absolutely irreducible. We consider the deformations $[\rho]$ to $\operatorname{GL}_2(A)$ of ρ_0 in the sense of Mazur [Ma1]. Thus if $W(k)$ is the ring of Witt vectors of k, A is to be a complete Noetherian local $W(k)$-algebra with residue field k and maximal ideal m, and a deformation $[\rho]$ is just a strict equivalence class of homomorphisms $\rho\colon \operatorname{Gal}(\mathbf{Q}_\Sigma/\mathbf{Q}) \to \operatorname{GL}_2(A)$ such that $\rho \bmod m = \rho_0$, two such homomorphisms being called strictly equivalent if one can be brought to the other by conjugation by an element of $\ker : \operatorname{GL}_2(A) \to \operatorname{GL}_2(k)$. We often simply write ρ instead of $[\rho]$ for the equivalence class.

怀尔斯发表的一百多页证明的第一页

领域中的对应问题来解决。一直追溯到古希腊时代的经典的、未解决的椭圆问题,现在可以利用模形式中一切可利用的工具和技巧来重新探索。

更为重要的是,怀尔斯使更宏伟的罗伯特·朗兰兹的统一计划——朗兰兹纲领跨出了第一步。现在,在数学的其他领域之间证明统一化猜想的努力又重新恢复。1996 年 3 月,怀尔斯和朗兰兹分享了 10 万美元的沃尔夫奖(Wolf Prize)(不要与沃尔夫斯凯尔奖混淆)。沃尔夫奖委员会认为,怀尔斯的证明就其本身来说是一个使人震惊的成就,而同时它也给朗兰兹雄心勃勃的
307 计划注入了生命力。这是一个可能使数学进入又一个解决难题的黄金时期的突破性工作。

经过一年的窘迫和忧心忡忡后,数学界终于又感到欢欣鼓舞。每一个专题讨论会、学术报告会和学术会议都有一段时间专门介绍怀尔斯的证明,在波士顿,数学家们还发起了一次五行打油诗创作竞赛以纪念这个重大事件。它收录了这一条:

> "我的黄油,年轻人,是无与伦比的!"
> 我听到一家小餐馆受到了挑战,
> "我必须写在这儿,"
> 作者皮埃尔声称,
> "我在杂志上找不到空间。"

E. 豪,H. 伦斯特拉,D. 莫尔顿

奖　赏

怀尔斯证明费马大定理依靠的是证实 20 世纪 50 年代诞生的一个猜想。论证利用了近十年中发展的一系列数学技巧,其中某些部分是怀尔斯自己创造的。这个证明是现代数学的一件杰作,这必然引出这样的结论:怀尔斯对费马大定理的证明与费马的证明是不相同的。费马说过,他的证明在他的那

本丢番图的《算术》书的页边空白处写不下，而怀尔斯的100页长的浓缩的数学内容确实符合这个标准，但是可以肯定在几世纪前费马没有发明出模形式、谷山-志村猜想、伽罗瓦群和科利瓦金-弗莱切方法。

如果费马不是用怀尔斯的那种方法证明，那么他用什么证明呢？数学家 308
们分成两个阵营。那些讲求实际的怀疑论者认为费马大定理是这位17世纪的天才在难得迷惑的瞬间的产物。他们声称，虽然费马写下“我已经找到了一个真正美妙的证明”，但事实上他只是发现了一个有缺陷的证明。这个有缺陷的证明的确切内容值得争议，但是它非常可能与柯西或拉梅的工作十分相似。

另一些数学家则是浪漫的乐观主义者，他们认为费马可能有一个巧妙的证明。不管这个证明可能是什么样的，它一定是以17世纪的技巧为基础的，可能它涉及一个非常狡猾的论证，以致从欧拉到怀尔斯之间的所有人都未能发现。尽管发表了怀尔斯对这个问题的解答，但还有众多的数学家相信，只要他们能找到费马原来的证明，他们仍然可以获得声名和荣誉。

虽然怀尔斯不得不借助20世纪的方法来证明一个17世纪的难题，但还是按照沃尔夫斯凯尔委员会的规定战胜了费马的挑战。1997年6月27日，安德鲁·怀尔斯收到了价值5万美元的沃尔夫斯凯尔奖金。费马和怀尔斯再一次成了世界各地的头版新闻。费马大定理正式地被解决了。

怀尔斯意识到，为了提供一个最伟大的数学证明，他不能不剥夺它最大的 309
谜题：“人们告诉我我拿走了他们的问题，并问我是否能给他们其他的。我有一种悲伤的感觉。我们已失去伴随我们这么久，并将我们吸引到数学中的谜题。也许总有数学问题，我们只是不得不找到新的来占据我们的注意力。”

那么什么将是引起怀尔斯注意的下一个问题呢？对于一个曾经在完全保密的状态下工作过7年的人来说，他拒绝对他近期的研究发表评论是丝毫不令人奇怪的，但是不论他在研究什么问题，毫无疑问它将永远不可能完全取代他曾对费马大定理所具有的那种迷恋。他说：“对我来说再也没有别的问题具有与费马大定理相同的意义，这是我童年时代的恋情，没有东西能取代它。我已经解决了它。我将尝试别的问题，肯定其中有一些会是非常艰难的，而我将会再次获得一种成就感，但是数学中不可能再有别的问题能像费马大定理那样使我神往。

“我得到了这种非常难得的荣幸，就是在我的成年时期追求我儿童时代的梦想。我知道这是难得的荣幸，不过如果你能在成年时期解决某个对你来说非常重要的事，那么再也找不出什么比这更有意义的了。解决这个问题之后，肯定有一种失落感，但同时也有一种无比的轻松感。我着迷于这个问题已经8年了，无时无刻——从早晨醒来到晚上入睡——我都在思考它。对于思考一件事那是一段太长的时光。那段特殊的漫长的探索现在结束了，我的心灵归于平静。”

延伸阅读[①]

重要的未解决的问题

怀尔斯意识到,为了把数学中最杰出的证明之一献给数学,他不得不使它丧失一个最迷人的谜:"人们对我说我夺走了他们想要解决的问题,他们问我我是否能给他们别的事情做做。确实有一种失落感。我们失去了曾经与我们相处这么长时间的某种东西,那种把我们中许多人引向数学的东西。也许这是研究数学问题必然会经历的过程。我们必须找到能吸引我们的新问题。"

尽管怀尔斯现在已经解决了数学中这个最著名的问题,但是世界上的解谜者们无须失去希望,因为还有大量未解决的数学难题。这些艰深的问题中有许多像费马大定理一样起源于古希腊的数学,并且中学生都能理解。例如,关于完满数还有许多不解之谜。如同第一章中讨论的那样,完满数是其因数(除其本身)之和等于它本身的那些数。例如,6 和 28 是完满数,因为

① 该部分为原著 1997 年版内容,由于此问题已于 1999 年得到解决,故 2007 版未收入。为了尊重作者及给读者提供更多的有关证明费马大定理的信息,现作为延伸阅读附录于此。

$$1,2,3\text{ 整除 }6,\text{而 }6=1+2+3,$$

$$1,2,4,7,14\text{ 整除 }28,\text{而 }28=1+2+4+7+14。$$

笛卡尔说,“完满数像完美的人一样是非常少见的”,事实上在最近几千年中只发现了 30 个。最新的也是最大的一个完满数其位数为 130 000 位,是由式子

$$2^{216\,090}\times(2^{216\,091}-1)$$

确定的。所有已知的完满数有一个共同的特点,即都是偶数,这一点可能暗示所有的完满数都是偶数。一个显然的但结果却是使人受挫的挑战是证明这是对的——任何完满数都是偶数吗?

关于完满数的另一个大难题是,它们的个数是否是无穷的。几个世纪以来成千名数论家做了尝试,但都未能证明存在或不存在无穷多个完满数。无论谁成功,他都将自动地在历史上占有一席之地。

另一个含有大量的古代未解决问题的数学领域是质数理论。质数序列的排列模式使人根本看不清,质数本身毫无规律可言。人们把质数描述为在自然数之间随机生长的野草。然而对自然数进行核对时,可以发现在有些范围内质数很多,但不知什么原因在别的范围内会完全没有质数。许多世纪以来,数学家们一直未能成功地说明质数的构成模式。可能根本就没有模式存在,质数呈现一种内在的随机分布状态。在这种情形下,数学家应该去解决要求低一点的质数问题。

例如,两千年前欧几里得证明了质数的出现是无穷无尽的(见第二章),而最近的两百年中数学家一直试图证明可以无穷无尽地产生孪生质数。孪生质数是一对相差 2 的质数,2 是质数彼此能相差的最小数——它们不可能相差 1,否则其中的一个必定是偶数,因而可被 2 整除,就不是质数。小的孪生质数有(5,7)和(17,19),大一点的则有(22 271,22 273)和(1 000 000 000 061,1 000 000 000 063)。孪生质数似乎散布在整数序列之中,数学家越是努力寻找它们,那么他们发现的孪生质数就越多。有力的证据表明存在无穷多对孪生

质数，但是没有人能证明这是对的。

在证明所谓的“孪生质数猜想”方面最近的突破要回溯到1966年，当时中国数学家陈景润（Chen Jing-run）证明了存在无穷多个质数和“殆质数”（almost prime）对。真正的质数除了1和本身外是没有别的因数的，而殆质数是最接近于这个性质的数，因为它们只有两个因数。所以17是质数，而21（3×7）是殆质数。像120（2×3×4×5）这样的数根本不是质数，因为它们是好几个质因数的积。陈景润证明了存在无穷多个数对，其中一个质数或者与另一个质数或者与另一个殆质数孪生。无论谁能前进一步移去“殆”字，他就将取得自欧几里得以来质数理论中的最大突破。

另一个质数的谜可溯源至1742年，当时克里斯蒂安·哥德巴赫（时年十几岁的沙皇彼得二世的家庭教师）写了一封信给瑞士大数学家莱昂哈德·欧拉。哥德巴赫曾仔细考察了几十个偶数，并注意到他可以将它们都分解成两个质数之和：

$$
\begin{gathered}
4=2+2,\\
6=3+3,\\
8=3+5,\\
10=5+5,\\
50=19+31,\\
100=53+47,\\
21\,000=17+20\,983,\\
\vdots
\end{gathered}
$$

哥德巴赫问欧拉是否他能证明每个偶数可以分解成两个质数之和。尽管做了多年努力，这位被誉为“分析的化身”的大数学家还是被哥德巴赫的挑战挫败。在当今的计算机时代，哥德巴赫猜想，由于其越来越著名，已经对小于100 000 000的每一个偶数测试过并发现都是对的，但仍然没有人能证明这个猜想对直至无穷的每个偶数都是对的。数学家已经能证明每个偶数是不多于

800 000 个质数的和，但这离证明原来的猜想还有很长的一段路。即使如此，这个弱得多的证明也提供了对质数性质的重要的了解。1941 年斯大林给俄罗斯数学家伊万·马特维叶维奇·维诺格拉多夫（Ivan Matveyevich Vinogradov）颁发了价值 10 万卢布的奖，维诺格拉多夫在证明哥德巴赫猜想方面取得了某些重要的进展。①

在所有可能取代费马大定理作为数学中最重要的未解决问题的问题中，最佳的候选者是开普勒的球填装问题。1609 年德国科学家约翰内斯·开普勒（Johannes Kepler）证明行星是按椭圆而不是圆周轨道运行的，这是使天文学发生革命的一个发现，后来引导牛顿推断出了万有引力定律。开普勒的数学遗产数量不算很多但是都很深刻。这个问题实质上涉及以最有效率的方式排列大量的橙子的奇妙问题。

问题是 1611 年提出的，当时开普勒写了一篇题为"论六角形的雪花"的论文，是献给他的恩人瓦肯费尔斯地方的约翰·瓦克（John Wacker）的新年礼物。他成功地解释了为什么所有的雪花都有独特的但总是六边形的结构。他推测每片雪花开始时都有一颗六边对称的种子，这颗种子在穿过大气层时会发育成长。不断变化着的风、气温和尘埃条件保证了每片雪花都是独一无二的；另一方面，种子是非常小的，这就使得决定其成长模式的条件在所有的六边上是完全相同的，保证了对称性得以保持。在这篇看上去漫不经心的论文中，特别擅长于从最简单的观察中提炼出深邃见解的开普勒奠定了结晶学的基础。

开普勒对于物质粒子如何排列以及在表观上如何编排它们自己的兴趣还导致他讨论另一个问题，即什么是最有效的，使得它们占有的体积最小的堆积粒子的方式。如果假定粒子是球形的，那么很显然，不管将它们如何排列，它们之间必定会有间隙存在。因而挑战就是确定哪一种排列会使空隙最小。为了解答这个问题，开普勒构造了各种不同的安排，并计算每一种排列的填装效率。

开普勒探索的第一种排列方式现在称为面心立体格架。首先将球排成一

① 中国数学家陈景润于 1966 年证明了"每个大偶数都是一个质数及一个不超过两个质数的乘积之和"，这是迄今在哥德巴赫猜想方面最好的结果。——译者

个底层，使得每个球周围有6个球。第二层是通过将球置于第一层的“低凹处”构成，如图24所示。第二层实际上与第一层是完全一样的，只是它被稍稍移动了一下使得它舒适地进入它的位置。这种排列与蔬菜水果商把橙子堆成棱锥形使用的方法是完全相同的，它的效率为74%。这意味着如果使用这种面心策略将橙子填装进一个纸板箱，那么橙子将占有箱子容积的74%。

可以将这种排列与别的例如简单立体格架做一个比较。在后者的情形中，每一层由放置于正方形格栅中的球组成，每层直接放在另一层上面，如图25所示。简单立体格架的填装效率只有53%。

另一种排列——六边形格架——与面心立体格架是类似的。每一层通过每个球周围放6个球组成，但是每一层不再稍稍移动一下使得它整齐地落在它下一层的低凹处，而是直接地放在下层的上面，如图26所示。六边形格架的填装效率只有60%。

开普勒研究了一大堆各种各样的构造，并得出了他认为值得写在他的论文《论六角形的雪花》中的结论，即面心立体格架是“使填装最为紧凑”的方法。开普勒的结论是完全合理的，因为面心立体格架的填装效率在他已发现的当中是最高的，但这不排除可能存在某种具有更高的填装效率而他却忽视了的排列方法。这个小小的可疑因素正是球填装问题的要害，这个难题比费马问题早半个世纪，并且现在已经证明它甚至比大定理还要难对付。这个问题要求数学家证明面心立体格架无可怀疑地是填装球的最有效方法。

像费马大定理一样，开普勒的问题要求数学家做出一个能包罗无穷多种可能情形的证明。费马宣称在无穷多个整数中没有费马方程的解，而开普勒宣称在无穷多种排列方法中没有一个能有比面心立体格架更高的填装效率。除了要证明不存在别的格架，即别的规则的排列方法具有更高的填装效率外，数学家还必须在他们的证明中把一切可能的无规则的排列方法也考虑进去。

在过去的380年中，没有人能证明面心立体格架确实是最优的填装策略；而另一方面，也没有人发现更有效的填装方法。不存在反例意味着从实用的目的考虑，开普勒的结论实际上是对的；但是在纯粹的数学世界中，则仍需要有

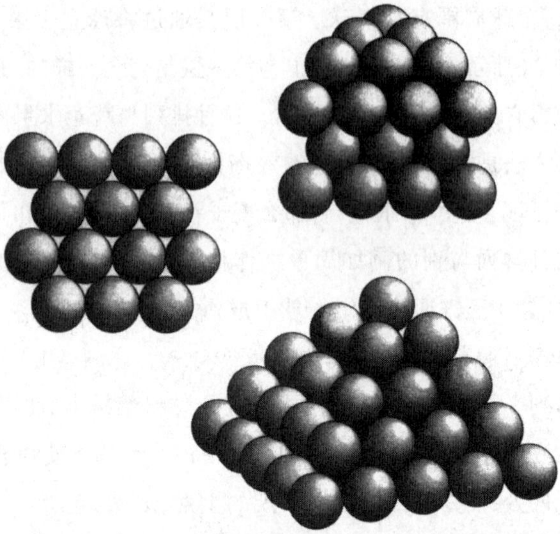

图 24　在面心立体排列中，每一层按每一球周围有 6 个球的方式排列而成。然后一层水平地置于另一层之上，使得各个球位于各个低凹处而不是直接位于另一球之上。大家熟悉的蔬菜水果商把橙子堆成棱锥体就是这种排列方法的具体例子

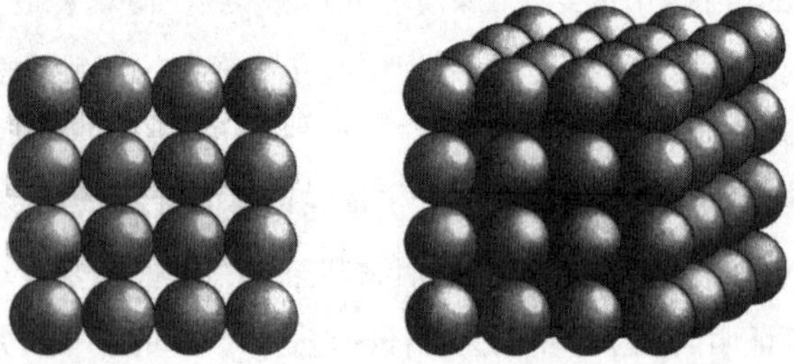

图 25　在简单立体格架排列中，每层由安置在正方形格栅中的球组成。每层直接放在另一层上面，结果每个球直接位于另一球之上

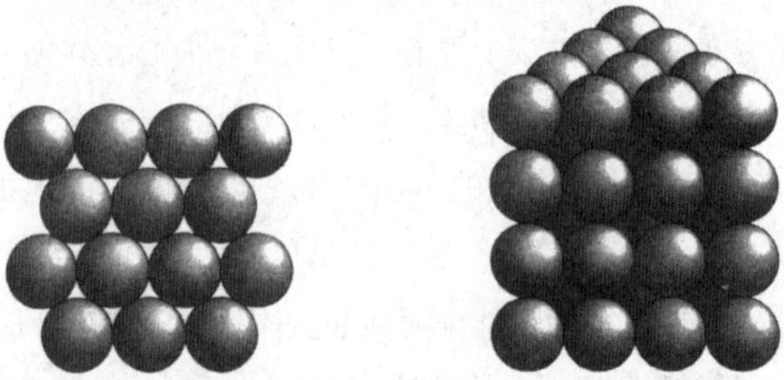

图 26　在六边形格架排列中，每一层中的球周围有 6 个别的球。然后每一层水平地放在另一层上面，使得每个球直接位于另一个球上面

一个严格的证明。这种情形使得英国的球填装问题专家罗杰斯(C. A. Rogers)评论说:开普勒的结论是"绝大多数数学家相信而所有的物理学家都知道"的一个结论。

尽管还没有一个完整的证明,但是几世纪来在走向解决的道路上有几次重大的进展。1892 年,挪威数学家阿克塞尔·图埃(Axel Thue)对开普勒问题在二维时的类似问题,即考虑只有一层时,或换言之,将橙子安排在一个盘中而不是在一个箱子中时什么排列方法是最有效的,给出了一个证明。答案是六边形排列。接着,托思(Tóth)、塞格雷(Segre)和马勒(Mahler)都得到同一结论,但这些方法都不适用于原来的三维开普勒问题。

在近代,有些数学家尝试采用一种颇为不同的解题方针,就是对可能的填装效率设置一个上限。1958 年,C. A. 罗杰斯计算出一个上限为 77.97%——意思就是不可能有一种排列方法具有高于 77.97% 的填装效率。这个百分比并没有比面心立体格架的填装效率 74.04% 高出许多。因而,如果某个排列方法有比面心立体格架高的效率,那么它也只能高出几个百分点。只有很小的一个3.93% 的窗口有可能让异常的排列方法利用并证明开普勒是错的。在罗杰斯之后,别的一些数学家开始尝试通过把上限降低到 74.04% 的方法完全地关闭这个窗口,这样就使任何别的排列方法没有超过面心立体格架的效率的余地,于是就证明了开普勒是正确的。不幸的是,降低上限却是一个缓慢而艰难的过程,到了 1988 年它降到 77.84%,比罗杰斯的结果好得极为有限。

尽管许多年中进展缓慢,球填装问题在 1990 年夏天突然成了头版新闻,当时加利福尼亚大学伯克利分校的项武义公布了一项结果,他宣称这项结果是对开普勒猜想的一个证明。最初,数学界的反响很乐观,但是,像怀尔斯的证明一样,这篇论文必须经过同行的评审才能被承认为有效的。过了几个星期,项面临着一系列的问题,证明露出了破绽。

经历了与怀尔斯类似的严峻考验,1 年后项以一份修改过的证明作为答复,他宣称这份证明已解决了原来论文中被发现的那些问题。对项来说不幸的是他的批评者们仍然相信他的逻辑论证中有缺陷存在。在给项的一封信中,数学家托马斯·黑尔斯(Thomas Hales)试图说明他的疑点:

弗朗西斯·格斯里意识到他可以只用4种颜色给一张英国分郡地图着色,使得相邻的郡不会有相同的颜色。当时他想知道是否可构造出需要多于4种颜色来着色的地图

> 你的第二篇论文中所做的一个假设我认为是更基本的,但却远比其他的更难于证明……你说“填加第二层填装的最佳方法(即体积极小化)是覆盖尽可能多的洞……”。你的论证似乎在很大程度上实质性地依赖于这个假设,但是对它的证明却根本没有一处提到。

自项的修改过的论文发表以来,在他与他的批评者之间就主张这个问题已经被解决还是尚未被解决一直展开着争论。用最好的说法,这个证明仍然处于争议之中;用最坏的说法,这个证明已经被推翻——无论哪一种情形,对于意欲证明开普勒猜想的人来说大门依然是敞开着的。

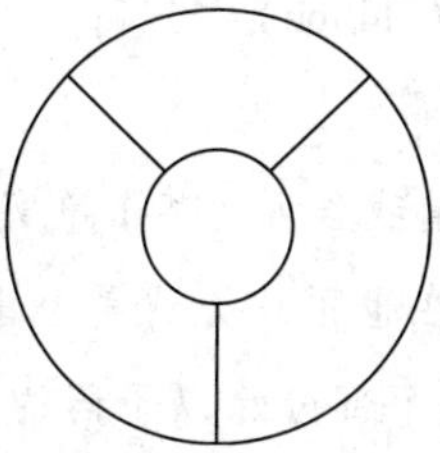

图 27　这个简单的模式表明对一些地图至少需要 4 种颜色；但是，对所有的地图，4 种颜色已足够了吗？

计算机证明

在怀尔斯解决费马大定理的过程中，他仅有的武器是笔、纸和纯逻辑。虽然他的证明中使用了数论中最现代的技术，但整个证明仍然完全遵循着毕达哥拉斯和欧几里得的传统风范。然而，近来出现的种种迹象预示着怀尔斯的解答可能是这种传统式证明的最后一个范例，将来的成果可能依靠使用野蛮的力迫法而不是高雅的论证。

被有些人称为数学的衰落的第一个迹象涉及 1852 年由业余数学家弗朗西斯·格斯里（Francis Guthrie）提出的一个问题。一天下午，格斯里在无聊之中为英国分郡地图着色的时候，突然发现了一个看上去简单但他却无法回答的问题。他非常想知道：为任何想象得到的地图着色，并使得任何两个有公共边界的区域的颜色都不相同，那么最少需要多少种颜色。

例如，对图 27 中的模式而言，3 种颜色是不够的。因而，很显然有些地图需要 4 种颜色，但是格斯里想知道对所有的地图而言 4 种颜色是否已足够，抑或有些地图需要 5 种、6 种或更多的颜色。

尽管遭到挫折却仍然很感兴趣，格斯里向他的弟弟弗雷德里克（Frederick）提到了这个问题。弗雷德里克是伦敦大学学院的一个学生，他又把问题提交给他的教授，著名的奥古斯塔斯·德·摩根（Augustus De Morgan），后者于 10 月 23 日写信给杰出的爱尔兰数学家和物理学家威廉·罗

恩·哈密顿(William Rowan Hamilton):

> 我的一个学生今天请我告诉他某个事实成立的理由。我过去不知道这是个事实——现在也不认为这是个事实。他说,如果将一个图形随便地划分,并且各个部分涂以不同的颜色使得任何具有公共边界线的部分颜色都不相同,那么只需要4种颜色就够了,无须更多的颜色。我找到的例子都只需要4种颜色。请问:难道找不到必需5种或更多种颜色的例子吗……如果你能用某个非常简单的意味着我是大笨蛋的例子加以反驳,我想我就一定要像斯芬克斯那样干了……

哈密顿并未能发明一张需要5种颜色的地图,但也未能证明这种地图不存在。有关这个问题的消息迅速传遍欧洲,但是它坚定地抵挡住了来自各方面的进攻,证明它确实是一个容易使人上当的难题。赫曼·闵可夫斯基(Hermann Minkowski)曾有点自以为是地说,这个问题之所以一直没有解决,原因在于只有三流的数学家尝试过它。但是他自己的尝试也以失败告终。"上帝因我的傲慢而愤怒,"他公开说,"我的证明也是有缺陷的。"

尽管创造了现在称之为"四色问题"的这个数学中最难解决的问题之一,弗朗西斯·格斯里还是离开英国在南非从事专业律师的职业。最后他又回到了数学事业上,成为开普敦大学的一名教授,在那里他花在植物系的时间要比与他的数学系同事在一起的时间还多——除了四色问题外,仅有的使他出名的事是有一种杜鹃科植物以他的名字命名:格斯里石南。

经过四分之一世纪仍未解决之后,到了1879年出现了非常乐观的形势,当时英国数学家艾尔弗雷德·布雷·肯普(Alfred Bray Kempe)在《美国数学杂志》(*American Journal of Mathematics*)上发表了一篇论文,其中他提出了对格斯里之谜的一个解答。肯普似乎证明了每张地图至多需要4种颜色,同行评审的过程似乎也肯定了这篇论文。他不久就当选为皇家学会学员,并因他对数学的贡献最终被封为爵士。

然而,在1890年,达勒姆大学的一位讲师约翰·希伍德(John Heawood)发表了一篇论文,这篇论文震动了数学界。在肯普看上去解决了这个问题之后十年,希伍德揭示这个所谓的证明有重大的缺陷。除了他否定了肯普的证明外,唯一的好消息是希伍德可以证明所需的颜色的种类最多为4种或5种,不需要更多种的颜色。

虽然肯普、希伍德和其他一些人未能解决四色问题,但是他们失败了的努力却对新的、正在蓬勃发展的拓扑学做出了巨大的贡献。拓扑学与几何学不同,几何学研究的是对象的精确的外形和大小,拓扑学则仅仅对于对象的本质,即它最基本的特性有兴趣。例如,当几何学家研究一个正方形时,他感兴趣的性质是每条边有相等的长度以及每个角都是直角;而当拓扑学家研究这同一对象时,他唯一感兴趣的性质是正方形是一条简单的、实际上组成一条环路的不间断的曲线。因而,拓扑学家将一个圆看成与正方形没有什么区别的东西,因为它也组成一个简单的环路。

另一种观察正方形和圆的拓扑等价性的方法是想象在一条橡胶床单上画上这两种图形中的一种。如果我们从正方形着手,那么我们可对橡胶床单进行拉伸、弯曲和扭曲(但不能撕裂),直到将原来的正方形变换成一个圆为止。另一方面,不管将橡胶床单怎样变形,正方形永远不可能被变换成一个十字形。因此正方形和十字形不是拓扑等价的。由于这种思维方式,拓扑学常被称为“橡胶床单几何学”。

由于放弃了像长度和角度这样的概念,拓扑学家只能借助于诸如对象所具有的交点的个数之类的性质来区别各种对象。按这种方式,8字形与圆本质上是不同的,因为8字形包含一个4条线相交于一处的点,而圆则不包含这种点。不管做多少次伸展和扭曲都不能把8字形变换成圆。拓扑学家也对三维(或更高维的)对象感兴趣,其中的洞、环路和扭结等都成为感兴趣的基本特征。数学家约翰·凯利异想天开地评论说:“拓扑学家是一个不知道一只面饼圈与一只咖啡杯有什么差别的人。”

数学家们希望,通过拓扑学这个把事情简化的镜头去观察地图,他们就能够掌握四色问题的本质。第一个突破出现于1922年,当时菲利普·富兰克林

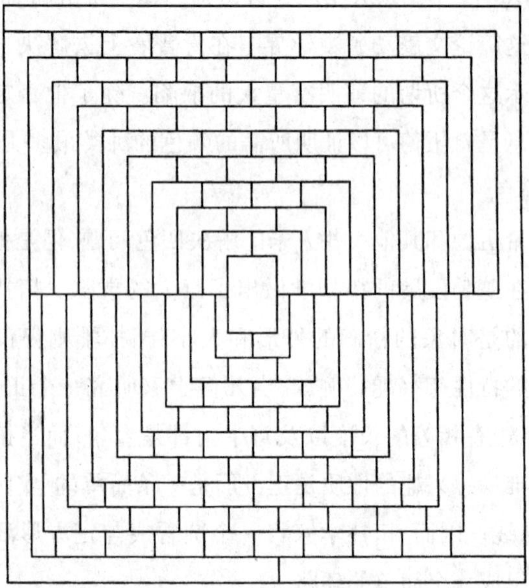

图 28　1975 年 4 月 1 日，马丁·加德纳在《科学美国人》上他的专栏中提出了这张地图，声称它需要 5 种颜色。当然，他的主张只不过是一场骗局而已

没有理睬原来的那个一般的问题，而是做出一个证明显示任何包含不多于 25 个区域的地图只需要 4 种颜色。其他数学家尝试进一步发展富兰克林的方法，在 1926 年雷诺兹（Reynolds）将证明推广到有 27 个区域的地图；1940 年温（Winn）将它推广到 35 个区域；到了 1970 年奥尔（Ore）和斯坦普尔（Stemple）已经达到 39 个区域。这个问题似乎重复着费马大定理的历史：向着无穷缓慢地推进。原来的猜想看上去几乎肯定是对的，但是在一个一般性的证明被发现之前，总还有画出一张地图证明格斯里是错的这种可能性存在。事实上，在 1975 年，数学记者和作家马丁·加德纳在《科学美国人》杂志上发表过一张地图，声称这张地图需要 5 种颜色。发表的日期是 4 月 1 日，加德纳很清楚地知道虽然只用 4 种颜色覆盖这张地图不是一件容易的事，但这并不是不可能的。你如果喜欢去证明确实是这样的话，这张地图就显示在图 28 中。

缓慢的进展速度越来越清楚地表明，传统的处理方法将永远不可能填补起在奥尔和斯坦普尔对 39 或少于 39 个区域的地图的证明与任何能想到的由无限多个区域组成的地图之间的空缺。于是在1976年,伊利诺伊大学的两位数学家沃尔夫冈·哈肯(Wolfgang Haken)和肯尼思·阿佩尔(Kenneth Appel)提出了一种使数学证明的概念发生革命的新技术。

哈肯和阿佩尔一直在研究海因里希·希施(Heinrich Heesch)的工作,希施认为无穷多的无限可变的地图可以由有限多个的有限地图构造起来,通过研究这些基本地图就有可能掌握那个一般的问题。这些基本地图相当于电子、原子和中子这些可以构造出一切物质的基本粒子。不幸的是,现在的情况不像粒子的神圣的三位一体那样简单,因为哈肯和阿佩尔只能把四色问题简化到1 482种基本构形。如果哈肯和阿佩尔能够证明这些地图(构形)只需4种颜色就够了,那么这就蕴含着所有的地图只需4种颜色就够了。

核对这1 482种地图和每种地图中所有可能的颜色组合是一项巨大任务,肯定是任何一组数学家的能力无法承受的。即使用计算机来算也可能要一百年的时间。哈肯和阿佩尔大胆地开始寻找能用于计算机加速地图检测过程的捷径和策略。1975年,在他们着手研究这个问题5年之后,这两位数学家目睹了计算机正在做的远不是简单的计算,它正在向他们提供思想:

> 在这一时刻,程序开始使我们感到惊奇。当初我们用手工来核对它的论证,我们总是能够预言任何情况下它下一步的进程;而现在它突然地开始像弈棋机一样动作起来。它会根据"教"会它的技巧制订出复杂的策略,常常这些处理方法远比我们曾试过的方法高明得多。于是它开始教我们如何去进行,而这些做法是我们从未想到过的。在某种意义上,计算机不仅在这项任务的机械方面,而且在某些"智力"方面胜过了它的创造者。

经过1 200小时的计算机计算,哈肯和阿佩尔在1976年6月宣布所有的1 482种地图都已经被分析过,其中没有一种地图需要多于4种的颜色。格斯里的四色问题终于被解决了。引人注目的是,这是计算机在其中发挥了不单单只是加快计算的作用的第一个数学证明——它对这个结果的贡献大到没有它的参与这个证明是不可能完成的。这是一个巨大的成就,但同时数学界也感到不安,因为在传统的意义上没有办法去核对这个证明。

在这个证明的细节在《伊利诺伊数学杂志》(*Illinois Journal of Mathematics*)上发表之前,编辑必须得到有相当水平的同行的评审意见。通常的审查方法是不可能的,因此采用了将哈肯和阿佩尔的程序输入一台独立的计算机的办法来证明它也能得出相同的结果。

这种非正统的审查过程激怒了一些数学家,他们认为这是一种不可信的核查方法,不能保证不存在由于计算机内部的某种突然的不规则运行而产生的逻辑错误。斯温纳顿-戴尔(H. P. F. Swinnerton-Dyer)对于计算机证明指出下面的事实:

> 当借助于计算机证明一个定理时,无法向人们展示出符合传统检测要求的证明过程,即有充分耐心的读者应该能够根据这个证明进行核对并证实它是正确的。即使将所有的程序和所有的数据集打印出来,仍然不能保证数据盘没有被误读。此外,每台现代计算机在它的软件和硬件中都有隐匿的缺陷——它们很少引起失误,因而长时间没有被发现——每台计算机还有可能出现瞬间即逝的失误。

在一定程度上这是一部分人的偏执狂,他们宁可回避计算机而不是去利用计算机。约瑟夫·凯勒(Joseph Keller)曾注意到,在他所在的大学——斯坦福大学,数学系中的计算机数量居然比任何别的系,包括法国文学系都要少。那些否定哈肯和阿佩尔的工作的数学家也无法否认这样的事实:所有的数学家都承认一些即使他们并未亲自核对过的证明。就怀尔斯对费马大定理的证明来说,不到10%的数论家能完全懂得其中的逻辑论证,但是100%的数论家都承认它是对的。那些未能掌握这个证明的人也是满意的,因为别的确实懂得它思想的人已经仔细查对过并且证实过它们。

一个更极端的例子是所谓的有限单群分类问题的证明,这个证明由100位以上的数学家写成的500篇独立的论文组成。据说只有一位数学家丹尼尔·戈伦斯坦(Daniel Gorenstein)懂得这总数达15 000页的证明,他于1992年去世。然而,整个数学界完全可以放心,每一部分证明都已经过一组专家仔细核查过,15 000页中的每一行都已被几十次地反复核对过。四色问题的不同之处在于它从未被任何人仔细地核对过,而且永远也不会有人这样做。

在四色问题的证明宣布之后的20年中,计算机已被用来解决别的不那么出名但同样重要的问题。在以前未被这种技术侵入过的领域中,越来越多的数学家勉强地接受计算机逻辑日益增长的使用并认可沃尔夫冈·哈肯的论点:

> 任何人在程序行的任何地方都可以填上细目并核对它们。计算机可以在几小时内处理完比一个人一生可望完成的还要多的事情,但这个事实并未改变数学证明的基本概念,发生改变的不是理论而是数学的惯常做法。

最近某些数学家利用所谓的遗传算法(genetic algorithm)赋予计算机以更大的威力。这是些计算机程序,它们的主体结构是由数学家设计的,但是它们的精细的细目是由计算机本身决定的。程序中的某些行就像生物体的DNA中的一个个基因那样允许变异和演化。从原来的母程序中,计算机会生成几百个子程序,这些子程序由于计算机所做的随机变异而各自略有差别。然后,子程序被用来试解给定的问题。绝大多数的子程序会因软弱无力而失败,但是最接近于成功的那个程序将被允许再生成新一代的变异的子程序,最后留下来的最优者可以被当作最接近于解决问题的程序。数学家希望通过重复这个过程可以做到:无须人为的干涉,一个程序会自行演化来解决问题。在某些情形中,这种处理方式正在取得重大的成功。

计算机科学家爱德华·弗伦金(Edward Frenkin)走得更远,他甚至说计算机总有一天会不依靠数学家而发现一个重大的证明。10年前他设立了莱布尼茨奖(Leibniz Prize),奖金10万美元将授予第一个推导出"对数学具有深刻影响"的定理的计算机程序。这个奖到底是不是会被认领还是件有争议的事,但可以肯定的是计算机证明总不如传统证明那样发人深省,相比之下它显得空虚。数学证明不仅回答了问题,它还使人们对为什么答案应该如此有所理解。把问题送进一个黑匣子然后从另一端收到一个答案,这增加了知识但没有增进理解力。通过怀尔斯的费马大定理证明,我们知道费马大定理没有解是因为这样的解会导致与谷山-志村猜想的矛盾。怀尔斯不仅战胜了费马的挑战,而且还说明了他的答案正确的理由,即为了维持椭圆方程和模形式之间的基本关系,答案只能如此。

数学家罗纳德·格雷厄姆(Ronald Graham)在谈到当今最重要的未解决问题之一——黎曼猜想——时讽刺了计算机证明的浅薄:“如果在沿街某处你可以请教计算机黎曼猜想是否是正确的,而它对你说:‘是的,它是对的,不过你不可能懂得这个证明。’那将是非常令人沮丧的。”数学家菲利普·戴维斯(Philip Davis)在与鲁本·赫什(Reuben Hersh)的一本合著中对四色问题的证明有类似的反应:

> 我的第一个反应是:“真妙!他们是怎么干的?”我原本期待这是某个杰出的新见解,一种其核心深处的想法之美将使我耳目一新的证明。但是,我得到的回答是:“他们把这个问题分解成数千种情形,然后将所有的情形一个接一个地在计算机上运行,这样完成了证明。”这时我感到十分失望。我的反应是:“噢,它只是去表演一下,它根本不是一个好问题。”

附 录

附录 1. 毕达哥拉斯定理的证明

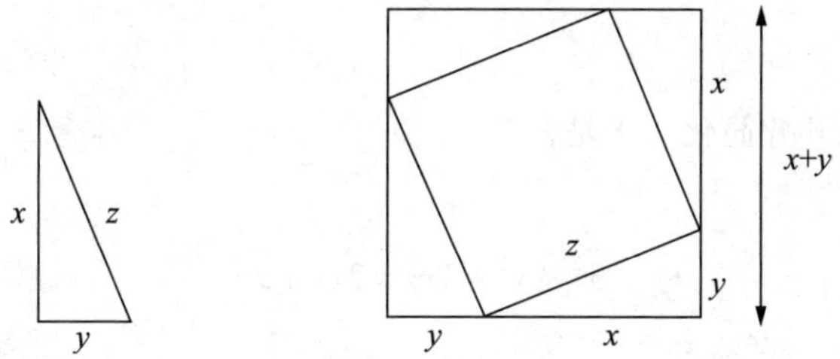

这个证明的目的是证明毕达哥拉斯定理对一切直角三角形都是对的。上 311
图所示的三角形可以代表任何直角三角形，因为它的边长并未具体指明，而是用字母 x，y 和 z 来代表。

同样如上图，四个恒等的直角三角形和一个倾斜的正方形一起组合成一个大的正方形，正是这个大正方形的面积是证明的关键。

这个大正方形的面积可以用两种方法来计算。

方法 1：将这个大的正方形作为一个整体来计算它的面积。它的每条边长是 $x+y$。所以，大正方形的面积 $=(x+y)^2$。

方法2：计算出大正方形各个部分的面积。每个三角形的面积是$\frac{1}{2}xy$，即$\frac{1}{2}$×底×高。倾斜的正方形的面积是z^2。于是，

大正方形面积=4×（每个三角形的面积）+倾斜正方形的面积

$$=4(\frac{1}{2}xy)+z^2。$$

312 方法1和方法2给出两个不同的表达式。然而，这两个表达式必须是等价的，因为它们代表同一个面积。于是，

方法1得出的面积=方法2得出的面积

$$(x+y)^2=4(\frac{1}{2}xy)+z^2。$$

括弧可以被展开并简化。于是，

$$x^2+y^2+2xy=2xy+z^2$$

两边的$2xy$可以抵消。所以，我们得到

$$x^2+y^2=z^2,$$

这就是毕达哥拉斯定理！

上面的论证基于这样一个事实：不论用什么方法计算，大正方形的面积必须是相同的。于是我们从逻辑上推导出这相同的面积的两个表达式，使它们相等起来，最终，必然的结论是$x^2+y^2=z^2$，即斜边的平方z^2等于其他两边的平方和x^2+y^2。

这个论证对一切直角三角形成立。在我们的论证中，三角形的边是用 x，y 和 z 表示的，因而可以代表任何直角三角形的边。

附录 2. $\sqrt{2}$是无理数的欧几里得证明

欧几里得的目的是证明$\sqrt{2}$不能写成一个分数。由于他使用的是反证法，所以第一步是假定相反的事实是真的，即$\sqrt{2}$可以写成某个未知的分数。用 p/q 来代表这个假设的分数，其中 p 和 q 是两个整数。

在开始证明本身之前，需要对分数和偶数的某些性质有个基本的了解。

（1）如果任取一个非零整数并且用 2 去乘它，那么得到的新数一定是偶数。这基本上就是偶数的定义。

（2）如果已知一个整数的平方是偶数，那么这个整数本身一定是偶数。 313

（3）最后，分数可以简化：$\frac{16}{24}$与$\frac{8}{12}$是相等的，只要用公因数 2 去除$\frac{16}{24}$的分子和分母。进一步，$\frac{8}{12}$与$\frac{4}{6}$是相等的，而$\frac{4}{6}$又与$\frac{2}{3}$是相等的。然而，$\frac{2}{3}$不能再简化，因为 2 和 3 没有公因数。即不可能将一个分数永远不断地简化。

现在，记住欧几里得相信$\sqrt{2}$不可能写成一个分数。然而，由于他采用反证法，所以他先假定分数 p/q 确实存在，然后他去揭示它的存在所产生的结果：

$$\sqrt{2} = p/q,$$

如果我们将两边平方，那么

$$2 = p^2/q^2,$$

这个等式很容易重新安排，得出

$$2q^2 = p^2。$$

现在根据第(1)点我们知道 p^2 必定是偶数。此外,根据第(2)点我们知道 p 本身也必须是偶数。但是,如果 p 是偶数,那么它可以写成 $2m$,其中 m 是某个别的整数。这是从第(1)点可以得出的结论。将这再代回到等式中,我们得到

$$2q^2 = (2m)^2 = 4m^2,$$

用 2 除两边,我们得到

$$q^2 = 2m^2。$$

但是根据我们前面用过的同样的论证,我们知道 q^2 必须是偶数,因而 q 本身必须是偶数。如果确实是这样,那么 q 可以写成 $2n$,其中 n 是某个别的整数。如果我们回到开始的地方,那么

$$\sqrt{2} = p/q = 2m/2n。$$

314 用 2 除分子和分母就可以简化 $2m/2n$,我们得到

$$\sqrt{2} = m/n。$$

我们现在得到一个分数 m/n,它比 p/q 简单。

然而,我们发现对 m/n 可以精确地重复以上同一个过程,在结束时我们将产生一个更简单的分数,比方说 g/h。然后又可以对这个分数再重复相同的过程,而新的分数,比方说 e/f,将是更为简单的。我们可以对它再做同样的处理,并且一次次地重复这个过程,不会结束。但是根据第(3)点我们知道任何

分数不可能永远简化下去，总是必须有一个最简单的分数存在，而我们最初假定的分数 p/q 似乎不服从这条法则。于是，我们可以有正当的理由说我们得出了矛盾。如果$\sqrt{2}$可以写成一个分数，其结果将是不合理的，所以，说$\sqrt{2}$不可能写成一个分数是对的。于是，$\sqrt{2}$是一个无理数。

附录 3. 丢番图年龄的谜语

我们把丢番图活的年数记为 L。根据谜语，我们得出下面的关于丢番图生活的完整说明：

1/6 的生命，即 $L/6$，是童年时期；
$L/12$ 是青少年时期；
$L/7$ 是此后到结婚前度过的；
5 年后生了一个儿子；
$L/2$ 是这个儿子活的年数；
他去世前 4 年是在悲伤中度过的。

丢番图活的年数是上面的和：

$$L = \frac{L}{6} + \frac{L}{12} + \frac{L}{7} + 5 + \frac{L}{2} + 4。$$

我们可以把这个方程简化如下： 315

$$L = \frac{25}{28}L + 9,$$

$$\frac{3}{28}L = 9,$$

$$L = \frac{28}{3} \times 9 = 84。$$

即丢番图在 84 岁时去世。

附录 4. 贝切特的称重问题

为了能称出从 1 千克到 40 千克之间的任何整数千克的重量,大多数人会想到需要 6 个砝码: 1,2,4,8,16,32 千克。按这种方式,所有的称重可以方便地将砝码按下面的组合方式放在一个秤盘里来完成:

316

$$
\begin{aligned}
1\ \text{千克} &= 1,\\
2\ \text{千克} &= 2,\\
3\ \text{千克} &= 2+1,\\
4\ \text{千克} &= 4,\\
5\ \text{千克} &= 4+1,\\
&\ \vdots\\
40\ \text{千克} &= 32+8。
\end{aligned}
$$

然而,利用将砝码放在两个秤盘里使得砝码也可与要称重的物体放在一起称的方法,贝切特可以只用 4 个砝码 1,3,9,27 千克就完成任务。与要称重的物体放在同一个秤盘中的砝码在效果上是取负值的。这样一来,称重可以如下完成:

$$
\begin{aligned}
1\ \text{千克} &= 1,\\
2\ \text{千克} &= 3-1,\\
3\ \text{千克} &= 3,\\
4\ \text{千克} &= 3+1,\\
5\ \text{千克} &= 9-3-1,\\
&\ \vdots\\
40\ \text{千克} &= 27+9+3+1。
\end{aligned}
$$

附录 5. 存在无穷多个毕达哥拉斯三元组的欧几里得证明

毕达哥拉斯三元组是三个整数的集合,其中一个数的平方加上另一个数的平方等于第 3 个数的平方。欧几里得可以证明存在无穷多个这样的毕达哥拉斯三元组。

欧几里得的证明从下面的观察着手,两个相接的平方数之差总是一个奇数:

1^2 2^2 3^2 4^2 5^2 6^2 7^2 8^2 9^2 10^2 …

1 4 9 16 25 36 49 64 81 100 …

\/ \/ \/ \/ \/ \/ \/ \/ \/

3 5 7 9 11 13 15 17 19 …

无穷多个奇数中的每一个可以加上一个特定的平方数成为另一个平方数。这些奇数中的一部分本身就是平方数,但是无穷的一部分仍是无限的。

于是,也就存在无穷多个奇平方数,它们可以加上一个平方数成为另一个平方数,换言之,一定存在无穷多个毕达哥拉斯三元组。

附录 6. 点猜想的证明

点猜想是说,不可能画出一个点图使得每条直线上至少有 3 个点。 317

虽然这个证明需要极少的数学,但是它确实要借助于一些几何学的训练,因此我想仔细地介绍每一步的意图。

首先考虑任意的由点和将每个点连接起的直线组成的图样。然后,对每个点做出它到最近的线之间的距离,通过它的直线不算在内。由此,确定所有的点中离直线最近的那个点。

下面对这种点 D 再仔细观察,D 点最接近于直线 L。它到这条线的距离在图中用虚线表示,这个距离比任何别的直线与点之间的距离都要短。

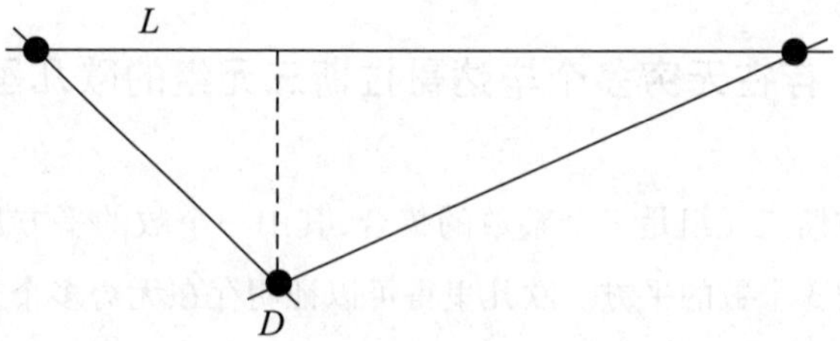

现在可以证明直线 L 上只能有 2 个点，于是猜想就是对的，即不可能画出一个点图使得每条直线上都至少有 3 个点。

318 为了证明直线 L 必须只有 2 个点，我们考察如果它有第 3 个点那么将出现什么结果。如果第 3 个点 D_A 存在于原来标出的 2 个点之外，那么以点虚线表示的距离将比假定是点和直线之间最短距离的短划虚线还要短。因而点 D_A 不可能存在。

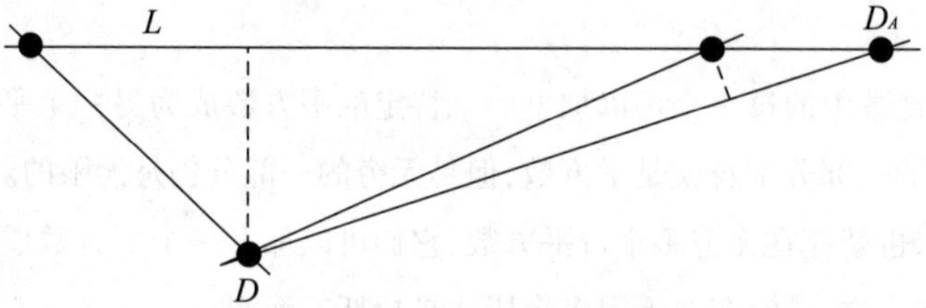

类似地，如果第 3 个点 D_B 存在于原来标出的两个点之间，那么以点虚线表示的距离再一次比假定是点和直线间最短距离的短划虚线还要短。因而点 D_B 也不可能存在。

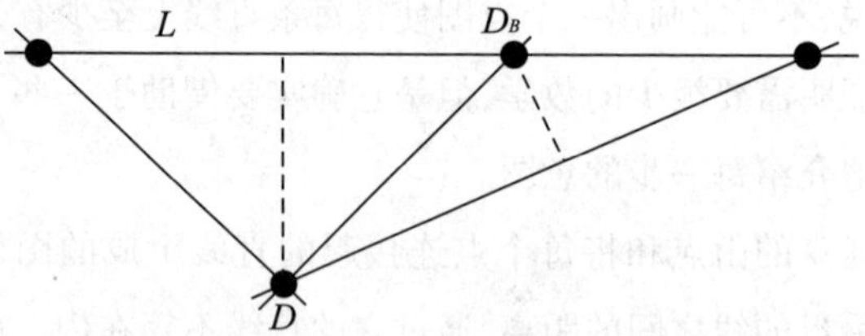

总而言之，由点构成的图形必须有某个点和某条直线之间的距离是最短距离，而这条直线上就只能有 2 个点。于是对每个图形总是至少有一条直线，上面只有 2 个点——猜想是对的。

附录 7. 误入荒谬

下面是一个经典的例证，说明很容易从一个非常简单的命题出发，经过几 319
步看上去直截了当的合乎逻辑的推理来证明 $2 = 1$。

首先，我们从很普通的命题

$$a = b$$

开始。然后，两边乘以 a，得出

$$a^2 = ab。$$

接着两边加上 $a^2 - 2ab$：

$$a^2 + a^2 - 2ab = ab + a^2 - 2ab。$$

这就可以简化为

$$2(a^2 - ab) = a^2 - ab。$$

最后，两边被 $a^2 - ab$ 除，我们得到

$$2 = 1。$$

最初的命题似乎是，也确实是完全无疑的；但是在对等式的逐步处理中，某个地方有一个微妙的，却是灾难性的错误，它导致了最后的命题陈述中的矛盾。

事实上，致命的错误出现在最后一步，其中用 $a^2 - ab$ 去除两边。我们从最初的命题知道 $a = b$，因而用 $a^2 - ab$ 去除等价于用零去除。

用零去除任何东西是很危险的一步，因为零可以在任何有限的量中出现无穷多次。由于在两边产生了无穷大，我们实际上彻底破坏了等式的两边，不知不觉中使论证产生了矛盾。

这个微妙的错误是在许多沃尔夫斯凯尔奖的参赛论文中可以发现的典型的一类因粗枝大叶造成的错误。

附录 8. 算术公理

320 下面的公理是作为算术的结构的基础所需要的全部公理。

1. 对任何数 m, n

$$m + n = n + m, \quad mn = nm。$$

2. 对任何数 m, n, k，

$$(m + n) + k = m + (n + k), \quad (mn)k = m(nk)。$$

3. 对任何数 m, n, k，

$$m(n + k) = mn + mk。$$

4. 数 0 具有下面的性质：对任何数 n，

$$n + 0 = n。$$

5. 数 1 具有下面的性质：对任何数 n，

$$n \times 1 = n。$$

6. 对每个数 n,存在另一个数 k 使得

$$n + k = 0。$$

7. 对任何数 m,n,k,

$$如果\ k \neq 0, kn = km,那么\ m = n。$$

根据这些公理可以证明别的法则。例如,通过严格地应用这些公理,并且不假定任何别的事情,我们可以严格地证明下面的看起来很显然的法则:

$$如果\ m + k = n + k,那么\ m = n。$$

首先,我们写出

$$m + k = n + k。$$

然后,由公理6,设 l 是使得 $k + l = 0$ 成立的数,于是 321

$$(m + k) + l = (n + k) + l。$$

然后,由公理2,

$$m + (k + l) = n + (k + l)。$$

记住 $k + l = 0$,则我们有

$$m + 0 = n + 0。$$

再应用公理 4,我们最终可以得到我们想要证明的:

$$m = n。$$

附录 9. 对策论和三人决斗

我们来研究黑先生可做的选择。黑先生可能以灰先生作为目标。如果他成功了,那么下一次将由白先生开枪。白先生只剩下一个对手,而且因为白先生是百发百中的枪手,于是黑先生死定了。

黑先生较好的选择是以白先生为目标。如果他成功了,那么下一次将由灰先生开枪。灰先生 3 次中只可能有 2 次击中他的目标,所以黑先生有机会活下来再回击灰先生,从而有可能赢得这场决斗。

似乎第二种选择是黑先生应该采用的策略。然而,有第三种更好的选择。黑先生可以对天空开枪。于是下一次是灰先生开枪,他会以白先生为目标,因为白先生是危险得多的对手。如果白先生活下来,那么他将以灰先生为目标,因为灰先生是更为危险的对手。通过对天空开枪的办法,黑先生将使得灰先生有机会消灭白先生,或者反过来白先生消灭灰先生。

这就是黑先生的最佳策略。最终灰先生或白先生将会死掉,那时黑先生将以剩下的一个人为目标。黑先生控制了局势,结果他不再是在三人决斗中第一个开枪,而变成二人决斗中第一个开枪。

附录 10. 用归纳法证明的例子

数学家发现能有一个简洁的公式来计算许多数的和是很有用处的。在本 322
例中,挑战是找出计算前 n 个计数数的和的公式。

例如,只有第 1 个数的和是 1,前 2 个数的和是 3(即 1 + 2),前 3 个数的和是 6(即 1 + 2 + 3),前 4 个数的和是 10(即 1 + 2 + 3 + 4),等等。

一个刻画这个模式的可能的公式是:

$$\mathrm{Sum}(n)=\frac{1}{2}n(n+1),$$

这里 Sum(n)代表前 n 个自然数的和。换言之,如果我们想要找出前 n 个数的和,那么我们只要把那个数 n 代入上面的公式就可以得到答案。

用归纳法可以证明这个公式对直至无穷大的每一个数都成立。

第一步是证明这个公式对第 1 个情形,即 $n=1$,是成立的。这是很简单的,因为我们知道只有第 1 个数的和是 1,而如果我们将 $n=1$ 代入这个可能的公式,得到的结果是正确的:

$$\mathrm{Sum}(n)=\frac{1}{2}n(n+1),$$

$$\mathrm{Sum}(1)=\frac{1}{2}\times 1\times(1+1),$$

$$\mathrm{Sum}(1)=\frac{1}{2}\times 1\times 2,$$

$$\mathrm{Sum}(1)=1。$$

于是第 1 块多米诺骨牌被推倒了。

归纳证明中的下一步是证明:如果这个公式对值 n 成立,那么它也必定 323

对 $n+1$ 成立。如果

$$\mathrm{Sum}(n)=\frac{1}{2}n(n+1),$$

那么

$$\mathrm{Sum}(n+1)=\mathrm{Sum}(n)+(n+1),$$
$$\mathrm{Sum}(n+1)=\frac{1}{2}n(n+1)+(n+1)。$$

对右边重新安排和加括弧,我们得到

$$\mathrm{Sum}(n+1)=\frac{1}{2}(n+1)[(n+1)+1]。$$

重要的是注意到这个新的等式的形式与原来的等式是完全相同的,只是出现 n 的地方现在用 $(n+1)$ 代替。

换言之,如果公式对 n 成立,那么它也必定对 $n+1$ 成立。如果一块多米诺骨牌倒下,它总会击倒下一块多米诺骨牌,归纳证明就完成了。

参考文献

在为写这本书所做的研究中，我参考了大量的书籍和文章。除了每章的 325
主要原始资料外，我还列出了一般读者和这个领域的专家可能感兴趣的其他材料。对篇名不能提示相关内容的原始资料，我写了一两句话描述其内容。

第一章

The Last Problem, by E. T. Bell, 1990, Mathematical Association of America. 关于费马大定理由来的一个科普性描述。

Pythagoras—A Short Account of His Life and Philosophy, by Leslie Ralph, 1961, Krikos.

Pythagoras—A life, by Peter Gorman, 1979, Routledge and Kegan Paul.

A History of Greek Mathematics, Vols. 1 and 2, by Sir Thomas Heath, 1981, Dover.

Mathematical Magic Show, by Martin Gardner, 1977, Knopf. 数学智力游戏和谜语汇编。

River meandering as a self-organization process, by Hans-Henrik Stϕllum, *Science* 271 (1996), 1710 - 1713.

第二章

The Mathematical Career of Pierre de Fermat, by Michael Mahoney, 1994, Princeton University Press. 对费马生活和工作的一个详细研究。

Archimedes' Revenge, by Paul Hoffman, 1988, Penguin. 讲述数学中快乐和风险的有趣故事。

第三章

326 *Men of Mathematics*, by E. T. Bell, Simon and Schuster, 1937. 历史上最伟大的数学家的传记,包括欧拉、费马、高斯、柯西和库默尔。

The periodical cicada problem, by Monte Lloyd and Henry S. Dybas, *Evolution* 20(1966), 466 - 505.

Women in Mathematics, by Lynn M. Osen, 1994, MIT Press. 一本大型的非数学类教科书,内容包含历史上许多重要的女数学家(包括索菲·热尔曼)的传记。

Math Equals: Biographies of Women Mathematicians + Related Activities, by Teri Perl, 1978, Addison-Wesley.

Women in Science, by H. J. Mozans, 1913, D. Appleton and Co.

Sophie Germain, by Amy Dahan Dalmédico, *Scientific American*, December 1991. 描述索菲·热尔曼生平和工作的一篇短文。

Fermat's Last Theorem—A Genetic Introduction to Algebraic Number Theory, by Harold M. Edwards, 1977, Springer. 关于费马大定理的数学讨论,包括早期尝试过的一些证明的详细提纲。

Elementary Number Theory, by David Burton, 1980, Allyn & Bacon.

Various communications, by A. Cauchy, *C. R. Acad. Sci. Paris* 24(1847), 407 - 416, 469 - 483.

Note au sujet de la demonstration du theoreme de Fermat, by G. Lamé, *C. R. Acad. Sci. Paris* 24(1847), 352.

Extrait d'une lettre de M. Kummer à M. Liouville, by E. E. Kummer, *J. Math. Pures et Appl.* 12(1847), 136. Reprinted in Collected Papers, Vol. I, edited by A. Weil, 1975, Springer.

A Number for Your Thoughts, by Malcolm E. Lines, 1986, Adam Hilger. 从欧几里得到最新的计算机关于数的认识和思索,包括对点猜想的较详细介绍。

第四章

3.1416 and All That, by P. J. Davis and W. G. Chinn. 1985, Birkhäuser. 关于 327
数学和数学家的系列故事,其中有一章讲述保罗·沃尔夫斯凯尔的故事。

The Penguin Dictionary of Curious and Interesting Numbers, by David Wells, 1986, Penguin.

The Penguin Dictionary of Curious and Interesting Puzzles, by David Wells, 1992, Penguin.

Sam Loyd and his Puzzles, by Sam Loyd(Ⅱ), 1928, Barse and Co.

Mathematical Puzzles of Sam Loyd, by Sam Loyd, edited by Martin Gardner, 1959, Dover.

Riddles in Mathematics, by Eugene P. Northropp, 1944, Van Nostrand.

The Picturegoers, by David Lodge, 1993, Penguin.

13 Lectures on Fermat's Last Theorem, by Paulo Ribenboim, 1980, Springer. 一本供研究生使用的关于费马大定理的教材,写于安德鲁·怀尔斯的工作之前。

Mathematics: The Science of Patterns, by Keith Devlin, 1994, Scientific American Library. 一本有漂亮插图的书,通过引人注目的图像表达数学概念。

Mathematics: The New Golden Age, by Keith Devlin, 1990, Penguin. 关于现代数学的一个通俗而详细的总览,包括对数学公理的讨论。

The Concepts of Modern Mathematics, by Ian Stewart, 1995, Penguin.

Principia Mathematica, by Betrand Russell and Alfred North Whitehead, 3 vols, 1910, 1912, 1913, Cambridge University Press.

Kurt Gödel, by G. Kreisel, Biographical Memoirs of the Fellows of the Royal

Society, 1980.

A Mathematician's Apology, by G. H. Hardy, 1940, Cambridge University Press. 一位20世纪的大数学家所做的个人评述——是什么激励着他和其他数学家。

Alan Turing: The Enigma of Intelligence, by Andrew Hodges, 1983, Unwin Paperbacks. 艾伦·图灵生平介绍,包括他对破译Enigma码的贡献。

第五章

328 Yutaka Taniyama and his time, by Goro Shimura, *Bulletin of the London Mathematical Society* 21(1989), 186–196. 关于谷山丰的生平和工作的介绍。

Links between stable elliptic curves and certain diophantine equations, by Gerhard Frey, *Ann. Univ. Sarav. Math. Ser.* 1(1986), 1–40. 一篇重要论文,它提出了谷山-志村猜想和费马大定理之间的关联。

第六章

Genius and Biographers: the Fictionalization of Evariste Galois, by T. Rothman, *Amer. Math. Monthly* 89(1982), 84–106. 详细列出了各种伽罗瓦传记所依据的历史资料,讨论了各种解释的合理性。

La vie d'Evariste Galois, by Paul Depuy, *Annales Scientifiques de l'Ecole Normale Supérieure* 13(1896), 197–266.

Mes Memoirs, by Alexandre Dumas, 1967, Editions Gallimard.

Notes on Fermat's Last Theorem, by Alf van der Poorten, 1996, Wiley. 怀尔斯的证明的一个技术性描述,适合大学生及更高水平人员阅读。

第七章

329 An elementary introduction to the Langlands programme, by Stephen Gelbart, *Bulletin of the American Mathematical Society* 10(1984), 177–219. 关于朗兰兹计划的一个技术说明,适用于数学工作者。

Modular elliptic curves and Fermat's Last Theorem, by Andrew Wiles, *Annals of Mathematics* 141(1995), 443 - 551. 本文包括怀尔斯对谷山-志村猜想和费马大定理的证明的主要部分。

Ring-theoretic properties of certain Hecke algebras, by Richard Taylor and Andrew Wiles, *Annals of Mathematics* 142(1995), 553 - 572. 本文介绍了用于克服怀尔斯 1993 年证明中出现的缺陷的数学。

You can find a set of websites about Fernat's Last Theorem on Simon Singh's website: http://www.simonsingh.com.

你可以在西蒙·辛格的个人主页上找到一组关于费马大定理的网站：http://www.simonsingh.com.

索 引

Page numbers in *italic* refer to illustrations

译后记

数论是数学中最古老的分支之一，又是至今始终活跃着的研究领域之一。在这座历史悠久的宝库中，有着许多迷人的宝藏尚待我们发掘。如果说哥德巴赫猜想是皇冠上的一颗明珠，那么费马大定理也是一颗同样璀璨的宝石。三百多年来，许多优秀的数学家为证明这个定理付出了大量精力，但都未取得最终的成功。美国普林斯顿大学的安德鲁·怀尔斯教授经过近十年的潜心研究，历经曲折终于取得了成功，圆了他童年时代的梦。他的工作的意义不仅在于证明了费马大定理，更重要的是其中的思想和方法大大地丰富和发展了数论这门学科，甚至在某种意义上推动了数学的发展，这也许就是宝石的价值所在。

这本书以费马大定理为核心，追溯了它的起源、诞生和发展，描述了在漫长岁月中为寻求它的证明发生在数学界中的许多可歌可泣的动人故事，刻画了数学家们追求科学真理的执着和献身精神，同时介绍了不少与证明有关的有趣而耐人寻味的数学知识。作者西蒙·辛格凭借详尽可信的史料和通过与包括安德鲁·怀尔斯在内的许多当代优秀数学家的广泛交谈而获得的第一手材料，为读者完整和富有启迪地记述了数学史上最具传奇色彩的故事之一。西蒙·辛格是一位科学记者，粒子物理学博士，曾于1996年与约翰·林奇一起制作了英国广播公司(BBC)关于费马大定理的获奖电视纪录片。他以理性的思维和艺术的笔触将一些在一般人看来可能是枯燥艰深的数学知识写得通俗易懂、引人入胜而又不失严谨。数学史上的一些伟大英雄栩栩如生地展现在我们面前,他们也和平常人一样有着自己的喜怒哀乐,经历着失败和成功,而使他们不同凡响名垂史册的则是他们在科学上的那种追求卓越、不畏艰险、永不放弃的精神。

在翻译本书的过程中我常与书中主人公们同喜同悲,为他们探索科学真理的精神所感动。马克思说:"在科学上面是没有平坦的大路可走的,只有那在崎岖小路上攀登不畏劳苦的人,才有希望到达光辉的顶点。"本书带给我们的除了一个真实的故事和与其有关的数学知识外,也许还有这样的人生启示。

本书内容时间跨度大,涉及众多的人物和事件以及一些抽象的数学知识。翻译中虽然查阅了不少文献资料,但由于水平所限,不妥之处仍属难免,望读者不吝指正。

薛　密

1998 年 1 月